普通高等教育"十三五"规划教材

复合材料成型工艺及应用

徐 竹 主编
党 杰 主审

国防工业出版社

·北京·

内 容 简 介

本书结合目前航空航天领域的复合材料成型技术的实际应用,主要介绍了复合材料的典型成型工艺,包括手糊成型工艺、模压成型工艺、缠绕工艺、热压罐成型工艺、拉挤成型工艺、夹层结构成型工艺、复合材料液态成型工艺、热塑性复合材料成型工艺、低成本成型技术等内容。特别是重点介绍了树脂基复合材料各种成型工艺过程,包括复合材料生产中的材料选用、成型工艺方法、成型工艺原理、成型设备等方面的系统知识。本书既关注成型技术知识的基础性、系统性、完整性和实用性,也特别注意介绍近年来有关成型工艺各方面发展的新颖性。

本书实用性强,适合作为普通高等院校、高等职业院校相关专业的教材,也可作为从事复合材料生产开发的工程技术人员的参考用书。

图书在版编目(CIP)数据

复合材料成型工艺及应用/徐竹主编. —北京:国防工业出版社,2024.1 重印
普通高等教育"十三五"规划教材
ISBN 978-7-118-11366-2

Ⅰ.①复… Ⅱ.①徐… Ⅲ.①复合材料—成型—高等学校—教材 Ⅳ.①TB33

中国版本图书馆 CIP 数据核字(2017)第 108507 号

※

国防工业出版社出版发行
(北京市海淀区紫竹院南路 23 号 邮政编码 100048)
三河市天利华印刷装订有限公司印刷
新华书店经售

*

开本 787×1092 1/16 印张 15½ 字数 350 千字
2024 年 1 月第 1 版第 3 次印刷 印数 10000—12000 册 定价 48.00 元

(本书如有印装错误,我社负责调换)

| 国防书店:(010)88540777 | 书店传真:(010)88540776 |
| 发行业务:(010)88540717 | 发行传真:(010)88540762 |

《复合材料成型工艺及应用》编委会

主　编　徐　竹

副主编　张颖云　王　凡

参　编　刁金香　牛芳芳　唐　婷　何　栋

主　审　党　杰

前 言

复合材料行业近年来发展迅速,尤其是复合材料的轻质高强特性使其在航空航天领域得到广泛的应用。进入21世纪以后,先进复合材料在航空航天飞行器中的结构用量逐渐超过金属材料,成为使用量最大的结构材料。编者根据国内外复合材料行业的发展现状,结合航空航天复合材料相关企业实际岗位需求和复合材料专业的特色,以培养具备复合材料成型技术相关职业技能的高技能应用性人才为导向,编写了这本兼具航空航天特色和复合材料专业特色的教材。本书可用于普通高等院校复合材料专业学生的教学用书。

本书在编写过程中,根据与复合材料成型相关的产品任务及相应要求,选取常用的航空航天复合材料成型工艺——热压罐成型工艺、缠绕成型工艺、手糊成型工艺、模压成型工艺、夹层结构成型工艺、RTM成型工艺等,着重介绍复合材料成型工艺中的原材料选用、模具的结构设计、成型设备的安全操作、成型的具体过程以及复合材料制品的应用等方面的系统知识。本书既关注成型技术知识的基础性、系统性、完整性和实用性,也特别注意介绍近年来有关成型工艺方面发展的新颖性。在编写过程中力求突出实用,理论知识以"必备、够用"为度,着重体现复合材料成型技术的应用性、实践性。

本书由西安航空职业技术学院徐竹主编,其中绪论、模块2、模块7和模块8由徐竹编写,模块1和模块9由牛芳芳编写,模块3由刁金香编写,模块4由何栋编写,模块5由王凡编写,模块6由唐婷编写,模块10由中航工业西安飞机工业(集团)有限责任公司张颖云编写。全书由西安航空职业技术学院党杰主审。

在本书编写过程中,编者收集了国内航空航天复合材料企业的相关资料,并得到国内开设复合材料专业的院校老师的帮助,在此对西安航天复合材料研究所、菲舍尔航空部件(镇江)有限公司、安徽理工大学、西安航空学院、成都航空职业技术学院等相关人员表示感谢。

由于编者水平有限,书中难免有不妥之处,诚挚地希望读者批评指正,并对本书所引用的参考文献的作者表示衷心感谢。

徐 竹

目 录

绪论 ·· 1

模块 1 复合材料成型的原材料 ·· 13

 1.1 增强材料 ·· 13
  1.1.1 玻璃纤维 ·· 13
  1.1.2 碳纤维 ·· 16
  1.1.3 芳纶纤维 ·· 19
  1.1.4 其他纤维 ·· 20

 1.2 基体材料 ·· 21
  1.2.1 不饱和聚酯树脂 ·· 21
  1.2.2 环氧树脂 ·· 22
  1.2.3 酚醛树脂 ·· 25
  1.2.4 聚酰亚胺树脂 ·· 26
  1.2.5 双马来酰亚胺树脂 ·· 27
  1.2.6 高性能热塑性树脂 ·· 28

 1.3 预浸料 ·· 28
  1.3.1 预浸料的分类与性能 ·· 28
  1.3.2 预浸料的基本要求 ·· 29
  1.3.3 预浸料的制备方法 ·· 29

 1.4 辅助材料 ·· 33
  1.4.1 固化剂 ·· 33
  1.4.2 促进剂 ·· 34
  1.4.3 脱模剂 ·· 34
  1.4.4 其他辅助材料 ·· 34

模块 2 手糊成型工艺 ·· 36

 2.1 手糊成型原材料选择 ·· 36
  2.1.1 基体材料选择 ·· 36
  2.1.2 增强材料选择 ·· 37
  2.1.3 辅助材料选择 ·· 39

 2.2 手糊成型模具 ·· 42

  2.2.1　手糊成型模具结构与材料 … 42
  2.2.2　手糊成型模具设计 … 43
  2.2.3　玻璃钢模具的制造 … 44
 2.3　手糊成型工艺 … 46
  2.3.1　生产准备与劳动保护 … 46
  2.3.2　手糊成型过程 … 49
  2.3.3　手糊成型工艺优缺点 … 55
  2.3.4　手糊成型制品及其应用 … 56
 2.4　喷射成型工艺 … 57
  2.4.1　喷射成型工艺分类 … 58
  2.4.2　喷射成型生产准备 … 58
  2.4.3　喷射成型工艺 … 62
  2.4.4　喷射成型工艺的应用与发展 … 65
 2.5　袋压法、热压釜法、液压釜法和热膨胀模塑法成型工艺 … 65
  2.5.1　袋压法 … 65
  2.5.2　热压釜和液压釜法 … 66
  2.5.3　热膨胀模塑法 … 67

模块3　模压成型工艺 … 69

 3.1　模压料及制备工艺 … 70
  3.1.1　短纤维模压料及制备 … 70
  3.1.2　片状模塑料及制备工艺 … 75
  3.1.3　模压料的工艺性 … 79
 3.2　模压成型模具及设备 … 82
  3.2.1　模压成型模具 … 82
  3.2.2　模压设备 … 87
 3.3　模压成型工艺 … 88
  3.3.1　短纤维模压料模压成型工艺 … 88
  3.3.2　SMC模压成型工艺 … 91
  3.3.3　模压成型制品缺陷 … 92
  3.3.4　模压成型工艺的特点及应用 … 93

模块4　缠绕成型工艺 … 95

 4.1　缠绕成型工艺概述 … 95
  4.1.1　缠绕成型的特点 … 95
  4.1.2　缠绕成型工艺的分类 … 96
  4.1.3　缠绕成型工艺的发展现状及发展趋势 … 98
 4.2　缠绕成型的原材料与设备 … 99
  4.2.1　缠绕成型的原材料 … 99

  4.2.2 芯模与内衬 …… 100
  4.2.3 缠绕设备 …… 102
 4.3 缠绕成型工艺 …… 109
  4.3.1 缠绕规律 …… 109
  4.3.2 缠绕成型工艺流程 …… 115
  4.3.3 缠绕成型工艺参数 …… 118
  4.3.4 缠绕成型的特点及应用 …… 122

模块 5 热压罐成型工艺 …… 126

 5.1 热压罐成型工艺 …… 126
  5.1.1 热压罐成型工艺中的物理和化学过程 …… 126
  5.1.2 热压罐成型的原材料 …… 127
  5.1.3 热压罐成型的工艺流程 …… 128
 5.2 热压罐成型设备认识与安全运行 …… 131
  5.2.1 热压罐结构与技术参数 …… 131
  5.2.2 热压罐设备操作与安全运行 …… 137
  5.2.3 压力容器定期检验 …… 140
  5.2.4 压力容器的维护保养 …… 141
  5.2.5 热压罐典型事故与预防 …… 143
  5.2.6 热压罐事故的应急预案 …… 145
 5.3 热压罐成型的特点和应用 …… 146
  5.3.1 热压罐成型的主要优点 …… 146
  5.3.2 热压罐成型的主要缺点 …… 146
  5.3.3 热压罐成型的应用 …… 147

模块 6 拉挤成型工艺 …… 149

 6.1 拉挤成型概述 …… 149
  6.1.1 拉挤成型工艺的发展 …… 149
  6.1.2 拉挤成型工艺特点及分类 …… 150
 6.2 拉挤成型工艺原材料及模具 …… 151
  6.2.1 拉挤成型的原材料 …… 151
  6.2.2 拉挤成型模具 …… 158
 6.3 拉挤成型工艺 …… 160
  6.3.1 拉挤成型工艺过程 …… 160
  6.3.2 拉挤成型工艺参数 …… 164
  6.3.3 拉挤制品缺陷类型分析 …… 166
 6.4 拉挤成型工艺应用 …… 168

模块 7 夹层结构成型工艺 …… 171

 7.1 蜂窝夹层结构的制造工艺 …… 172

		7.1.1 蜂窝夹层结构用原材料 ·· 173
		7.1.2 蜂窝夹芯的制造方法 ··· 174
		7.1.3 蜂窝夹层结构的制造 ··· 178
		7.1.4 蜂窝夹层结构成型中常见的缺陷及解决措施 ······················· 179
	7.2	泡沫塑料夹层结构的制造 ·· 179
		7.2.1 泡沫塑料夹层结构的原材料 ·· 179
		7.2.2 泡沫塑料夹芯的制造工艺 ·· 180
		7.2.3 泡沫塑料夹层结构的制造 ·· 181
	7.3	夹层结构的应用 ·· 183

模块 8　复合材料液体成型工艺 ··· 186

	8.1	树脂传递模塑成型工艺 ·· 186
		8.1.1 RTM 成型原材料 ··· 187
		8.1.2 RTM 成型设备及模具 ··· 192
		8.1.3 纤维预成型技术 ·· 196
		8.1.4 RTM 成型工艺 ··· 197
		8.1.5 RTM 产品的典型应用 ·· 198
	8.2	RTM 的衍生工艺 ·· 201
		8.2.1 VARTM(真空辅助 RTM)工艺 ··································· 201
		8.2.2 Light-RTM 成型工艺 ··· 201
		8.2.3 树脂浸渍模塑成型工艺(SCRIMP) ······························· 202
		8.2.4 树脂膜渗透成型工艺(RFI) ······································· 204
		8.2.5 结构反应注射模塑(SRIM) ·· 205

模块 9　热塑性树脂基复合材料的成型工艺 ··································· 207

	9.1	注射成型工艺 ·· 207
		9.1.1 注射成型原理 ·· 207
		9.1.2 注射成型设备 ·· 208
		9.1.3 注射成型工艺 ·· 210
	9.2	挤出成型工艺 ·· 214
		9.2.1 挤出成型原理 ·· 214
		9.2.2 挤出成型设备 ·· 215
		9.2.3 挤出成型工艺 ·· 216
	9.3	玻璃纤维毡增强热塑性树脂基复合材料的成型工艺 ······················· 218
		9.3.1 GMT 的原材料 ··· 219
		9.3.2 GMT 成型过程 ··· 220
		9.3.3 GMT 的应用及发展 ·· 224

模块 10　复合材料低成本技术 ·· 226

	10.1	自动铺放技术 ·· 226

  10.1.1 自动铺带技术……………………………………………………… 227
  10.1.2 自动铺丝技术……………………………………………………… 228
 10.2 辐射固化技术…………………………………………………………… 230
  10.2.1 电子束固化技术…………………………………………………… 231
  10.2.2 光固化技术………………………………………………………… 234
  10.2.3 紫外线固化技术…………………………………………………… 235

参考文献 ………………………………………………………………………… 236

绪　　论

材料是人类社会进步的物质基础,是人类进步的里程碑,材料的水平决定着一个领域乃至一个国家科技发展的整体水平。现代高科技的发展对新材料也提出了更高、更苛刻的要求,传统的单一材料无法满足综合需求。复合材料的出现是近代材料科学的伟大成就,也是材料设计的一个重大突破,它将人类物质文明推向新的台阶。

一、复合材料的定义与分类

1. 复合材料的定义

复合材料是由有机高分子、无机非金属或金属等几类不同材料通过复合工艺组合而成的新型材料,它既能保留原组分材料的主要特点,又能通过复合效应获得原组分所不具备的性能;通过材料设计使各组分的性能互相补充并彼此关联,从而获得新的优越性能,与一般材料的简单混合有本质的区别。

国标 GB/T 3961—93 中定义复合材料是由两个或两个以上独立的物理相,包含黏结材料(基体)和粒料、纤维或片状材料所组成的一种固体材料。

通常所说复合材料主要由基体材料和增强材料两大部分组成。

2. 复合材料的命名

复合材料可根据增强材料和基体材料的名称来命名。将增强材料的名称放在前面,基体材料的名称放在后面,再加上"复合材料"即可,例如,玻璃纤维和环氧树脂构成的复合材料称为"玻璃纤维环氧树脂复合材料"。为书写简便,也可仅写增强材料和基体材料的缩写名称,中间加一斜线隔开,后面再加"复合材料"。如上述玻璃纤维和环氧树脂构成的复合材料也可写为"玻纤/环氧复合材料"。碳纤维合金属基体构成的复合材料称"金属基复合材料",也可写为"碳/金属基复合材料"。碳纤维和碳构成的复合材料称"碳/碳复合材料"或"C/C 复合材料"。

3. 复合材料的分类

复合材料的分类方法很多。通常有以下几种分类方法。

（1）按基体材料,复合材料可分为树脂基(聚合物基)复合材料、金属基复合材料、无机非金属基复合材料。

树脂基复合材料是以有机聚合物(主要为热固性树脂、热塑性树脂及橡胶)为基体制成的复合材料。金属基复合材料是以金属为基体制成的复合材料,如铝基复合材料、铁基复合材料等。无机非金属基复合材料是以陶瓷材料(包括玻璃和水泥)为基体制成的复合材料。

树脂基复合材料是最先开发和产业化推广的,因此应用面最广、产业化程度最高,树脂基复合材料的用量占所有复合材料总量的 90% 以上。树脂基复合材料中,以玻璃纤维作为增强相的树脂基复合材料在世界范围内已形成了产业,在我国俗称玻璃钢。

（2）按增强材料种类,复合材料可分为玻璃纤维复合材料、碳纤维复合材料、有机纤维（芳香族聚酰胺纤维、芳香族聚酯纤维、高强度聚烯烃纤维等）复合材料、金属纤维（如钨丝、不锈钢丝等）复合材料、陶瓷纤维（如氧化铝纤维、碳化硅纤维、硼纤维等）复合材料等。

（3）按增强材料形态,复合材料可分为连续纤维复合材料、短纤维复合材料、颗粒填料复合材料、编织复合材料。

连续纤维复合材料是作为分散相的纤维,每根纤维的两个端点都位于复合材料的边界处。短纤维复合材料是短纤维无规则地分散在基体材料中制成的复合材料。颗粒填料复合材料是增强材料以微小颗粒状分散在基体中制成的复合材料。编织复合材料是以平面二维或立体三维纤维编织物为增强材料与基体复合而成的复合材料。

（4）按用途,复合材料可分为结构复合材料和功能复合材料。

结构复合材料主要用作承力和次承力结构,要求它质量轻,强度和刚度高,且能耐受一定温度,在某种情况下还要求有膨胀系数小、绝热性能好或耐介质腐蚀等其他性能。功能复合材料指具有除力学性能以外其他物理性能的复合材料,即具有各种电学性能、磁学性能、光学性能、声学性能、摩擦性能、阻尼性能以及化学分离性能等的复合材料。

目前结构复合材料占绝大多数,而功能复合材料有广阔的发展前途。随着材料技术的发展,将会出现结构复合材料与功能复合材料并重的局面,而且功能复合材料更具有与其他功能材料竞争的优势。

在复合材料中,以树脂基复合材料用量最大,占所有复合材料总量的90%以上。树脂基复合材料中又以玻璃纤维增强塑料（俗称"玻璃钢"）用量最大,占树脂基复合材料用量的90%以上。本书主要介绍纤维增强树脂基复合材料。

二、复合材料的发展概况

1. 国外发展概况

树脂基复合材料自1932年在美国诞生之后,至今已有80多年的发展历史。1940年至1945年期间,美国首次用玻璃纤维增强聚酯树脂以手糊工艺制造军用雷达罩和飞机油箱,为树脂基复合材料在军事工业中的应用开辟了途径。1944年,美国空军第一次用树脂基复合材料制造飞机机身、机翼,并在莱特-帕特空军基地试飞成功,从此纤维增强复合材料开始受到军界和工程界的注意。1946年,纤维缠绕成型技术的出现为纤维缠绕压力容器的制造提供了技术储备。1949年,玻璃纤维预混料研制成功并制出了表面光洁,尺寸、形状准确的复合材料模压件。1950年,真空袋和压力袋成型工艺研究成功并试制成功直升飞机的螺旋桨。20世纪60年代,美国利用纤维缠绕技术制造出北极星、土星等大型固体火箭发动机的壳体,为航天技术开辟了质轻高强结构的最佳途径。在此期间,玻璃纤维-聚酯树脂喷射成型技术也得到了应用,使手糊工艺的质量和生产效率大为提高。1961年,片状模塑料（Sheet Molding Compound,SMC）在法国问世,利用这种技术可制出大幅面表面光洁,尺寸、形状稳定的制品,如汽车、船的壳体以及卫生洁具等大型制件,从而扩大了树脂基复合材料的应用领域。1963年前后,美国、法国、日本等先后开发了高产量、大幅宽、连续生产的玻璃纤维复合材料板材生产线,使复合材料制品形成了规模化生产。拉挤成型工艺的研究始于20世纪50年代,60年代中期实现了连续化生产。在20世纪70年代拉挤技术又有了重大的突破。在20世纪70年代树脂反应注射成型(Reaction Injection Molding, RIM)和增强树脂反应注射成型(Reinforced Reaction Injection Molding, RRIM)两种技术研究成功,改善了手糊工艺,制成的产品两面光洁,已大量用于卫生洁具和汽车的零件生产。20世纪80年代初,热塑性复合材料得到发展,其生产工艺主要是注射成型和挤出成型,用于生产短纤维增强塑料。1972年,美国PPG公司研制成功玻璃纤维毡增强热塑性片状模塑料(GMT),1975年投入生产,其最大特点是成型周期短,废料可回收利用。20世纪80年代,法国研究成功湿法生产热塑性片状模塑料(GMT)并成功地用于汽车制造工业。离心浇铸成型工艺于20世纪60年代始于瑞士,80年代得到发展,英国用此法生产10m长复合材料电线杆,而用离心法生产大口径压力管道用于城市给水工程,技术经济效果十分显著。到目前为止,树脂基复合材料的生产工艺已有近20种之多,而且新的生产工艺还在不断出现,推动着聚合物复合材料工业的发展。

进入20世纪70年代后,人们对复合材料的研究打破了仅采用玻璃纤维增强树脂的局面,也开发了一批如碳纤维、碳化硅纤维、氧化铝纤维、硼纤维、芳纶纤维、高密度聚乙烯纤维等高性能增强材料,并使用高性能树脂、金属与陶瓷为基体,制成先进复合材料(Advanced Composite Materials, ACM)。这种先进复合材料具有比玻璃纤维复合材料更好的性能,是用于飞机、火箭、卫星、飞船等航空航天飞行器的理想材料。从应用上看,复合材料在美国和欧洲主要用于航空航天、汽车等行业,而在日本主要用于住宅建设(如卫浴设备)等。复合材料的树脂基体仍以热固性树脂为主。

2. 我国发展概况

我国树脂基复合材料的应用始于1958年,当年以手糊工艺研制了树脂基复合材料渔船,以层压和卷制工艺研制成功树脂基复合材料板、管和火箭筒等。1961年,研制成耐烧蚀端头。1962年,引进不饱和聚酯树脂和蜂窝成型机及喷射成型机,开发了飞机螺旋桨和风机叶片。1962年,研究成功缠绕工艺并生产了一批氧气瓶等压力容器。1970年,用手糊夹层结构板制造了直径44m的大型树脂基复合材料雷达罩。1971年以前,我国的树脂基复合材料工业主要是军工生产,70年代后开始转向民用。1987年起,各地大量引进国外先进技术,如池窑拉丝、短切毡、表面毡生产线及各种牌号的聚酯树脂(引自美国、德国、荷兰、英国、意大利、日本)和环氧树脂(引自日本、德国)等生产技术;在成型工艺方面,引进了缠绕管、罐生产线、拉挤工艺生产线、SMC生产线、连续制板机组、树脂传递模塑(RTM)成型机、喷射成型技术、树脂注射成型技术及渔竿生产线等,形成了从研究、设计、生产到原材料配套的完整的工业体系,截至2000年底,我国树脂基复合材料生产企业达3000多家,已有51家通过ISO9000质量体系认证,产品3000多种,总产量达73万t/年,居世界第二位。产品主要用于建筑、防腐、轻工、交通运输、造船等领域。

在建筑方面,树脂基复合材料已广泛应用于内外墙板、透明瓦、冷却塔、空调罩、风机、玻璃钢水箱、卫生洁具、净化槽等。

在石油化工方面,主要用于管道及贮罐。其中玻璃钢管道有定长管、离心浇铸管及连续管道。按压力等级分为中低压管道和高压管道。我国在早期引进多条管罐生产线,现场缠绕大型贮罐最大直径12m,贮罐最大容积10000m^3。国内研制与生产的玻璃钢管罐生产设备部分技术指标已超过国外同类设备的技术水平。

在交通运输方面,为了使交通工具轻型化,节约耗油量,提高使用寿命和安全系数,目前在交通工具上已经大量使用复合材料。汽车上主要有车身、引擎盖、保险杠等配件;火车上有车厢板、门窗、座椅等;在船艇方面主要有气垫船、救生艇、侦察艇、渔船等,目前我国制造的玻璃钢渔船最长达33m;在机械及电器领域,如屋顶风机、轴流风机、电缆桥架、绝缘棒、集成电路板等产品都具有相当的规模。

在航空航天及军事领域,如轻型飞机、尾翼、卫星天线、火箭喷管、防弹板、防弹衣、鱼雷等都取得了重大突破,为我国的国防事业做出了重大贡献。

三、复合材料的特点及应用

1. 复合材料的特点

复合材料是由多种组分的材料组成,许多性能优于单一组分的材料。例如纤维增强的树脂基复合材料,具有质量轻、强度高、可设计性好、耐化学腐蚀、介电性能好、耐烧蚀及容易成型加工等优点。

1) 轻质高强,比强度和比刚度高

复合材料的突出优点是比强度和比模量(即强度、模量与密度之比)高。比强度和比模量是衡量材料承载能力的一个指标,比强度越高,同一零件的比重越小;比模量越高,零件的刚性越好。玻璃纤维增强树脂基复合材料的密度为 $1.5\sim 2.0\mathrm{g/cm^3}$,是普通碳钢的 $1/4\sim 1/5$,比铝合金还要轻 $1/3$ 左右,而机械强度却能超过普通碳钢的水平,具体数据见表0-1。若按比强度计算,玻璃纤维增强的树脂基复合材料不仅超过碳钢,而且可超过某些特殊合金钢。

表0-1 几种常用材料与复合材料的比强度、比模量

材料名称	密度 /(g/cm³)	拉伸强度 /GPa	弹性模量 /(×10²GPa)	比强度 /10⁶cm	比模量 /10⁸cm
结构钢	7.85	1.19	2.06	1.49	2.57
铝合金	2.78	0.39	0.72	1.37	2.54
钛合金	4.52	0.71	1.16	1.54	2.52
玻璃纤维聚酯复合材料	2.00	1.24	0.48	6.08	2.35
碳纤维/环氧复合材料Ⅱ	1.45	1.47	1.37	9.94	9.26
碳纤维/环氧复合材料Ⅰ	1.60	1.05	2.35	6.43	14.39
芳纶纤维/环氧复合材料	1.40	1.37	0.78	9.59	5.46
硼纤维/环氧复合材料	2.10	1.38	2.1	6.6	10
硼纤维/铝基复合材料	2.65	1.00	2.0	3.8	7.5

碳纤维复合材料、有机纤维复合材料具有比玻璃纤维复合材料更低的密度和更高的强度,因此具有更高的比强度。

2) 可设计性

复合材料可以根据不同的用途要求灵活地进行产品设计,具有很好的可设计性。对于结构件来说,可以根据受力情况合理布置增强材料,达到节约材料、减轻质量的目的。对于有耐腐蚀性能要求的产品,设计时可以选用耐腐蚀性能好的基体树脂和增强材料;对

于其他一些性能要求,如介电性能、耐热性能等,都可以方便地通过选择合适的原材料来满足要求。复合材料良好的可设计性还可以最大限度地克服其弹性模量、层间剪切强度低等缺点。

3) 电性能

复合材料具有优良的电性能,通过选择不同的树脂基体、增强材料和辅助材料,可以将其制成绝缘材料或导电材料。例如:玻璃纤维增强的树脂基复合材料具有优良的电绝缘性能,并且在高频下仍能保持良好的介电性能,因此可作为高性能电机、电器的绝缘材料;玻璃纤维增强的树脂基复合材料还具有良好的透波性能,被广泛地用于制造机载、舰载和地面雷达罩。复合材料通过原材料的选择和适当的成型工艺可以制得导电复合材料,这是一种功能复合材料,在冶金、化工和电池制造等工业领域具有广泛的应用前景。

4) 耐腐蚀性能

聚合物基复合材料具有优异的耐酸性能、耐海水性能,也能耐碱、盐和有机溶剂。因此,它是一种优良的耐腐蚀材料,用其制造的化工管道、贮罐、塔器等使用寿命较长、维修费用极低。

5) 热性能

玻璃纤维增强的聚合物基复合材料具有较低的导热系数,是一种优良的绝热材料。选择适当的基体材料和增强材料可以制成耐烧蚀材料和热防护材料,能有效地保护火箭、导弹和宇宙飞行器在2000℃以上承受高温、高速气流的冲刷。

6) 抗疲劳性能

疲劳破坏是材料在交变载荷作用下,由于微观裂缝的形成和扩展而造成的低应力破坏。由于纤维增强复合材料中纤维与基体的界面能阻止裂纹扩展,而且疲劳破坏前有明显的征兆,一般碳纤维复合材料的疲劳极限可达到其拉伸强度的70%~80%。

7) 减振性能

复合材料的比模量高,所以它的自振频率很高,不容易发生共振而快速脆断;另外,复合材料是一种非均质多相体系,在复合材料中振动衰减都很快。

8) 工艺性能

纤维增强的聚合物基复合材料具有优良的工艺性能,能满足各种类型制品的制造需要,特别适合于大型、形状复杂、数量少的制品制造。

9) 耐热性

金属基和陶瓷基复合材料能在较高的温度下长期使用,但是聚合物基复合材料不能在高温下长期使用,即使耐高温的聚酰亚胺基复合材料,其长期工作温度也只能在300℃左右。

10) 老化现象

在自然条件下,由于紫外光、湿热、机械应力、化学侵蚀的作用,会导致复合材料的性能变差,即发生所谓的老化现象。复合材料在使用过程中发生老化现象的程度与其组成、结构和所处的环境有关。

2. 复合材料的应用

与传统材料(如金属、木材、水泥等)相比,复合材料是一种新型材料。它具有许多优良的性能,并且其成本在逐渐地下降,成型工艺的机械化、自动化程度也在不断提高。因此，复合材料的应用领域日益广泛。

1）在航空、航天方面的应用

由于复合材料的轻质高强特性，使其在航空航天领域得到广泛的应用。进入 20 世纪 90 年代后，西方的战斗机都大量采用复合材料结构，用量一般都在 25% 以上，结构减重效率达 30%。应用零部件包括垂直尾翼、水平尾翼、机身蒙皮以及机翼的壁板和蒙皮等。表 0-2 列出了 6 种军用飞机上复合材料应用的情况。

表 0-2　6 种军用飞机上复合材料的应用情况

机种	国家	用量	应用部位	首飞时间
"阵风"	法国	30%	垂尾、机翼、机身结构的 50%	1986 年
JAS-39	瑞典	30%	机翼、垂尾、前翼、舱门	1988 年
F-22	美国	25%	机翼、前中机身、垂尾、平尾及大轴	1990 年
EF-2000	英国、德国、意大利、西班牙	43%	机翼、前中机身、垂尾、前翼、腹鳍	1994 年
F-35	美国	35%	机翼、机身、垂尾、平尾、进气道	2000 年
B-2	美国	>20%	机翼、机身	

在民用飞机方面，波音 787、空客 A380 等机型的结构件都采用了大量的复合材料，如图 0-1 所示为新一代民用客机。图 0-1(a) 所示为欧洲空中客车公司的超大型客机 A380，该客机是目前世界上唯一采用全机身长度双层客舱，最先进、最宽敞和最高效的飞机。A380 客机在 2007 年 10 月首次进行商业航行，其中复合材料占全机结构重量的 25% 左右，主要应用在中央翼、外翼、垂尾、平尾、机身地板梁和后承压框等部位。图 0-2 所示为 A380 飞机上复合材料的具体应用部件。A380 是第一个将复合材料用于中央翼盒的大型民用客机，该翼盒尺寸为 8m×7m×2.4m，重 8.8t，用复合材料 5.3t，减重 1.5t，机身上壁板则大量应用了玻璃纤维增强铝合金复合材料 GLARE 层板，共 27 块 470m²。A380 机身后承压框尺寸为 6.2m×5.5m，号称是世界上最大的树脂膜转移成型（RFI）整体成型构件。A380 开创了先进复合材料在大型客机上大规模应用的先河。图 0-1(b) 所示为波音 787，复合材料用量达到 50%，主要应用于机翼、机身、垂尾、平尾、机身地板梁和后承压框等部位，它是第一型采用复合材料机翼和机身的大型商用客机。

(a)　　　　　　　　　　　　　　(b)

图 0-1　新一代民用客机

(a) 空客 A380；(b) 波音 787。

在直升机方面，直升机采用复合材料不仅可减重，而且对于改善直升机抗坠毁性能意

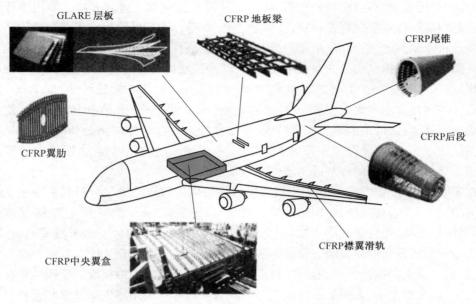

图 0-2　A380 飞机复合材料的应用

义重大,因而复合材料在直升机结构中应用更广、用量更大,不仅是机身结构中由桨叶和桨毂组成的升力系统,传动系统也大量采用树脂基复合材料。先进直升机结构件复合材料用量甚至占到了 80% 以上。随着碳纤维和基体树脂性能的不断提高,碳纤维增强树脂基复合材料的耐湿热性和断裂延伸率得到显著改善和提高。复合材料在飞机上的应用已由次承力结构材料发展到主承力结构材料,拓宽了在飞机工业中的应用。

在航空发动机上应用复合材料可以大幅度提高其推重比,因此先进复合材料已成为未来发动机的关键材料之一。发动机除用树脂基复合材料外,因温度要求的关系还用到金属基、陶瓷基和碳/碳复合材料,见表 0-3。

在航天领域,大量采用先进复合材料制成的"哥伦比亚"号航天飞机,用碳/环氧树脂制造长 18.2m、宽 4.6m 的主货舱门,用凯夫拉纤维/环氧树脂制造各种压力容器,用硼/铝制造主机身隔框和翼梁,用碳/碳制造发动机的喷管和喉衬,发动机组的传力架全用硼纤维增强钛合金复合材料制成,被覆在整个机身上的防热瓦片是耐高温的陶瓷基复合材料。这架航天飞机上使用了树脂基、金属基和陶瓷基复合材料。

表 0-3　航空发动机用复合材料

种类	密度/(g/cm³)	耐温/℃	应用部位
树脂基	1.6	427	压气机叶片、进气机匣
金属基	4.43	871	风扇、高压压气机
金属间化合物基	5.54	1371	高压压气机
陶瓷基	3.32	1760	燃烧室、高低压涡轮、喷嘴
碳/碳	2	2000	涡轮叶片和盘、热端部件等

据有关资料报道,航天飞行器的质量每减少 1kg,可提高升限 40m,对于发射到太空中的卫星,若质量每减少 1kg 就可使运载火箭减轻 1t。而一次卫星发射费用达几千万美

元,高成本的因素,使得结构材料轻质、高性能显得尤为重要。运载火箭上使用碳纤维增强复合材料的部件主要包括发动机、仪器舱、整流罩等。利用纤维缠绕工艺制造的环氧基固体发动机罩耐腐蚀、耐高温、耐辐射,而且密度小、刚性好、强度高、尺寸稳定。

火箭发动机壳体是火箭的重要组成部分,既是发动机推进剂的贮存箱体,又是推进剂的燃烧室,需要承受 3500℃的高温和 5～15MPa 的高压。高强中模碳纤维(如 T800)的应用使壳体的强度和刚度大为改观,壳体尺寸稳定,减少了推进剂贮存箱体的变形,使其可以适应低温环境;碳纤维的热膨胀率较低,可使推进剂贮存箱体的热盈利减少,它与绝热层的黏结性好。再如,导弹弹头和卫星整流罩、宇宙飞船的防热材料、太阳能电池阵基板都采用了环氧基及环氧酚醛基纤维增强材料来制造。

在宇航工业中,如"三叉戟"导弹仪器舱锥体采用环氧碳纤维复合材料后减重 25%～30%,省工 50%左右;该材料还用作仪器支架及"三叉戟"导弹上的陀螺支架、弹射筒支承环,弹射滚柱支架、惯性装置内支架和电池支架等多个辅助结构件。由于减重,射程增加了 342km。战略导弹的弹头端头目前一般采用碳/碳复合材料不仅能缩小弹头端头的钝度,又能保持弹头的烧蚀外形,有利于提高弹头的再入速度和命中精度。美国卫星和飞行器上的天线、天线支架、太阳能电池框架和微波滤波器等均采用环氧碳纤维复合材料定型生产。国际通信卫星 V 上采用环氧碳纤维复合材料制作天线支撑结构和大型空间结构。

2) 在交通运输方面的应用

由复合材料制成的汽车质量减轻,在相同条件下的耗油量只有钢制汽车的 1/4,而且在受到撞击时复合材料能大幅度吸收冲击能量,保护人员的安全。1953 年,世界上第一款全复合材料车身的 Corvette 跑车在美国纽约首次向观众展示(图 0-3),这成为了汽车复合材料史上值得永远纪念的日子。作为世界上第一辆全复合材料车身汽车,Corvette 引发了一场世界范围内应用复合材料的热潮:从车头到车尾,从内饰件到外蚀件,从 A 级表面的车身面板到结构组装件,从皮卡车厢到发动机气门盖、油底壳,从传动轴到板弹簧等部件,复合材料在各种汽车零部件的应用中均显示出了无可比拟的优势:更低的模具投资成本、更小的汽车质量、更高的设计自由度以及更高的零部件集成度等,这些引起了汽车制造业对复合材料的广泛关注。由于复合材料的密度小,不论是玻璃纤维、碳纤维还是芳纶纤维树脂基复合材料,其密度仅是钢的 1/5～1/4,将这些材料用于车辆可在很大程度上减轻自重、降低油耗、提高车速,同时还可以减少轴和轮胎的磨损,延长使用寿命。目前世

图 0-3 全复合材料车身的 Corvette 跑车

界上复合材料的产量逐年增长,其中交通运输业的用量所占比例最大。采用复合材料制造汽车部件,在相同条件下耗油量不超过钢制汽车的1/4。

铁路是国民经济的动脉,铁路运输对整个国民经济的发展有重大影响,我国的铁路运输约占运输总量的60%。随着列车速度的不断提高,火车部件用复合材料来制造是最好的选择。复合材料常被用于制造高速列车的车箱外壳、内装饰材料、整体卫生间、车门窗、冷藏车保温车身、运输液体的贮罐、集装箱等。玻璃钢集装箱自重轻,耐冲击性好,密封防水、防腐蚀、防污染,因而运载效率高,又经久耐用。除此之外,复合材料还是铁道通信线路工程中使用的优良材料。通常用它做成信号机、变压器箱、电缆盒、轨道绝缘材料等。

3) 在化学工业方面的应用

在化学工业方面,复合材料主要用于制造防腐蚀制品,如各种防腐蚀管、罐等及各种防腐设备的衬里等。以玻璃纤维增强的不饱和聚酯树脂、环氧树脂、酚醛树脂、呋喃树脂和聚酰亚胺等树脂的复合材料具有优异的耐腐蚀性能和耐化学介质腐蚀性。例如,环氧玻璃钢在碱溶液中可使用10年,而普通钢管只能使用1年左右。在酸性介质中,聚合物基复合材料的耐腐蚀性能比不锈钢更为优异。因此,近年来在石油化工等防腐蚀工程中,复合材料得到越来越广泛的应用,已成为不可缺少的新型耐腐蚀材料,目前用玻璃钢制造的化工耐腐蚀设备和材料有容器、泵、风机、烟囱、管道、弯头、三通、阀门等。

4) 在电气工业方面的应用

聚合物基复合材料是一种优异的电绝缘材料,被广泛地用于电机、电工器材的制造,如绝缘板、绝缘管、印刷线路板、电机护环、槽楔、高压绝缘子、带电操作工具等。用碳纤维复合材料制造的电子屏蔽装置具有很好的电磁波吸收能力,同时使壳体的力学性能大大提高。

5) 在建筑工业方面的应用

玻璃纤维增强的聚合物基复合材料具有力学性能优异,隔热、隔声性能良好,吸水率低,耐腐蚀性能好和装饰性能好的特点,因此,它是一种理想的建筑材料。在建筑上,玻璃钢被用作承力结构、围护结构、冷却塔、贮水箱、波形瓦、门及窗构件、落水系统和地面等。

6) 在机械工业方面的应用

复合材料在机械制造工业中,用于制造各种叶片、风机、各种机械部件如齿轮、皮带轮和防护罩等。用复合材料制造叶片具有制造容易、质量小、耐腐蚀等优点,各种风力发电机叶片都是由复合材料制造的。

7) 在体育用品方面的应用

体育休闲用品是复合材料应用的另一个重要领域。近年来,碳纤维高尔夫球杆、碳纤维钓鱼竿、各种球拍(网球拍、羽毛球拍等)、赛车等所占的市场规模越来越大,如图0-4、图0-5所示。除此之外,复合材料被用于制造滑雪板、滑雪车、赛艇、皮艇、划桨、撑杆、弓箭、雪橇等体育用品。

四、树脂基复合材料的成型工艺及选择

目前,树脂基复合材料的成型方法很多,并且很多成型方法已经成功地用于工业生产:

(1) 手糊成型工艺-湿法铺层成型法;

图 0-4 复合材料在赛车上的应用

图 0-5 复合材料球拍

(2) 喷射成型工艺;
(3) RTM 成型技术;
(4) 袋压法(压力袋法)成型;
(5) 真空袋压成型;
(6) 热压罐成型技术;
(7) 夹层结构成型技术;
(8) 模压成型工艺;
(9) 纤维缠绕制品成型技术;
(10) 拉挤成型工艺;
(11) 热膨胀模塑法成型技术;
(12) 连续缠绕制管工艺;
(13) 连续制板生产工艺;
(14) 注射成型工艺;
(15) 挤出成型工艺;
(16) 编织复合材料制造技术;
(17) 热塑性片状模塑料制造技术及冷模冲压成型工艺;
(18) 离心浇铸制管成型工艺;
(19) 其他成型技术。

1. 复合材料成型工艺的选择原则

生产复合材料制品的特点是材料生产和产品成型同时完成,因此,在选择成型方法时,必须同时满足材料性能、产品质量和经济效益等多种因素的基本要求,具体应考虑:

(1) 产品的外形构造和尺寸大小;
(2) 材料性能和产品质量要求;
(3) 生产批量大小及供应时间要求;
(4) 企业可能提供的设备条件及资金;
(5) 综合经济效益,保证企业盈利。

2. 复合材料成型三要素

树脂基复合材料在由原材料加工出成品的整个成型过程涉及三个重要的环节:赋形、浸渍和固化,也称为成型三要素。对应于制品性能、产量、价格这三个基点,成型工艺三要素实现的手段在不断地进步和改善。

(1) 赋形。赋形的基本问题在于增强材料如何达到均匀或保证在设定的方向上,如何可信度很高地进行排列。将增强材料"预成型",使毛坯与制品最终形状相似,而最终形状的赋形则在压力下靠成型模具完成。

(2) 浸渍。浸渍意味着将增强材料间的空气置换为基体树脂,以形成良好的界面黏结和复合材料的低空隙率。浸渍机理可分为脱泡和浸润两个部分。浸渍好坏与难易受基体树脂黏度、种类、基体树脂与增强材料配比,以及增强材料的品种、形态的影响。预浸料半成品制备,已将主要浸渍过程提前,但在加热成型过程中还需进一步完善树脂对纤维的浸渍。

(3) 固化。热固性树脂的固化意味着基体树脂的化学反应,即分子结构上的变化,由线型结构交联形成三向网络结构。固化要采用引发剂、促进剂,有时还需加热,促进固化反应进行。对于热塑性树脂,则是由黏流态或高弹态冷却硬化定型的过程。

赋形、浸渍和固化三要素相互影响,通过有机地调整与组合,可经济地成型复合材料制品。浸渍的好坏、赋形的快慢、固化的快慢同时影响产品性能和生产效率两个对立的方面。若强调经济性,加快成型周期,就要牺牲一部分性能;反之,若重视性能,就要牺牲经济性。这就意味着因原材料不同,存在着一种最佳的组合,必须制作每种成型方法的三要素相关图,并进行研究,选择其最合理方案。

3. 成型工艺选择

依据复合材料制品产量、成本、性能、形状和尺寸大小,可适当选择复合材料的成型工艺方法。复合材料的制造成本与加工工具、原材料、周期和整装时间等有关,因此复合材料的制造要在综合考虑成本的基础上确定成型工艺方法。最重要的是复合材料的性能要满足使用要求,不同的工艺会有不同的性能,不同的材料(纤维与树脂)有不同的性能,纤维长度、纤维取向、纤维的含量(60%~70%)等均会大大影响复合材料制品的性能。

一般来讲,生产批量、数量多及外形复杂的小产品,如机械零件、电工器材等,多采用模压成型等机械化的成型方法;对造型简单的大尺寸制品,如浴盆、汽车部件等,适宜采用SMC大台面压机成型,也可用手糊工艺生产小批量产品;数量和尺寸介于中间的则可采用树脂传递成型法。对于回转体如压力管道及容器及容器,宜采用纤维缠绕法或离心浇铸法。对于批量小的大尺寸制品,如船体外壳、大型贮槽等,常采用手糊、喷射工艺;当要求制品表面带胶衣时,可采用手糊或喷射成型法,也可考虑用 RTM 法;对于板材和线型制品,可采用连续成型工艺如挤拉成型。先进复合材料以其比强度比模量高、耐高温性能好、耐疲劳性能优越等独特优点获得广泛应用和迅速发展。RTM 成型技术、真空袋成型、热压罐成型技术的成熟发展更是极大推动了先进复合材料的发展,真空袋成型工艺灵活、简便、高效。目前较多采用的热压罐成型工艺成本过高,制件尺寸受限制。

五、未来复合材料的发展趋势

航空航天高新技术对先进复合材料的要求越来越高,促使先进复合材料向几个方向发展:

(1) 高性能化:包括原材料高性能化和制品高性能化。如用于航空航天产品的碳纤维由 T300 已发展到 T700、T800 甚至 T1000。而一般环氧树脂也逐步被韧性更好的、耐温更高的增韧环氧树脂、双马树脂和聚酰亚胺树脂等取代;对复合材料制品也提出了低密度、高强度、高模量、耐磨损、耐腐蚀、耐低温、耐高温、抗氧化等要求。

(2) 低成本化:低成本生产技术包括原材料、成型工艺和质量控制等各个方面的低成本技术。

(3) 多功能化:航空航天先进复合材料正由单纯结构型逐步实现结构与功能一体化,即向多功能化的方向发展。例如,隐身材料进一步发展,要求承载与隐身结构一体化发展为兼顾雷达、热红外、可见光、近红外的多频谱兼容,同时融结构承载、隐身、防雷击、抗静电等多功能为一体。

(4) 智能化:自制功能、自控制性、自检测诊断、自修复性、自分解性等为一体的智能化材料,这也是 21 世纪的重要发展趋势。

(5) 复合化:复合材料可明显减轻结构重量和提高结构效率,欧美新研制飞机已经开始全复合材料化。国外新一代运载火箭、战略导弹及推进系统关键材料几乎已经全复合材料化。

(6) 环保性:可持续发展是人类在地球上赖以生存的重要前提,在大气层内外的航空航天飞行所用的材料及其制备加工与回收,必须具有高度的环境相容性,无污染和易回收。

模块1 复合材料成型的原材料

复合材料制品成型工艺中,在明确性能、载荷情况要求后,就必须考虑原材料的选择。原材料的选择主要是指增强材料和基体材料的选择,此外还包括预浸料、辅助材料等。选择不同的原材料会直接影响复合材料制品的性能,也会影响复合材料的成型工艺性。

1.1 增强材料

复合材料成型常用增强材料有玻璃纤维、碳纤维、芳纶纤维及其织物等。

1.1.1 玻璃纤维

玻璃纤维(Glass Fiber 或 Fiberglass,GF)是以玻璃球或废旧玻璃为原料,经高温熔制、拉丝、络纱、织布等工艺制造成的。玻璃纤维种类繁多,有玻璃纤维单丝、玻璃纤维纱、玻璃纤维毡、玻璃纤维布等。它具有绝缘性好、耐热性强、抗腐蚀性好、机械强度高等优点,但其性脆,耐磨性较差。其单丝的直径为几个微米到二十几个微米,相当于一根头发丝的1/20~1/5,每束纤维原丝都由数百根甚至上千根单丝组成。玻璃纤维通常用作复合材料中的增强材料。图1-1所示为玻璃纤维及其制品。

1. 玻璃纤维分类

1) 按化学组成分

这种方法一般以玻璃纤维的不同含碱量来区分:①无碱玻璃纤维(通称 E 玻纤),其碱金属氧化物含量不大于 0.5%,常用作复合材料的增强材料;②中碱玻璃纤维:碱金属氧化物含量在 11.5%~12.5%;③有碱玻璃(A 玻璃)纤维:此种玻璃纤维由于含碱量高,强度低,对潮气侵蚀极为敏感,很少作为复合材料的增强材料。

2) 按产品特点分

这种方法是按玻璃纤维的长短、直径大小及外观特点分类:①按纤维的长短,可分为定长纤维和连续纤维。定长纤维的长度为 6~50mm,多数由连续纤维短切后获得,连续长纤维常用作复合材料的增强材料。②按纤维的直径大小,可分为粗纤维(单丝直径 30μm)、初级纤维(单丝直径 20μm)、中级纤维(单丝直径 10~20μm)、高级纤维(单丝直径 3~10μm)。③按纤维外观,可分为连续纤维、短切纤维、空心玻璃纤维、玻璃粉及磨细纤维等。

3) 按使用特性分

按纤维本身具有的性能,可分为高强玻璃纤维、高模量玻璃纤维、耐高温玻璃纤维、耐碱玻璃纤维、耐酸玻璃纤维、高硅氧玻璃纤维、石英玻璃纤维及普通玻璃纤维。

2. 玻璃纤维化学组成与性能

玻璃纤维的化学组成主要是二氧化硅(SiO_2)、三氧化二硼(B_2O_3)、氧化钙(CaO)、三

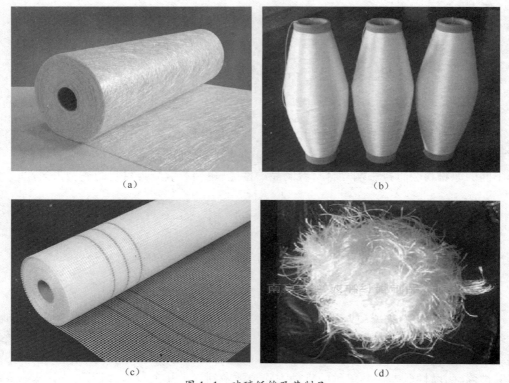

图 1-1　玻璃纤维及其制品

(a) 玻璃纤维毡；(b) 玻璃纤维丝束；(c) 玻璃纤维布；(d) 短切玻璃纤维。

氧化二铝(Al_2O_3)等。二氧化硅(SiO_2)在玻璃中形成基本骨架，并且具有高熔点，而其他金属氧化物的加入目的是改善制备玻璃纤维的工艺条件和使玻璃纤维具有一定的特性。

玻璃纤维性能包括力学性能、热性能以及化学稳定性方面的性能。

(1) 力学性能。玻璃纤维的拉伸强度较高，但模量较低。玻璃纤维直径越细，强度越大；玻璃纤维越长，强度越小；含碱量越高，强度越低。玻璃纤维的弹性模量约为 7×10^4 MPa，与铝相当，只有普通钢的 1/3，致使复合材料的刚度较低，这是玻璃纤维的缺点之一。玻璃纤维的耐磨性和耐折性差。

(2) 热性能。玻璃纤维的导热系数只有 0.03 kcal/(m·℃·h)，玻璃纤维是一种优良的绝热材料，但其耐热性较高，软化点为 550~580℃，其热膨胀系数为 $4.8 \times 10^{-6}/℃$。

(3) 化学稳定性。玻璃纤维除氢氟酸(HF)、浓碱(NaOH)、浓磷酸外，对所有化学药品和有机溶剂有很好的化学稳定性。

3. 玻璃纤维的制造工艺

1) 坩埚拉丝工艺

坩埚拉丝工艺由制球和拉丝两个部分组成，制球部分的主要设备是玻璃熔窑、喂料机和制球。玻璃纤维按照成分要求，将原料按比例计量、调配、混合后送入熔窑内制成玻璃液。玻璃液自熔窑中缓慢流出，并经制球机制成玻璃球。玻璃球经质量检查后，可作为拉丝的原料。拉丝部分的主要设备是铂金坩埚和拉丝机以及温度控制系统。铂金坩埚是一个小型的用电加热的玻璃熔窑，用来将玻璃球熔化成玻璃液，然后从铂金坩埚底部漏板的小孔中流出，拉制成玻璃纤维。拉丝机的机头套有卷筒，由马达带动作高速转动。将玻璃纤维端头缠在卷筒上后,由于卷筒的高速转动使玻璃液高速度地从铂金坩埚底部的小漏孔中拉出,并经速冷而成玻璃纤维。坩埚拉丝工艺如图1-2所示。

2) 池窑拉丝法

池窑拉丝法是将玻璃配合料投入熔窑熔化后直接拉制成各种支数的连续玻璃纤维。

4. 玻璃纤维表面处理

玻璃纤维一般采用偶联剂涂层的方法对纤维表面进行处理。通常有两类表面处理剂,即有机铬合物类(如沃兰)和有机硅烷类(KH550/560/570等)。

5. 玻璃纤维制品

1) 无捻粗纱

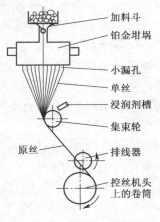

图1-2 坩埚拉丝工艺示意图

无捻粗纱是由平行原丝或平行单丝集束而成的。无捻粗纱按玻璃成分可划分为无碱玻璃无捻粗纱和中碱玻璃无捻粗纱。生产玻璃粗纱所用玻纤直径为 $12\sim23\mu m$。无捻粗纱可直接用于某些复合材料工艺玻璃原丝(有时也用无捻粗纱)切割成50mm长,将其随机但均匀地铺陈在网带成型方法中,如缠绕、拉挤工艺,因其张力均匀,也可织成无捻粗纱织物,在某些用途中还将无捻粗纱进一步短切。

2) 玻璃纤维毡

(1) 短切原丝毡。将短切的无定向的散乱原丝施以乳液黏结剂或粉末黏结剂经加热固化后黏结成短切原丝毡。短切毡主要用于手糊成型、连续成型和SMC模压工艺中。

(2) 连续原丝毡。将拉丝过程中形成的玻璃原丝或从原丝筒中退解出来的连续原丝呈8字形铺敷在连续移动网带上,经粉末黏结剂黏合而成。连续玻纤原丝毡中纤维是连续的,故其对复合材料的增强效果较短切毡好,主要用在拉挤法、RTM法、压力袋法及玻璃毡增强热塑料(GMT)等工艺中。

(3) 表面毡。表面毡是将定长短切原丝随机均匀铺放,并用黏结剂黏结而成的薄如纸的毡,纤维含量为5%~15%,其厚度为0.3~0.4mm。这类毡由于采用中碱玻璃(C)制成,故赋予玻璃钢耐化学性特别是耐酸性,同时因为毡薄、玻纤直径较细之故,还可吸收较多树脂形成富树脂层,遮住了玻璃纤维增强材料(如方格布)的纹路,它可以使制品表面光滑、美观,并提高制品的耐老化性。

(4) 针刺毡。针刺毡分为短切纤维针刺毡和连续原丝针刺毡。短切纤维针刺毡是将玻纤粗纱短切成50mm,随机并预先铺放在传送带上的底材上,然后用带倒钩的针进行针刺,针将短切纤维刺进底材中,而钩针又将一些纤维向上带起形成三维结构。另一类连续原丝针刺毡,是将连续玻璃原丝用抛丝装置随机抛在连续网带上,通过针刺将部分纤维钩入纤维层,这部分纤维垂直于毡平面而形成三维分布,使毡成为一种多孔隙的体型结构,提高了玻璃纤维在压力下保持孔隙率的能力,有利于浸渍过程中树脂熔体在玻璃纤维毡中的纵向流动,对改善浸渍效果有利。这种毡主要用于玻璃纤维增强热塑料可冲压片材的生产。

(5) 缝合毡。玻璃纤维缝合毡是50~60cm长的短切玻璃纤维用缝编机缝合成的短切纤维或长纤维毡。它的主要特点是:厚薄均匀,无毛羽、污渍、杂物等;不易产生位移变形,耐冲刷性好;既具有布的方向性,又具有毡的多向性;具有良好的工艺性。

(6) 玻璃纤维复合毡。玻璃纤维复合毡是由玻璃纤维无捻粗纱作单向平行排列,最外一层复合短切成一定长度的玻璃纤维纱或短切毡,用有机纤维缝制而成的。主要是用于玻璃钢拉挤成型、RTM 成型、手糊成型等工艺。纤维结构具有可设计性,能在一定方向上提供高强度;纤维不易产生位移变形,易于操作;织物中不含任何黏结剂,易浸透;结构的复合性可减少铺层,有效提高生产效率。

3) 玻璃纤维布

玻璃纤维布是由经纬玻璃纤维纱编织而成,是大多数玻璃钢制品的增强体。玻璃纤维布按编织方法不同,可分为平纹布、斜纹布及缎纹布等,如图 1-3 所示。

(1) 平纹布。经纱和纬纱相互间都是从一根纱下面穿过,压在另一根纱的上面,交替编织而成。这种布编织紧密、交织点多、强度较低、表面平整、气泡不易排除,只适用于制作形面简单或平坦的制品。无捻方格布是平纹编织的无捻粗纱布,因布面呈现明显的方格而得名,浸胶容易、铺覆性好、较厚实、强度高、气泡易排除、施工方便、价格较便宜,在手糊成型工艺中大量使用。

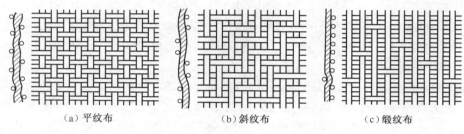

图 1-3 玻璃布的编织示意图

(2) 斜纹布。每根经纱都是从两根纬纱下面通过,然后压在另外两根纬纱上面,布面呈现斜纹。这种布较致密、柔性好、铺覆性较好、强度较大,适于制作有曲面的和各方向都需要高强度的制品,适用于手糊成型。

(3) 缎纹布。经纱或纬纱相互间从一根纱下面通过,压在另外多根(3、5、7)纱上面,布面几乎只见经纱或纬纱。这种布质地柔软、铺覆性好、强度较大、与模具接触性好,适用于型面复杂的手糊玻璃钢制品。

(4) 单向布。经纬向拉断力相差悬殊的玻璃布,经纱是密纱或强纱,纬纱是细纱或弱纱。适用于定向强度要求高的制品。

4) 短切纤维丝

短切纤维丝分干法短切原丝及湿法短切原丝。前者用在增强塑料生产中,而后者则用于造纸。用于玻璃钢的短切原丝又分为增强热固性树脂用短切原丝和增强热塑性树脂用短切原丝两大类。

1.1.2 碳纤维

碳纤维是由有机纤维或低分子烃气体原料在惰性气氛中经高温(1500℃)碳化而成的纤维状碳化合物,其碳含量在 90% 以上。碳纤维具有高的比强度和高模量,热膨胀系数小,尺寸稳定性好,被大量用作复合材料的增强材料。用碳纤维制成的树脂基复合材料的比模量比钢和铝合金高5倍,比强度高3倍以上,同时耐腐蚀、耐热冲击、耐烧蚀性能均优越,因而在航空和航天工业中得到应用并得到迅速发展。碳纤维及制品如图1-4所示。

1. 碳纤维分类

当前,国内外已商品化的碳纤维种类很多,一般可以根据原丝的类型、碳纤维的性能和用途进行分类。

根据碳纤维的性能分类:①高性能碳纤维(高强度碳纤维、高模量碳纤维、中模量碳纤维等);②低性能碳纤维(耐火纤维、碳质纤维、石墨纤维等)。

根据原丝类形分类:①聚丙烯腈基纤维;②粘胶基碳纤维;③沥青基碳纤维;④木质素纤维基碳纤维。

图1-4 碳纤维及其碳纤维布

2. 碳纤维制造方法

碳纤维的制造是以含碳量高的有机纤维作为先驱纤维,在N_2/Ar的惰性气氛保护施加张力牵伸下,通过加热碳化去除大部分非碳元素,得到碳的石墨晶体结构为主体的纤维材料。对于先驱体有机纤维,有如下要求:①碳化过程不熔融;②碳化收率较高;③强度和模量等性能符合要求;④能获得稳定连续长丝。

目前制作碳纤维的主要原材料有三种:①人造丝(粘胶纤维);②聚丙烯腈(PAN)纤维,它不同于腈纶毛线;③沥青,它或者是通过熔融拉丝成各向同性的纤维,或者是从液晶中间相拉丝而成的,这种纤维是具有高模量的各向异性纤维。用这些原料生产的碳纤维各有特点,制造高强度高模量碳纤维多选聚丙烯腈为原料。

碳纤维制备要经过五个阶段:①拉丝:可用湿法、干法或者熔融状态中的任意一种方法进行。②牵伸:在室温以上,通常是100~300℃范围内进行。③稳定:通过400℃加热氧化的方法。④碳化:在1000~2000℃范围内进行。⑤石墨化:2000~3000℃范围内进行。

3. 碳纤维性能

(1)力学性能。碳纤维强度高,模量高,由于密度小,所以具有较高的比强度和比模量,碳纤维脆性大,冲击性能差。

(2)物理性能。碳纤维的比重在$1.5\sim2.0g/cm^3$,这除与原丝结构有关外,主要决定于碳化处理的温度;碳纤维的热膨胀系数与其他类型纤维不同,它有各向异性的特点。平行于纤维方向是负值$(-0.72\sim-0.90)\times10^{-6}/℃$,而垂直于纤维方向是正值$(22\sim32)\times10^{-6}/℃$;碳纤维导热率有方向性,导热率随温度升高而下降。在25℃时,高模量纤维为$775\mu\Omega$,高强度碳纤维为$1500\mu\Omega$。

(3)化学性能。碳纤维耐酸碱性强,高温抗氧化性差,无氧气氛下,有突出的耐热性、良好的耐低温性能,它还有耐油、抗放射、抗辐射、吸收有毒气体和减速中子的特性。

4. 碳纤维表面处理

碳纤维的表面是惰性的,它与树脂的浸润性及黏附性较差,所制备的复合材料层间剪切强度及界面黏附强度较差,所以对于碳纤维要进行表面处理以改善其与树脂基体的浸润性和黏附性,碳纤维的表面处理方法主要有气相氧化法、液相氧化法、表面涂层改性法、表面电聚合、等离子体聚合接枝改性等。

5. 碳纤维的品种与规格

碳纤维与玻璃纤维一样,有长纤维、短纤维,有布、毡、有扭绳或编织绳、三向或多向立体织物等不同形式的产品供应。表1-1列出了主要碳纤维的品种和性能。

表1-1 碳纤维的规格及性能

类型	每束纤维单丝数	拉伸强度/MPa	拉伸模量/GPa	延伸率/%
T300	1K3K6K12K	3530	230	1.5
T300J	3K6K12K	4410	230	1.9
T400H	3K6K	4410	250	1.8
T700S	12K	4800	230	2.1
T800H	6K12K	5590	294	1.9
T1000G	12K	6370	294	2.1
T1000	12K	7060	294	2.4
M35J	6K12K	5000	343	1.6
M40J	6K12K	4400	377	1.2
M50J	6K	4020	475	0.8
M55J	6K	3630	540	0.7
M60J	3K6K	3820	588	0.7
M30	1K3K6K12K	3920	294	1.3
M40	1K3K6K12K	2740	392	0.6
M50	1K3K	2450	490	0.5
HM40	6K	2740	380	0.7
UM46	12K	4705	435	1.1
UM68	12K	3330	650	0.5
UHM,Celion GY-80		1830	572	
UHM,Thornel P-120S		2200	827	

6. 碳纤维布

碳纤维布,又称碳素纤维布、碳纤布、碳布、碳纤维织物等。它是一种单向碳纤维产品,通常采用12K碳纤维丝织造。碳纤维布的生产方法有三种:由碳纤维纱经纬编织成碳布;由预氧化丝编织成布后,再碳化;由原丝编织成布后,再预氧化、碳化。

碳纤维布其可按以下方式分类：

（1）按碳纤维原丝分：①PAN基碳纤维布（市场上90%以上为该种碳纤维布）；②黏胶基碳纤维布；③沥青基碳纤维布。

（2）按碳纤维规格分：①1K碳纤维布；②3K碳纤维布；③6K碳纤维布；④12K碳纤维布；⑤24K及以上大丝束碳纤维布。

（3）按碳纤维碳化分：①石墨化碳纤维布，可以耐2000~3000℃高温；②碳纤维布，可以耐1000℃左右高温；③预氧化碳纤维布，可以耐200~300℃高温。

（4）按织造方式分：

①机织碳纤维布，主要有平纹布、斜纹布、缎纹布、单向布等；

②针织碳纤维布，主要有经编布、纬编布、圆机布（套管）、横机布（罗纹布）等；

③编织碳纤维布，主要有套管、盘根、编织带、二维布、三维布、立体编织布等；

④碳纤维预浸布，主要有干法预浸布、湿法预浸布、单向预浸布、预浸带、无托布、有托布等；

⑤碳纤维无纺布是非织造布，即碳纤维毡、碳毡，包括短切毡、连续毡、表面毡、针刺毡、缝合毡等。

1.1.3 芳纶纤维

芳纶纤维是指目前已工业化生产并广泛应用的聚芳酰胺纤维。国外商品牌号为凯芙拉纤维。芳纶纤维的历史很短，发展很快。目前，芳纶纤维总产量的31%用于复合材料。芳纶纤维作为增强材料，树脂作为基体复合材料，简称KFRP，它在航空航天方面的应用仅次于碳纤维，成为必不可少的材料。

1. 芳纶纤维的性能

1) 力学性能

芳纶纤维的特点是拉伸强度高，单丝强度可达3773MPa；芳纶纤维的弹性模量高，可达$1.27~1.57\times10^5$MPa，比玻璃纤维高一倍，为碳纤维0.8倍（CF>KF>GF）芳纶纤维的断裂伸长率在3%左右，接近玻璃纤维，高于其他纤维；芳纶纤维的密度小，比重1.44~1.45，有高的比强度与比模量；抗冲击性能很好。

2) 热稳定性

芳纶纤维有良好的热稳定性，耐火而不熔，能长期在180℃下使用，在低温时（-60℃）不发生脆化亦不降解。芳纶纤维的热膨胀系数和碳纤维一样具有各向异性的特点，纵向热膨胀系数为负。

3) 化学性能

芳纶纤维具有良好的耐介质性能，对中性化学药品的抵抗力一般是很强的，但易受各种酸碱的侵蚀，尤其是强酸的侵蚀；它的耐水性差。

2. Kevlar-49纤维织物

Kevlar-49织物制品规格见表1-2，其规格包括织物类型及型号、织物质量、织物结构等。表中所列出的芳纶纤维与玻璃纤维织物在结构上很相似，在用途上也有相似的适用性。如120轻质量薄布用在复合材料的表面层。中等质量各型号是最常用的布，其中平纹布和斜纹布适合成型形状简单的制件，而缎纹布适合制造异型、锥体和双曲面的制件。

表 1-2 芳纶纤维织物规格及性能

类型	型号	织物质量 /(g/m²)	纱线密度 /(根/cm) 经向	纱线密度 /(根/cm) 纬向	拉伸强力/N 经向	拉伸强力/N 纬向	纱线密度/den	编织类型	织物厚度 /mm
轻质量织物	120	61	13	13	480	447	195	平纹	0.114
	220	75	9	9	525	530	380	平纹	0.114
中等质量织物	181	170	20	20	1190	1170	380	缎纹	0.279
	281	170	7	7	1161	1161	1140	平纹	0.254
	285	170	7	7	1110	1130	1140	斜纹	0.254
	328	230	7	7	1250	1340	1420	平纹	0.33
	335	230	7	7			1420	斜纹	0.304
	500	170	5	5			1420	平纹	0.279
单向织物	143	190	39	8	2321	223	380/195	斜纹	0.254
	243	190	15	7	2678	536	1140/380	斜纹	0.33
粗纱布	1050	360	11	11			1420	4×4 篮状	0.457
	1033	510	16	16			1420	8×8 篮状	0.66
	1350	460	10	9			2130	4×4 篮状	0.635

1.1.4 其他纤维

1. 碳化硅纤维

碳化硅纤维是以碳和硅为主要组分的一种陶瓷纤维,这种纤维具有良好的高温性能、高强度、高模量和化学稳定性,主要用于增强金属和陶瓷。碳化硅复合材料已应用于喷气发动机涡轮叶片、飞机螺旋桨等受力部件透平主动轴等。

2. 硼纤维

硼纤维是一种将硼元素通过高温化学气相法沉积在钨丝表面制成的高性能增强纤维,具有很高的比强度和比模量;化学稳定性好,但表面具有活性,不需要处理就能与树脂进行复合。

3. 晶须

晶须是目前强度最高的品种,接近理论强度,比相应的长纤维高一个数量级。晶须作为硼纤维、碳纤维及玻璃纤维的补充增强材料,价格昂贵,用在空间和尖端技术上,在民用方面用于合成牙齿、骨骼和直升飞机的旋翼和高强离心机等。

4. 氧化铝纤维

氧化铝纤维可制造既需要轻质高强又需要耐热的结构件。用它制作雷达天线罩,若用它的复合材料制导弹壳体,则有可能不开天线窗,将天线装在弹内。它的用途正处于开发阶段,不久的将来将在航空、航天、卫星、交通和能源等部门得到广泛应用。

1.2 基体材料

复合材料成型常用树脂基体包括不饱和聚酯树脂、环氧树脂及酚醛树脂以及高性能树脂基体如聚酰亚胺树脂、双马来酰亚胺树脂及其他高性能热塑性树脂等。

1.2.1 不饱和聚酯树脂

不饱和聚酯树脂一般是由不饱和二元酸二元醇或者饱和二元酸不饱和二元醇缩聚而成的具有酯键及不饱和双键的线型高分子化合物。通常聚酯化缩聚反应是在190~220℃进行,直至达到预期的酸值(或黏度),在聚酯化缩反应结束后,趁热加入一定量的乙烯基单体,配成黏稠的液体,这样的聚合物溶液称为不饱和聚酯树脂。

1. 不饱和聚酯树脂的性能

不饱和聚酯树脂最大的优点是工艺性能优良,它可以在室温下固化,常压下成型,工艺性能灵活,特别适合大型和现场制造玻璃钢制品。不饱和聚酯树脂固化后树脂综合性能好,力学性能指标略低于环氧树脂,但优于酚醛树脂;耐腐蚀性、电性能和阻燃性可以通过选择适当牌号的树脂来满足要求,树脂颜色浅,可以制成透明制品。不饱和聚酯树脂品种多,适应广泛,价格较低。缺点是固化时收缩率较大,贮存期限短。

2. 不饱和聚酯树脂的合成

不饱和聚酯是具有聚酯键和双键的线型高分子化合物,因此,它具有典型的酯键和双键的特性,通常是由饱和的及不饱和的二元羧酸或酸酐与二元醇缩聚反应合成,合成过程完全遵循线型缩聚反应的历程。

1) 二元酸

不饱和聚酯树脂的合成大多数情况下的二元酸原料多采用不饱和二元酸与饱和二元酸的混合酸,以调整交联密度和产品性能。工业上用的不饱和酸为顺丁烯二酸酐和反丁烯二酸,而常用的饱和二元酸有苯酐、邻苯二甲酸酐、对苯二甲酸等。

2) 二元醇

制造聚酯时大量使用的醇类是二元醇,其通过两个羟基与二元酸反应形成高聚物。一般常用的二元醇有乙二醇、丙二醇、二乙二醇、二丙二醇。

3) 交联剂

不饱和聚酯分子链中含有不饱和双键,因而在热的作用下通过这些双键,大分子链之间可以交联起来,变成体型结构。但是,这种交联产物很脆,没有什么优点,无实用价值。因此,在实际中经常把线型不饱和聚酯溶于烯类单体中,使聚酯中的双键间发生共聚合反应,得到体型产物,以改善固化后树脂的性能。烯类单体在这里既是溶剂,又是交联剂。已固化树脂的性能不仅与聚酯树脂本身的化学结构有关,而且与所选用的交联剂结构及用量有关。同时,交联剂的选择和用量还直接影响着树脂的工艺性能。应用最广泛的交联剂是苯乙烯,其他还有甲基丙烯酸甲酯、邻苯二甲酸二丙烯酯、乙烯基甲苯、三聚氰酸三丙烯酯等。

4) 引发剂

引发剂一般为有机过氧化物,它的特性通常用临界温度和半衰期来表示。临界温度是指有机过氧化合物具有引发活性的最低温度,在此温度下过氧化物开始以可察觉的速度分解形成游离基,从而引发不饱和聚酯树脂以可以观察的速度进行固化。半衰期是指在给定的温度条件下,有机过氧化物分解一半所需要的时间。

5) 促进剂

促进剂的作用是把引发剂的分解温度降到室温以下。促进剂种类很多,各有其适用性。对过氧化物有效的促进剂有二甲基苯胺、二乙基苯胺、二甲基甲苯胺等。对氢过氧化物有效的促进剂大都是具有变价的金属钴,如环烷酸钴、萘酸钴等。为了操作方便,配制准确,常用苯乙烯将促进剂配成较稀的溶液。

3. 不饱和聚酯树脂的固化

不饱和聚酯树脂从黏流态树脂体系发生交联反应到转变成为不溶不熔的具有体型网络结构的固态树脂的全过程,成为其固化过程。不饱和聚酯树脂的分子结构中含有不饱和双键,它可以在引发剂存在下与其他不饱和化合物发生加成聚合反应,交联固化成体型结构也可以通过自身所含双键交联固化。

不饱和聚酯树脂的固化是一个放热反应,其固化过程可分为三个阶段:

(1) 胶凝阶段从加入促进剂后到树脂变成凝胶状态的一段时间。这段时间对于玻璃钢制品的成型工艺起决定性作用,是固化过程最重要的阶段。影响胶凝时间的因素很多,如阻聚剂、引发剂和促进剂的加入量,环境温度和湿度,树脂的体积,交联剂蒸发损失等。

(2) 硬化阶段是从树脂开始胶凝到一定硬度,能把制品从模具上取下为止的一段时间。

(3) 完全固化阶段在室温下,这段时间可能要几天至几星期。完全固化通常是在室温下进行,并用后处理的方法来加速,如在80℃保温3h。但在后处理之前,室温下至少要放置24h,这段时间越长,制品吸水率越小,性能也越好。

1.2.2　环氧树脂

环氧树脂(Epoxy Resin)是指分子结构中含有两个或两个以上环氧基并在适当的化学试剂存在下能形成三维网状固化物的化合物的总称,是一类重要的热固性树脂。环氧树脂不能直接使用,必须再向树脂中加入固化剂,在一定温度条件下进行交联固化反应,生成体型网状结构的高聚物后才能使用。环氧树脂常被作为胶粘剂、涂料和复合材料等的树脂基体,广泛应用于水利、交通、机械、电子、家电、汽车及航空航天等领域。

1. 环氧树脂性能特点

(1) 力学性能高。环氧树脂具有很强的内聚力,分子结构致密,所以它的力学性能高于酚醛树脂和不饱和聚酯等通用型热固性树脂。

(2) 附着力强。环氧树脂固化体系中含有活性极大的环氧基、羟基以及醚键、胺键、酯键等极性基团,赋予环氧固化物对金属、陶瓷、玻璃、混凝土、木材等极性基材以优良的附着力。

(3) 固化收缩率小。一般为1%~2%,是热固性树脂中固化收缩率最小的品种之一(酚醛树脂为8%~10%;不饱和聚酯树脂为4%~6%;有机硅树脂为4%~8%)。线胀系数也很小,一般为$6\times10^{-5}/℃$。所以固化后体积变化不大。

(4) 优良的电绝缘性优良。环氧树脂是热固性树脂中介电性能最好的品种之一。

（5）工艺性好。环氧树脂固化时基本上不产生低分子挥发物，所以可低压成型或接触压成型。能与各种固化剂配合制造无溶剂、高固体、粉末涂料及水性涂料等环保型涂料。

（6）稳定性好，抗化学药品性优良。不含碱、盐等杂质的环氧树脂不易变质，只要贮存得当（密封、不受潮、不遇高温），其贮存期为1年。超期后若检验合格仍可使用。环氧固化物具有优良的化学稳定性。其耐碱、酸、盐等多种介质腐蚀的性能优于不饱和聚酯树脂、酚醛树脂等热固性树脂。因此环氧树脂大量用作防腐蚀底漆，又因环氧树脂固化物呈三维网状结构，又能耐油类等的浸渍，大量应用于油槽、油轮、飞机的整体油箱内壁衬里等。

（7）环氧固化物的耐热性一般为80~100℃，有的甚至可达200℃或更高。

2. 环氧树脂的的分类及型号

1）环氧树脂分类

环氧树脂的品种繁多，根据它们的分子结构，大体上可以分为以下五大类：①缩水甘油醚型环氧树脂；②缩水甘油酯型环氧树脂；③缩水甘油胺型环氧树脂；④线形脂肪族类；⑤脂环族类。上述①~③类环氧树脂是由环氧氯丙烷与含活泼氢原子的有机化合物，如与多元酚、多元醇、多元酸、多元胺等缩聚而成。第④类和第⑤类是由带双键的烯烃用过氧乙酸或在低温下用过氧化氢进行环氧化而成。

2）环氧树脂的型号

环氧树脂以一个或两个汉语拼音字母与两位阿拉伯数字作为型号，以表示类别及品种。型号的第一位采用主要物质名称，取其主要组成物质汉语拼音的第一字母，若遇相同者则加第二字母，依此类推。第二位是组成中，若有改性物质，则也用汉语拼音字母表示，若未改性，则加标记"一"。第三位和第四位是标出该产品的主要性能值，环氧值的算术平均值。环氧树脂的代号及类别见表1-3。

表1-3 环氧树脂类别及代号

代号	环氧树脂类别	代号	环氧树脂类别
E	二酚基丙烷型环氧树脂	N	酚酞环氧树脂
ET	有机钛改性二酚基丙烷型环氧树脂	S	四酚基环氧树脂
EG	有机硅二酚基丙烷型环氧树脂	J	间苯二酚环氧树脂
EX	溴改性二酚基丙烷型环氧树脂	A	三聚氰酸环氧树脂
EL	氯改性二酚基丙烷型环氧树脂	R	二氧化双环戊二烯环氧树脂
Ei	二酚基丙烷侧链型环氧树脂	Y	二氧化乙烯基环己烯环氧树脂
F	酚醛多环氧树脂	YJ	二甲代二氧化乙烯基环己烯环氧树脂
B	丙三醇环氧树脂	D	环氧化聚丁二烯环氧树脂
L	有机磷环氧树脂	W	二氧化双环戊烯基醚树脂
H	3,4-环氧基-6-甲基环己烷甲酸 3′4′-环氧基-6-甲基环己烷甲酯	Zg	脂肪族甘油酯
G	硅环氧树脂	Ig	脂环族缩水甘油酯

3. 环氧树脂的特性指标

1）环氧基含量

环氧树脂中所含环氧基多少分别用环氧值、环氧基含量和环氧当量表示，这是标志环氧性能的重要指标。环氧值指每100g环氧树脂所含环氧基的物质的量。环氧基含量是每100g环氧树脂所含环氧基的质量（用百分数表示）。环氧当量相当于含一个环氧基的环氧值树脂的质量（g）即环氧值的倒数乘以100称为环氧当量。三者之间可以互相换算：环氧值＝环氧百分含量/环氧基分子量；环氧基含量＝环氧值×43%；环氧当量＝100/环氧值。

2）黏度

环氧树脂的黏度是环氧树脂实际使用中的重要指标之一。不同温度下，环氧树脂的黏度不同，其流动性能也就不同。

3）软化点

环氧树脂的软化点可以表示树脂的分子量大小，软化点高的相对分子质量大，软化点低的相对分子质量小。

4）氯含量

氯含量指环氧树脂中所含氯的摩尔数包括有机氯和无机氯。无机氯主要是指树脂中的氯离子，无机氯的存在会影响固化树脂的电性能。树脂中的有机氯含量标志着分子中未起闭环反应的那部分氯醇基团的含量，应尽可能地降低，否则也会影响树脂的固化及固化物的性能。

5）挥发分

挥发分是指环氧树脂中低分子杂质、易挥发成分含量，一般以（110±2）℃电热鼓风箱烘3h来测定。在树脂中，若挥发分含量高，则胶粘剂的机械强度、收缩率等性能都会降低。

6）热变形温度

热变形温度（HDT）是评价树脂的重要标准，它可用来检验稀释剂及杂质存在的影响，也可用来评价固化剂以及测定特定树脂体系内固化剂的适当添加量。

4. 各类环氧树脂的性能特点

1）缩水甘油醚类环氧树脂

这是复合材料中使用量最大的环氧树脂类型，而其中又以双酚A型环氧树脂为主。

双酚A型环氧树脂是由环氧氯丙烷与二酚基丙烷缩聚而成，其黏结强度高，黏结面广，可黏结除聚烯烃之外的所有材料，固化收缩率第，稳定性好，耐酸碱及其他化学药品性好，机械强度高，但其耐候性差，容易发生热降解，不能在较高的温度下使用，冲击强度较低。

2）缩水甘油酯类环氧树脂

缩水甘油酯类环氧树脂与二酚基丙烷环氧树脂相比，黏度低，使用工艺性能好，反应活性高，黏合力比通用环氧树脂高，固化物力学性好，电绝缘性尤其是耐漏电痕迹性好；具有良好的耐超低温性，在−196～−253℃的超低温下，仍然具有比其他类型环氧树脂高的黏结强度；有较好的表面光泽度、透光性、耐气候性好。

3）缩水甘油胺类环氧树脂

这类环氧树脂可以由脂肪族或芳族伯胺或仲胺和环氧氯丙烷合成,这类环氧树脂的特点是多官能度、环氧当量高、交联密度大、耐热性好,但其具有一定的脆性。其中最重要的树脂是AFG-90环氧树脂,其常温下为棕黑色液体,固化周期短,有较高的耐热性和机械强度。

4）脂肪族环氧树脂

脂肪族环氧树脂与二酚基丙烷环氧树脂及脂环族环氧树脂不同,在分子结构中既无苯环也无脂环结构,仅有脂肪链,环氧基与脂肪链相连。在此类树脂中环氧化聚丁二烯树脂具有代表性,其易溶于苯、甲苯、乙醇、丙酮等有机溶剂,可以和酸酐及胺类固化剂反应,固化后仅有良好的强度、韧性。黏结性及耐温性,但收缩率较大。

5）脂环族环氧树脂

此类环氧树脂是由脂环族烯烃的双键经环氧化而制得的,它们的分子结构与二酚基丙烷环氧树脂及其他环氧树脂有很大的差异,前者环氧基直接连接在指环上,而后者的环氧基都是以环氧丙基醚连接在苯核或脂肪烃上。脂环族环氧树脂具有较高的抗拉和抗压强度,长期暴露在高温条件下仍能保持良好的力学性能和电性能,同时耐电弧性好,耐紫外光老化性及耐气候性好。重要的品种有二氧化双戊二烯（国产牌号6207或R-122）,环氧-201或H-71环氧树脂等。

1.2.3 酚醛树脂

酚醛树脂也称电木,又称电木粉,原为无色或黄褐色透明物,市场销售往往加着色剂而呈红、黄、黑、绿、棕、蓝等颜色,有颗粒、粉末状。酚醛树脂耐弱酸和弱碱,遇强酸发生分解,遇强碱发生腐蚀,不溶于水,溶于丙酮、酒精等有机溶剂。酚醛树脂是由酚类化合物与醛类化合物缩聚而成,其中以苯酚与甲醛缩聚而得的最为重要。酚醛树脂和环氧树脂、不饱和树脂合称三大热固性树脂,应用广泛,产量大。

1. 酚醛树脂分类

酚醛树脂有热塑性和热固性两类。

热塑性酚醛树脂（或称两步法酚醛树脂）,为浅色至暗褐色脆性固体,溶于乙醇、丙酮等溶剂中,长期具有可溶可熔性,仅在六亚甲基四胺或聚甲醛等交联剂存在下,才固化（加热时可快速固化）,用于制造压塑粉,也用于制造层压塑料、清漆和胶粘剂。热塑性酚醛树脂压塑粉主要用于制造开关、插座、插头等电气零件,日用品及其他工业制品。

热固性酚醛树脂（或称一步法酚醛树脂）,可根据需要制成固体、液体和乳液,在热或（和）酸作用下不用交联剂即可交联固化。热固性酚醛具有优良的电绝缘性、低吸潮性和较高的使用温度（204℃）。树脂存放过程中黏度逐渐增大,最后可变成不溶不熔的树脂。因此,其存放期一般不超过3~6个月。热固性酚醛树脂可用于制造各种层压塑料、压塑粉、层压塑料,用于制造清漆或绝缘、耐腐蚀涂料和制造隔音、隔热材料等。

2. 酚醛树脂的特性

（1）原料价格便宜,生产工艺简单,制造及加工设备投资少,成型加工容易。

（2）抗冲击强度小,树脂既可混入无机填料或有机填料做成膜塑料,也可浸渍织物制层压制品,还可以发泡。

（3）酚醛树脂固化后依靠其芳香环结构和高交联密度的特点而具有优良的耐热性，即使在非常高的温度下，也能保持其结构的整体性和尺寸的稳定性。酚醛树脂在200℃以下基本是稳定的，一般可在不超过180℃条件下长期使用。

（4）在温度大约为1000℃的惰性气体条件下，酚醛树脂会产生很高的残碳，独特的抗烧蚀性酚醛树脂交联网状结构有高达80%左右的理论含碳率，在无氧气氛下的高温热解残碳率通常在55%~75%。酚醛树脂在更高温度下热降解时吸收大量的热能，同时形成具有隔热作用的较高强度的碳化层，当用于航天飞行器的外部结构时，在其返回地面穿过大气之际，酚醛树脂的热降解高残碳特性就起到了独特的抗烧蚀性作用和对航天飞行器的保护作用。

（5）酚醛树脂是具有良好的阻燃性，它不必添加阻燃剂可达到阻燃要求，且具有低烟释放、低烟毒性等特征，其燃烧发烟起始温度在500℃以上。

（6）电绝缘性能好，但耐电弧性差；化学稳定性好，耐酸性强，但不耐碱。

（7）脆性较大，收缩率高，易潮，长时间置于空气中会变成红褐色。

3. 酚醛树脂的固化

酚醛树脂的固化就是使其由线型结构转变为网状结构的过程，表现出凝胶化和完全固化的两个阶段，这一转变不仅是物理过程，更是一个化学过程。所以酚醛树脂的固化是由线（支）型分子交联成网状分子的固化。酚醛树脂固化后，在获得优良物理性质的同时，又失去了可溶、可熔性，不再有可加工性。常用的固化剂有苯胺、六次甲基四胺、三聚氰胺等。

1.2.4 聚酰亚胺树脂

聚酰亚胺（Polyimide，简称PI）是分子结构含有酰亚胺基的芳杂环高分子化合物，是目前工程塑料中耐热性最好的品种之一。PI作为一种特种工程材料，已广泛应用在航空、航天、微电子、纳米、液晶、分离膜、激光等领域。近来，各国都在将PI列入21世纪最有希望的工程塑料之一。

到目前为止，聚酰亚胺已有20多个大品种，随着其应用范围的扩大，有关聚酰亚胺的品种将会越来越多。国外生产厂家主要集中在美国和日本，如美国的通用电气公司、杜邦公司，日本的宇部兴产公司、三井东压化学公司，国内生产厂家主要是上海合成树脂研究所和长春应用化学研究所。

1. 聚酰亚胺分类

1）缩聚型聚酰亚胺

缩聚型芳香族聚酰亚胺是由芳香族二元胺和芳香族二酐、芳香族四羧酸或芳香族四羧酸二烷酯反应而制得的。由于缩聚型聚酰亚胺的合成反应是在诸如二甲基甲酰胺、N-甲基吡咯烷酮等高沸点质子惰性的溶剂中进行的，而聚酰亚胺复合材料通常是采用预浸料成型工艺，这些高沸点质子惰性的溶剂在预浸料制备过程中很难挥发干净，同时在聚酰胺酸环化（亚胺化）期间亦有挥发物放出，这就容易在复合材料制品中产生孔隙，难以得到高质量、没有孔隙的复合材料。因此，缩聚型聚酰亚胺已较少用作复合材料的基体树脂，主要用来制造聚酰亚胺薄膜和涂料。

2）加聚型聚酰亚胺

由于缩聚型聚酰亚胺具有如上所述的缺点,为克服这些缺点,相继开发出了加聚型聚酰亚胺。通常这些树脂都是端部带有不饱和基团的低相对分子质量聚酰亚胺,应用时再通过不饱和端基进行聚合。

2. 聚酰亚胺树脂的性能特点

1）耐热性

全芳香聚酰亚胺按热重分析,其开始分解温度一般都在500℃左右。由联苯二酐和对苯二胺合成的聚酰亚胺,热分解温度达到600℃,是迄今聚合物中热稳定性最高的品种之一。聚酰亚胺可耐极低温,如在-269℃的液态氦中不会脆裂。

2）物理力学性能

PI具有优良的机械性能,未填充的塑料的抗张强度都在100MPa以上,均苯型聚酰亚胺的薄膜(Kapton)为170MPa以上,而联苯型聚酰亚胺(Upilex S)达到400MPa。其具有突出的抗蠕变性。

3）电性能

聚酰亚胺具有良好的介电性能,介电常数为3.4左右,引入氟,或将空气纳米尺寸分散在聚酰亚胺中,介电常数可以降到2.5左右。介电损耗为10^{-3},介电强度为$100\sim300kV/mm$,这些性能在宽广的温度范围和频率范围内仍能保持在较高的水平。

4）辐射性

聚酰亚胺具有很高的耐辐照性能,其薄膜在$5\times10^9 rad$快电子辐照后强度保持率为90%。

5）化学性能

一些聚酰亚胺品种不溶于有机溶剂,对稀酸稳定,一般的品种不耐水解,可以用这一特点利用碱性水解回收原料二酐和二胺。例如对于(Kapton)薄膜,其回收率可达80%~90%。

聚酰亚胺树脂作为基体材料用于先进复合材料,主要用于航天、航空器及火箭部件。它是最耐高温的结构材料之一,例如美国的超声速客机计划所设计的速度为马赫数2.4,飞行时表面温度为177℃,要求使用寿命为60000h,据报道已确定50%的结构材料为以热塑型聚酰亚胺为基体树脂的碳纤维增强复合材料,每架飞机的用量约为30t。

1.2.5 双马来酰亚胺树脂

双马来酰亚胺(BMI)树脂是由聚酰亚胺树脂体系派生出来的一类树脂体系,是以马来酰亚胺(MI)为活性端基的双官能团化合物,其树脂具有与典型热固性树脂相似的流动性和可塑性,可用与环氧树脂相同的一般方法加工成型。同时它具有聚酰亚胺树脂的耐高温、耐辐射、耐潮湿和耐腐蚀等特点,但它同环氧树脂一样,有固化物交联密度很高使材料显示脆性的弱点,溶解性能差。双马来酰亚胺树脂固化物具有良好的耐高温性、耐辐射性、耐湿性及低吸水率,作为高强度、高模量和相对低密度的高级复合材料树脂,已经在航空航天业,电子电器业,交通运输业等诸多行业中日益获得广泛的应用,但是BMI结构的双马来酰亚胺树脂在丙酮中的溶解度小,不能用于预浸料,给加工带来不便。

1. 双马来酰亚胺（BMI）树脂的性能

1）BMI 的溶解性

常用的 BMI 单体不能溶于普通有机溶剂，如丙酮、乙醇、氯仿中，只能溶于二甲基甲酰胺、N-甲基吡咯烷酮（NMP）等强极性、毒性大、价格高的溶剂中。这是由于 BMI 的分子极性以及结构对称性所决定的，因此如何改善溶解性是 BMI 改性的一个主要内容。

2）BMI 的耐热性

BMI 由于含有苯环、酰亚胺杂环及交联密度较高而使其固化物有良好的耐热性，其 Tg 一般大于 250℃，使其温度范围为 177℃~232℃。

3）BMI 的力学性能

BMI 树脂的固化反应属于加成型聚合反应，成型过程中无低分子副产物放出，容易控制，固化物结构致密，缺陷少，因而 BMI 具有较高的强度和模量。但是由于化合物的交联密度高、分子链刚性强而使 BMI 呈现出极大的脆性，它表现在抗冲击性差、断裂伸长率小、断裂韧性低。而韧性差是阻碍 BMI 应用及发展的技术关键之一。

此外，BMI 还有优良的电性能、耐化学性能、耐环境及耐辐射等性能。

2. 双马来酰亚胺树脂的应用

双马来酰亚胺树脂因其优良的耐高温性、耐辐射性、耐湿性、耐老化性及低吸水率并且与聚酰亚胺相比合成简单、原料易得、价格较廉等优点。例如在军工中双马来酰亚胺树脂作为基体树脂用于歼击机的制造，正是由于双马来酰亚胺树脂能满足常规条件下机动性和失速条件下的可控性所必须具有的强度和刚度；同时在 130~150℃ 湿热条件下保持较高的强度和刚度，即使在结构受到低能量损伤后，仍有足够的剩余强度。双马来酰亚胺树脂还具有优越的工艺性，能够确保复合材料结构的高的成品率，适应大型构件与复杂型面构件的制造。

1.2.6 高性能热塑性树脂

高性能热塑性树脂基体克服了一般热塑性树脂使用温度低、刚性差、耐溶剂性差的缺点。作为先进复合材料基体，与热固性树脂相比，高性能热塑性树脂具有更好的力学性能和化学耐腐蚀性、更高的使用温度、优异的断裂韧性和损伤容限、优良的耐疲劳性能，并且成型周期短、可重复成形、焊接、修补等特点。高性能的热塑性树脂基体主要包括聚醚醚酮、聚醚酰亚胺、聚苯硫醚、热塑性聚酰亚胺、聚砜等。

1.3 预 浸 料

预浸料是用树脂基体在严格控制的条件下浸渍连续纤维或织物，通过一定的处理过程所形成的一种储存备用的半成品，是制造复合材料的中间材料。

1.3.1 预浸料的分类与性能

1. 预浸料的分类

预浸料品种规格很多，按物理状态分类，预浸料可分成单向预浸料、单向织物预浸料、织物预浸料；按树脂基体不同，预浸料分成热固性树脂预浸料和热塑性树脂预浸料；按增强材料不同,分成碳纤维(织物)预浸料、玻璃纤维(织物)预浸料、芳纶(织物)预浸料;根据纤维长度不同,分成短纤维(4176mm以下)预浸料、长纤维(1217mm)预浸料和连续纤维预浸料;按固化温度不同,分成中温固化(120℃)预浸料、高温固化(180℃)预浸料以及固化温度超过200℃的预浸料等。

2. 预浸料的性能

先进复合材料用的预浸料有以下特征:①可以正确控制增强体的含量和排列。由于在预浸过程中准确控制了树脂含量,固化时树脂流出很少,可以得到精度很高的成品。②预浸料是干态材料,容易铺层,制品可以局部加强,通过改变预浸料层数,能够制得不同厚度的制品。③制品表面精度高。因为浸渍完全,预浸料中无气泡,因此,制品表面光洁,质量高。④预浸料作为中间材料有利于文明生产和安全生产。⑤对树脂有一定要求,选择范围较窄。通常在室温应是半固态到固态,黏度小的树脂尚需增黏。溶液法制预浸料树脂应能溶于常用低沸点溶剂中。⑥制造工序较多,价格昂贵。

1.3.2 预浸料的基本要求

预浸料是复合材料性能的基础,其质量优劣直接关系到复合材料的质量,复合材料成型时的工艺性能和力学性能取决于预浸料的性能。因此,预浸料对复合材料的应用和发展具有重要意义。一般对预浸料的基本要求如下:①树脂基体与增强体要匹配;②树脂的黏性和铺覆性应满足使用要求;③树脂含量偏差应尽可能低:至少应控制在±3%以内,挥发量一般控制在2%以内;④贮存寿命要长,固化成型时有较宽的加压带。

1.3.3 预浸料的制备方法

预浸料的制备过程是纤维和树脂基体相结合成复合材料体系的重要步骤。预浸料按纤维的形式,可分为单向预浸料和织物预浸料两类。单向预浸料是靠树脂将平行纤维黏结成一体的片材。其厚度较薄,一般在0.05~0.3mm范围,便于铺层设计,能充分发挥纤维的作用。织物预浸料是用增强纤维织物浸渍树脂而成的片材,一般厚度在0.1~0.5mm范围,铺叠组合较方便。

预浸料的制备方法按树脂浸渍纤维的方法不同,有溶液浸渍法、热熔法以及粉末工艺法等。

1. 溶液浸渍法

溶液法是将构成树脂的各组分按预定的固体含量溶解到溶剂中去,然后纤维通过树脂胶液,粘着一定量的树脂,经烘干除去溶剂即得预浸料。由于采用树脂溶液的方式浸渍增强材料制备预浸料,所以该法属于湿法(溶液法)工艺。溶液浸渍法优点是树脂对纤维浸透性好、预浸料厚度范围宽、设备造价低,但溶液法制备的预浸料挥发分含量高、易造成环境污染和安全问题。

溶液法制备预浸料一般在卧式或立式浸胶机上连续进行,如图1-5和图1-6所示。浸胶机主要由纱架(或布卷轴)、展平机构、树脂槽、烘箱、碾平辊、冷却板、牵引辊、收卷装置和控制箱等组成。烘箱的长度视生产规模而定,箱体可长达20m。对卧式烘箱温度一般分为三段控制和调节。温度分段是为了保证在烘干进程中,预浸料的挥发分能充分气化逸出。收卷装置一般为双收卷装置,配有收卷张力调节控制装置和自动纠偏装置,使收卷产品端面平齐。没有内松外紧现象,预浸料没有皱折,保证收卷质量。

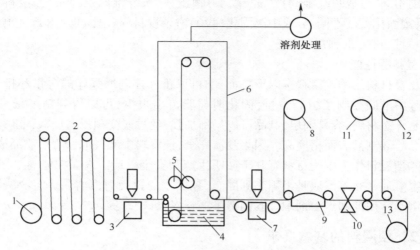

图 1-5　立式溶液法预浸机示意图

1—放布辊;2—张力系统;3、7—β射线仪;4—浸胶槽;5—挤胶辊;6—烘箱;
8—放纸;9—冷却;10—切边;11—收纸;12—薄膜;13—收卷。

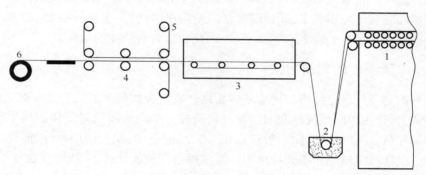

图 1-6　卧式溶液法预浸机示意图

1—纱架;2—浸胶槽;3—通风烘箱;4—碾压辊;5—离型纸;6—收卷装置。

典型的浸胶装置如图1-7所示。胶槽内装贮配好的胶液,纤维或织物从浸胶槽的胶液内通过实现浸渍。浸胶槽形状有U形和V形两种。U形槽能放置较多的胶液,纤维或织物在其中与树脂溶液可以有较长的接触距离。V形槽的槽底较窄,槽中只需少量树脂溶液即能实现浸渍,适用于小批量试验型生产、每批

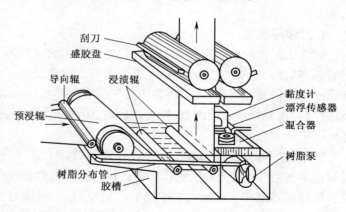

图 1-7　典型的浸胶装置示意图

生产完成后胶槽中的剩余胶量较少且易于清理,但在浸渍过程中为了维持胶液的深度,需要经常补充胶液,或增加液面恒定控制系统。树脂含量可以通过挤压辊式、刮刀式或淋胶式装置来控制,如图1-8所示。挤压辊式机构利用两个挤压辊对通过的浸胶纤维式织物施加的压力及两辊间隙的大小来调节预浸料的树脂含量,适用于编织紧密的布,对挤压辊的表面光洁度及平直度要求较高。刮刀式机构是使浸胶纤维或织物经过一对刮刀将其表面浮胶刮去,靠调节刮刀间隙和胶液浓度来控制树脂含量。用刮刀控制预浸料树脂含景的机构简单容易实现,但是预浸料各处的含胶量不易控制均匀且容易刮伤布面。淋胶式装置不需附加任何控胶装置,预浸纤维或织物从胶槽内垂直上升进入烘箱前,让纤维或织物上多余的胶液在其自重的作用下,流回胶槽内,采用淋胶式时,一般要求胶液浓度小,浸渍速度慢。

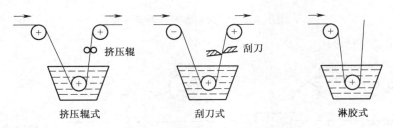

图1-8 上胶控制装置示意图

卧式预浸机烘箱水平设置,操作与维修较方便。由于水平放置的箱体内热风和自然对流相均衡温度场的作用较弱,纤维或织物在烘箱中单程通过,因此热能的利用率较低,生产速度较慢,但在浸渍过程中经过的辊轮及方向变化少,纤维和织物所受的张力与摩擦也较少,适用于强度较低的织物。立式预浸机的烘箱是垂直放置的,由于自然对流作用较强,加之纤维或织物在箱内是双程往返,因此热能利用率较高,生产速度快。

2. 热熔法

热熔法制造预浸料有熔融法和胶膜法两种。热熔法无需溶剂,树脂以熔融的方式浸渍增强材料制备预浸料,其优点是树脂含量均匀、预浸料挥发分含量低、生产速度快,但热熔法所需设备造价高。溶液浸渍法很难制备挥发分含量很低的预浸料,而热熔浸渍法不用溶剂,能够制造挥发分含量很低的预浸料,制造的复合材料制件的孔隙率小、力学性能好。

熔融法制备预浸料示意图如图1-9所示,借助加热从漏槽中流出的熔融树脂体系刮涂于隔离纸载体上,随后转移到经整经、排列整齐的平行纤维纱上,同时,纤维的另一面贴附上一层隔离纸,然后三者成一夹芯经热辊后,使树脂浸润纤维,最后压实收卷。

胶膜法制备预浸料示意图如图1-10所示。与熔融法相似,一定数量的纱束经整齐排铺后,夹于胶膜之间,成夹芯状,再通过加热辊挤压,使纤维浸嵌于树脂膜,最后加附隔离纸载体压实,即可分切收卷。胶膜法可制备树脂含量很低的预浸料,产品中树脂分布均匀。树脂含量和质量受胶膜厚度、压辊间隙和温度影响。胶膜法对树脂体系的工艺性要求较高,树脂应具有优良的成膜性,胶膜应有适度的柔性和黏性,较长的储存寿命。干法制备解决了那些树脂体系不溶解与普通低沸点溶剂的预浸料的制造问题,成膜性和柔性通常采用添加一定量的热塑性树脂或较高相对分子质量的线型热固性树脂获得,同时也

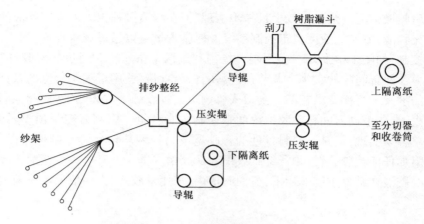

图 1-9　熔融法制备预浸料示意图

提高了固化树脂的韧性。

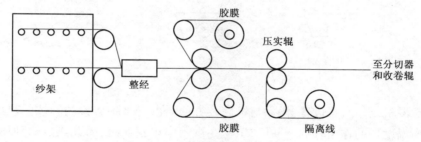

图 1-10　胶膜法制备预浸料示意图

3. 粉末法制备预浸料

粉末法又分为粉末静电法和粉末悬浮法，主要用于制备热塑性树脂和高熔点难溶解的预浸料。图 1-11 是粉末静电法制备预浸料示意图。粉末静电法是在连续纤维表面沉积带电树脂粉末，用辐射加热的方法使聚合物粉末永久地黏附在纤维表面。此法不会引起纤维/树脂界面应力，也不会因聚合物在高温下持续时间过长而导致性能退化。粉末静电法需事先将高聚物研磨成非常细微的颗粒。采用超细颗粒的粉末，可获得柔软的预浸料。粉末悬浮法通常分为水悬浮和气悬浮两种。前者是在水中悬浮的树脂颗粒黏附到连续运动的纤维上，后者是细度为 $10\sim20\mu m$ 的聚合物颗粒在硫化床中悬浮，聚合物颗粒附着在连续地纤维上，随即套上护管，使粉末不在脱离纤维表面。

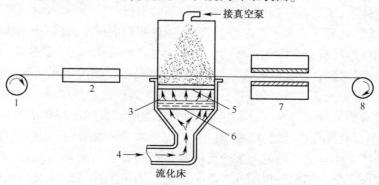

图 1-11　粉末法制备预浸料示意图

1.4 辅助材料

复合材料成型用辅助材料主要包括固化剂、促进剂、脱模剂及填料、稀释剂等。

1.4.1 固化剂

固化剂是一种可使单体或低聚物变为线型高聚物或网状体型高聚物的物质。在复合材料成型中,固化剂在一定的温度和湿度条件下,按一定的比例加入树脂中,搅拌均匀,在规定的时间内使基体树脂凝胶至固化。表1-4为常用树脂固化剂。

表1-4 常用树脂固化剂

树脂类型	固化剂名称	英文缩写	用量/%	备注
聚酯	过氧化环己酮	CHP	4	50%邻苯二甲酸二丁酯白色糊状物
	过氧化甲乙酮	MEKP	2	无色透明液体
	过氧化苯甲酰	BPO	2~3	50%邻苯二甲酸二丁酯白色糊状物
环氧	乙二胺	EDA	6~8	毒性较大,固化快,固化时间不易控制
	二亚乙基三胺	DETA	8~10	毒性较小,固化快,固化时间不易控制
	三亚乙基四胺	TETA	9~13	毒性较小,固化快,固化时间不易控制
	四亚乙基五胺		12~15	毒性较小,固化快,固化时间不易控制
	顺丁烯酸酐	MA	30~40	固化快,性脆
	邻苯二甲酸酐	PA	30~45	韧性好

表1-5 常用促进剂

树脂	促进剂名称	适配的固化剂
聚酯	二甲基苯胺	过氧化苯甲酰
	环烷酸钴	过氧化甲乙酮
		过氧化环己酮
	组合促进剂	过氧化甲乙酮
		过氧化环己酮
	苯酚	胺类固化剂
	双酚A	胺类固化剂
	DMP-30	胺类固化剂,酸酐类固化剂,低分子聚酰胺
	吡啶	胺类固化剂,酸酐类固化剂,低分子聚酰胺

(续)

树脂	促进剂名称	适配的固化剂
环氧	苄基二甲胺	胺类固化剂,酸酐类固化剂,低分子聚酰胺
	2-乙基-4-甲基咪唑	双氰双胺
	三氟化硼单乙胺	胺类固化剂
	三乙胺	酸酐类固化剂,低分子聚酰胺
	脂肪胺	低分子聚酰胺

1.4.2 促进剂

促进剂是加速固化、降低固化温度、缩短固化时间的一类物质,常用的促进剂如表1-5所示。

1.4.3 脱模剂

脱模剂是为了防止成型的复合材料制品粘模,而在制品与模具之间使用的隔离物质,以便制品很容易地从模具中脱出,同时保证制品表面质量和模具完好无损。常用的脱模剂如表1-6所示。

表1-6 常用脱模剂

种类	脱模剂	使用方法
无油无蜡液体	PMR、802、818	使用在FRP模具上,初次使用的模具一般涂3遍以上,每遍间隔10min以上
	聚乙烯醇	使用在FRP模具、玻璃、经过喷漆处理的木模上,通常涂1遍,若模具太粗糙,可涂2~3遍
	醋酸纤维素	使用在木模与石膏模上,一般涂2~3遍
油、蜡	黄油	产品表面要求不高的木模和金属模具上
	8#、10#油、汽车蜡等	一般涂2~3遍,每遍间隔10~30min抛光再涂1遍
薄膜	各种薄膜	聚乙烯、聚酯、玻璃纸等,铺敷在模具表面

1.4.4 其他辅助材料

常用的其他辅助材料如增韧剂、稀释剂、阻燃剂、触变剂等如表1-7所示。

表1-7 常用辅助材料

辅助材料名称	种类	作用
增韧剂	聚酰胺	降低脆性提高复合材料抗冲击性能
	聚硫橡胶	
	聚醚	
	甘油环氧	

(续)

辅助材料名称	种类	作用
稀释剂	苯乙烯	降低黏度
	环氧丙烷丁基醚	
光稳定剂	二丙甲酮、苯并三唑等	抑制光的降解作用
填料	金属粉、石墨粉氧化物粉矿物粉及纤维	改善复合材料性能，降低成本
阻燃剂	溴、氯、磷及氢氧化铝	阻止聚合物燃烧
偶联剂	KH550/KH560/570 等	提高与增强纤维的界面强度

作 业 习 题

1. 写出玻璃纤维的化学组成成分及各部分的作用。
2. 简述玻璃纤维的性能。
3. 简述玻璃纤维坩埚拉丝工艺制备过程。
4. 制备碳纤维的前驱体纤维有何要求？常用的有机纤维有哪三种？
5. 简述碳纤维的制备五个阶段。
6. 简述碳纤维的性能。
7. 什么是不饱和聚酯树脂？简述其性能特点。
8. 简述不饱和聚酯树脂的固化三阶段。
9. 什么是环氧树脂？简述其性能特点，写出主要类型的环氧树脂及其性能特点。
10. 酚醛树脂的性能特点有哪些？
11. 聚酰亚胺树脂的性能特点有哪些？
12. 什么是预浸料？其性能特征有哪些？
13. 预浸料的基本要求有哪些？
14. 简述预浸料常用的制备方法。
15. 什么是固化剂？列出环氧树脂常用的固化剂及其特点。
16. 脱模剂的作用是什么？列出常用的脱模剂及其使用方法。

模块 2　手糊成型工艺

手糊成型工艺又称接触成型,是指用手工或在机械辅助下将增强材料和热固性树脂铺覆在模具上,经树脂固化而形成复合材料的一种成型方法。手糊成型是热固性树脂基复合材料生产中最早使用和最简单的一种工艺方法,也是我国目前使用最广泛的成型方法。由于手糊工艺具有其独特的优点,该工艺仍在沿用而且占据较稳固的地位,其制品占据市场的份额也较大,尤其适用于某些大型、量少、品种多或形状特殊的制品。

手糊成型工艺是复合材料生产行业的工艺基础,在生产中有着举足轻重的地位。随着复合材料产业的发展,新工艺不断出现,如 RTM、真空辅助、喷射成型等都与手糊工艺有着不可分割的关系。喷射成型是在手糊成型的基础上发展起来的,它将手糊操作中的纤维铺覆和浸胶工作由设备来完成,是一种相对效率较高的成型工艺。

2.1　手糊成型原材料选择

手糊成型工艺的原材料主要包括基体材料、增强材料、辅助材料等。要设计好一个产品,首先要熟悉和掌握各种原材料的性能特点,然后根据所设计的产品的条件和使用环境合理选用原材料,选择合适的成型工艺,才能制造出高质量的产品。

合理选择原材料是保证产品质量、降低成本、提高经济效益的重要环节。因此,在选择原材料时必须考虑:①能满足产品设计的性能要求;②能适应手糊成型工艺的特点;③价格低廉,材料易得。

2.1.1　基体材料选择

树脂基体对手糊成型制品的性能有直接的影响,它的作用是将分开的玻璃纤维粘在一起,使之成为整体并将纤维定向或定位,同时起着应力作用。手糊成型制品的电性能、耐热性、耐燃性、耐酸性、耐水性及耐老化性等主要由树脂的性能决定。因此,正确选择和使用树脂是保证产品制品质量及使用寿命的一个关键。

树脂的选择是根据产品的使用条件和工艺要求来考虑,不同用途的产品要选择不同性能的树脂做基体。生产中常用的热固性树脂有不饱和聚酯树脂、环氧树脂、酚醛树脂和呋喃树脂等。在手糊成型工艺中,以不饱和聚酯树脂用量最多、使用面积最广,其次是环氧树脂,有时也会使用酚醛树脂和呋喃树脂等。常用热固性树脂材料的性能特点、用途请参考本书中模块 1 的内容。

从手糊成型工艺特点来考虑,选用树脂要求有下列特征:①满足产品设计的性能要求。②黏度适宜,适宜手糊工艺的树脂黏度在 $0.5 \sim 1.5 \mathrm{Pa \cdot s}$。在成型倾斜面和垂直面时,涂刷上的胶液要不流胶。③树脂与增强材料间的黏结性和浸渍性能良好。④能在室温或较低温度下固化,且固化时收缩小,挥发物少;⑤无毒或低毒,价格便宜,来源有保证。

在选择树脂时,除了从工艺性能考虑外,还得从力学性能、化工性能及电性能方面来考虑。

2.1.2 增强材料选择

选择增强材料时,要根据产品设计要求的强度、刚度、精度、加工及产品使用时所处的环境条件来确定选用何种增强材料。用于手糊成型的增强材料有玻璃纤维及其织物、碳纤维及其织物、芳纶纤维及其织物等,其中用量最多的增强材料是玻璃纤维及其织物。手糊成型选用的玻璃纤维及其织物要求容易被树脂浸润;有较好的形变性,能满足复杂形状制品的成型需要,价格便宜等。

1. 无捻粗纱方格布

无捻粗纱方格布是手糊成型中应用最多的玻璃纤维制品,其特点是成型方便,能有效增加制品的厚度,变形性好,易被树脂浸透,气泡易排除,无须再经脱蜡处理,价格便宜,是目前我国手糊成型最广泛应用的增强材料。其品种有无碱方格布和中碱方格布。几种常用的无碱、中碱方格布的性能见表2-1。

表2-1 常用的无碱、中碱方格布的性能

规格型号	断裂强度/N≥		单位面积质量/(g/m²)
	经向	纬向	
EWR160	1200	1100	160±16
EWR200	1300	1100	200±16
EWR400	2500	2200	400±20
EWR600	4000	3850	600±30
EWR800	4600	4400	800±40
CWR200	1150	1000	200±15
CWR400	2000	2200	385±30
CWR600	3500	3000	600±45

2. 加捻布

加捻布是由玻璃纤维单丝合股,加捻后按经纬向编织而成,是一类多品种、多规格的纤维织物。其品种有平纹布、斜纹布、缎纹布、单向布等,厚度有0.05mm、0.1mm、0.2~0.6mm多种。该类布表面含蜡,使用前应在一定温度下将蜡除去。用加捻布制作的玻璃钢表面平整,气密性好,但价格较贵,不易浸透树脂。在手糊成型工艺中加捻布比无捻布用得少。

3. 短切毡

玻璃纤维短切毡简称CSM,是一种无纺制品,其覆盖性和浸渍性好、气泡易排除、形变性好、施工方便、制品含胶量高、增厚效率高,价格较适中但制品无方向性、强度较低,适用于强度不高、厚度较大又有防腐、防渗漏要求的产品。若玻璃纤维短切毡与无捻粗纱方格布交错层铺糊制如船舶、化工储罐及管道之类的制品,更能显出以这种增强材料制作的玻璃钢制品的层间黏合强度、耐水、耐腐蚀和防渗漏等优点。CSM 的品种有无碱玻璃纤维毡和中碱玻璃纤维毡两种。短切毡的规格与性能见表 2-2。

表 2-2 短切毡的规格与性能

品种规格	单位面积质量/(g/m²)	断裂强度/(N/150mm)	幅宽/mm
EMC150	150	25	1040
EMC250	250	30	1040
EMC300	300	50	1040
EMC450	450	60	1040
EMC600	600	80	1040

4. 表面毡

表面毡是用直径为 $10\sim20\mu m$ 的单丝随机交替铺成,很薄,在手糊成型工艺中用于产品的表面层可以获得富树脂层,并具有光洁表面。表面毡的规格有 $20\sim150g/m^2$,目前最常用的有 $30g/m^2$ 和 $50g/m^2$ 两种。对于表面要求耐水、耐腐蚀的产品,使用表面毡可获得良好的效果。常用的表面毡的规格与性能见表 2-3。

表 2-3 常用的表面毡的规格与性能

项目名称	规格型号				
单位面积质量/(g/m²)	20	30	40	50	60
纵向断裂强度/(N/50mm)	≥15	≥20	≥30	≥40	≥50
渗透时间/s	≤5	≤6	≤9	≤12	≤15

用于手糊成型的增强材料,最好采用织点少、结构松软、易浸渍、厚度大、变形性好和强度高的织物,无捻粗纱方格布和玻璃纤维短切毡最适宜于手糊成型制品。无碱玻璃纤维的机械强度高,电绝缘性能好,耐风蚀性能也较好,但价格较贵;中碱玻璃纤维主要优势是成本低、耐酸性好,但它的耐水性差,吸湿性大,电绝缘性能低,机械强度比无碱玻璃纤维约低 15%~20%。因此,在满足产品性能要求的前提下,尽可能选择中碱纤维,以降低成本,提高效益。不同玻璃纤维制品手糊成型制品的力学性能见表 2-4。

表 2-4 不同玻璃纤维制品手糊成型制品的力学性能

玻璃纤维种类	含量/%	密度/(g/cm³)	拉伸强度/MPa	拉伸模量/MPa	弯曲强度/MPa	弯曲模量/MPa
玻璃布	50	1.63	156	1.48×10^4	134	1.30×10^4
	60	1.76	200	1.80×10^4	194	1.40×10^4
短切毡	25	1.41	81	7.2×10^4	143	0.7×10^4
	38	1.51	130	9.2×10^4	160	1.02×10^4
短切毡、方格布合用	33	1.52	143	1.12×10^4	247	1.3×10^4
	43	1.59	150	1.14×10^4	256	1.48×10^4

(续)

玻璃纤维种类	含量/%	密度/(g/cm³)	拉伸强度/MPa	拉伸模量/MPa	弯曲强度/MPa	弯曲模量/MPa
无捻粗纱布	40	1.52	147	1.2×10^4	178.2	1.12×10^4
	50	1.63	176	1.3×10^4	179	1.25×10^4

2.1.3 辅助材料选择

手糊成型的辅助材料包括各种引发剂、促进剂、固化剂、稀释剂、增韧剂、填料、着色剂等。

1. 引发剂

引发剂是一类能引起分子活化而产生游离基从而引发连锁反应的物质。不饱和聚酯树脂的交联反应是通过不饱和聚酯中的双键和乙烯类单体的共聚合反应进行的,在实际生产中大都采用引发剂固化,这样能有效控制反应速度,防止由于反应速度太快或太慢造成的制品缺陷,同时最终反应会趋于安全,确保制品质量稳定。不饱和聚酯树脂的引发剂一般为有机过氧化物。常用的有过氧化环己酮、过氧化甲乙酮、过氧化苯甲酰等。

引发剂的正确选择很重要,通常可根据玻璃钢成型工艺和成型要求的固化温度来选择。对于手糊成型,可以选择常温固化的氧化还原引发体系。它的有效存放期比较短,如加了过氧化环己酮引发剂在室温下存放期约为 8h,配置后应立即使用。引发剂本身是有机过氧化物,化学活性很强,不仅在消防规章上视为危险品,而且对人体,尤其眼睛和皮肤有强烈刺激性,使用中必须注意,应贮存于阴凉、干燥处,并要避开热源和阳光照射,避免引发剂与促进剂直接接触。

2. 促进剂

促进剂是一种能促使引发剂在临界温度以下形成游离基的物质。

不饱和聚酯树脂固化系统中,常用的促进剂主要有钴盐和叔胺两大类。各类促进剂对于不同化学结构的有机过氧化物有着不同的促进效果。例如二甲基苯胺,对于过氧化二苯甲酰有非常明显的促进效果,而环烷酸钴则对于过氧化环己酮、过氧化甲乙酮相当有效。因此,正确选择促进剂与引发剂的搭配作用是非常重要的。

3. 固化剂

固化剂是指在一定的温度、湿度条件下,按一定比例加入树脂中,搅拌均匀,在规定的时间内使树脂凝胶至固化的物质。常用的室温固化剂的种类及用量见本书模块一中表1-4的内容。

环氧树脂在使用时必须加入固化剂,使它交联成不熔不溶的网状结构大分子,才能充分显示出其优越的力学、物理性能,使之具有广泛的用途。凡能和环氧树脂的环氧基,羟基作用使树脂固化的物质,都可用做固化。现有的固化剂种类很多,根据固化条件可分为加热固化剂和室温固化剂,根据化合物类型又可分为胺类固化剂、酸酐类固化剂和高分子类固化剂等。

4. 稀释剂

环氧树脂在室温下黏度较大,不利于手糊作业。为了克服这一缺点,降低环氧树脂的黏度,提高流动性,常在使用过程中加入一定量的稀释剂,以增加环氧树脂对增强材料的浸润能力,改善成型工艺性能。同时,可增加填料的加入量,降低成本,在涂刷上也更便于操作使用,并能使延长使用期。稀释剂分为活性稀释剂和非活性稀释剂两类。表2-5为两类稀释剂的性能对比。属于活性稀释剂的有环氧丙烷丁基醚(501#)、环氧丙烷苯基醚(690#)、甘油环氧树脂(662#)等,常用的非活性稀释剂有丙酮、乙醇、甲苯等。稀释剂一般有毒,在使用过程中必须注意,如无特殊工艺要求,一般用量不超过15%。

表2-5 两类稀释剂的性能对比

稀释剂类别	活性稀释剂	非活性稀释剂
是否参与反应	参与反应	不参与反应
加入量	少量	5%~15%
是否影响固化	对树脂固化后影响小	对树脂固化后有影响
适用要求	用于较高要求	用于一般要求
毒性	有毒	一般低毒

5. 脱模剂

脱模剂是复合材料成型中重要的辅助材料之一。为了能把已经固化了的产品顺利地从模具中脱出,必须在模具的成型面上涂刷脱模剂,才能保证制品表面质量和模具完好无损。理想的脱模剂应具有如下特性:不腐蚀模具、不影响树脂固化,对树脂黏附力小;成膜时间短,成膜均匀、光滑;操作简便,使用安全,无毒害作用,价格便宜。

选用脱模剂时应注意脱模剂的使用温度应高于固化温度。脱模剂分为外脱模剂和内脱模剂两大类。外脱模剂主要适用于手糊成型、喷射成型和冷压成型等常温成型工艺。内脱模剂主要用于模压成型和热固化系统。常用的外脱模剂主要有薄膜型脱模剂、混合溶液型脱模剂及蜡型脱模剂三大类。

1)薄膜型脱模剂

薄膜型脱模剂在玻璃钢手糊成型中的应用最普遍。属于此类型的有聚酯薄膜、玻璃纸、聚乙烯醇薄膜等。其中以聚酯薄膜的用量最大。

聚酯薄膜通常使用的规格有0.03mm、0.04mm、0.05mm、0.07mm以及0.1mm等。用聚酯薄膜作为脱模材料,能获得平整光滑、光亮度特别好的制品。选用时,应根据不同的制品,选用不同厚度的聚酯薄膜。聚酯薄膜存在价格较贵、变形小的缺点,故不能用它做曲面复杂的制品的脱模材料。玻璃纸的强度稍次于聚酯薄膜,能获得光洁的制品,多用于要求不高的透明板材、波形瓦等制品。聚乙烯醇薄膜的膜质柔韧、强度高,一般用于形体不规则、轮廓复杂的制品,如人体假肢制作。

2)混合溶液型脱模剂

混合溶液型脱模剂中以聚乙烯醇溶液应用最多。聚乙烯醇溶液是采用低聚合度的聚乙烯醇与水、酒精按一定比例配制成的一种黏性透明液体,其黏度约为0.01~0.1Pa·s,干燥时间约为30min,其常用配方见表2-6。

表 2-6 聚乙烯醇溶液脱模剂常用配方

原料	聚乙烯醇	水	酒精	洗衣粉	合计
质量份数/%	5~8	60~35	35~60	少量	100~103

聚乙烯醇溶液脱模剂具有使用方便、成膜光洁度高、脱模性能好、容易清洗、无毒、无腐蚀、价格适中、配制简单等优点。既可单独使用，又可与其他脱模剂配合使用。其缺点是环境相对湿度高时，干燥速度慢、成膜时间长，往往影响生产周期和成膜质量。使用时，膜层必须干燥，否则残存的水分将对聚酯的固化产生不良影响，这种脱模剂在使用温度为 100~120℃ 时使用效果最好。

此外，混合溶液型脱模剂还有聚丙烯酰胺脱模剂（简称 PA 脱模剂）、醋酸纤维素脱模剂、硅油脱模剂、硅橡胶脱模剂等。

3) 蜡型脱模剂

蜡型脱模剂使用方便、省工、省时、价格便宜、脱模效果好，主要有汽车上光蜡、脱模蜡和地板蜡。汽车上光蜡，若再与混合溶液型脱模剂如聚乙醇溶液、聚丙烯酰胺溶液复合应用，则制品外表质量更佳。脱模蜡可单独使用，它成膜时间短，蜡膜牢固、均匀、光滑，对树脂的黏附力小，脱模效果好（经首次对模具成型面认真进行处理后，可连续脱模数次），使用方便，对模具无腐蚀作用，不影响树脂固化。地板蜡只能用于大型、外观要求不太严、尺寸精度不高的手糊制品。

脱模蜡的使用温度在 80℃ 以下。其使用步骤如下：在清理好的模具成型面上薄薄地擦上一层脱膜蜡，经一定时间（约 10min 左右），待溶剂挥发后，用绒布、软毛布或细纱布进行抛光，放置 2~3h，使蜡内溶剂充分挥发，从而形成光滑坚硬的蜡膜，再上第二道蜡（新玻璃钢模具需重复上述操作 3~4 次），如此重复操作，最后一次抛光后，放置 2h 以上，即可用于手糊成型生产。

4) 脱模剂复合使用

为了得到良好的脱模效果和理想的制品，常常同时使用几种脱模剂。例如对于木质、石膏等多孔材料制成的模具，可采用漆片、过氯乙烯清漆或硝基喷漆封孔，以醋酸纤维素作中间层，聚乙醇溶液做外层，效果较好。对大型制品或外型复杂的制品，多采用几种脱模剂复合使用。

6. 着色剂

为了美化复合材料制品，使其具有各种各样的颜色，可在胶衣树脂或树脂中适量加入各种颜料糊。复合材料用的着色剂大部分是颜料糊，它是将颜料混炼分散在液体载色体（例如一种未加苯乙烯而在常温下流动的不饱和聚酯树脂、邻苯二甲酸二丁酯等）中，再在辊磨上反复辊压、磨细磨匀而成。无机颜料着色力小，色彩不十分鲜艳，但它遮盖好，耐候性、耐溶剂性好。一般不用有机填料、炭黑等，尤其对于在室外使用或在苛刻条件下工作的复合材料制品来说，选用无机颜料较为合理。着色剂加入量一般为树脂量的 0.1%~5%。

7. 填料

为了达到和改善制品的某些物理性能和降低玻璃钢的成本，可在树脂中加入各种颗粒较小（300 目左右）的粉状填料。加入少量填料，既可填充玻璃布的网络，降低树脂固化时的收缩率、热膨胀等系数和应力集中,防止伴随收缩引起裂纹和变形,又对增强材料的浸渍无多大的影响。常用的填料主要有黏土、碳酸钙、白云石、滑石粉、石英砂、石墨等。填料加入量一般为树脂的15%~30%,有时超过1~2倍。

2.2 手糊成型模具

模具是复合材料手糊成型工艺中的主要设备。合理选用模具是保证复合材料制品质量和降低成本的关键之一。

2.2.1 手糊成型模具结构与材料

1. 模具结构

手糊成型的模具根据结构的不同,可分为单模和对模两类。单模又分为阴模和阳模两种。单模和对模都可根据工艺要求设计成整体式或组合式,组合模可用螺钉或夹具固定成整体,脱模时拆去螺钉或夹具逐渐脱模。

1) 阴模

阴模的工作是向内凹陷的,见图2-1(a),用阴模生产的制品可获得光滑的外表面,尺寸准确。阴模常用做生产各种机罩、点式天窗、汽车车身和船壳等外表面要求高的产品。但凹陷深的阴模,施工操作不便、排风困难、某些细小的缺陷亦不易察觉,故质量也不容易控制。

2) 阳模

阳模的工作面式向外凸出,见图2-1(b),它能使制品获得光滑的内表面,尺寸准确、施工操作方便、制品质量容易控制、便于排风,它适用于内表几何尺寸要求较严的制品,如浴缸、电镀槽等。

3) 对模

对模是由阳模和阴模两部分组成,见图2-1(c),并通过定位销固定装配。用对模生产的制品,因其两边都与模具接触,故内外表面均很光滑、厚度精确、质量稳定。对模主要用于制备对外观质量要求高、厚壁均匀的高精度制品,但此类模具在成型过程中要上下翻动,操作难度较大,不适用于大型制品的生产。

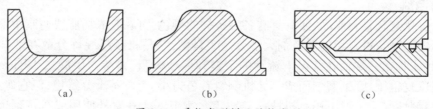

图2-1 手糊成型模具结构类型

4) 组合模

组合模的结构比较复杂,某些因结构复杂不易脱模的产品,为了便于脱模,常将模具制造成两块或若干块,在成型前把模块拼装起来,固化后脱模时再把模块拆开。拼装模能解决单模和对模所不能解决的问题,但由于它需经常拼装、拆卸,故生产周期要延长,影响生产效率,同时尺寸精度亦受影响。

2. **模具材料**

手糊成型的模具材料种类很多,常用的有木材、金属、玻璃钢、石膏、石蜡等。

1) 木制模具

做模具用的木材要求质均、无节、不易收缩变形,常用红松、银杏、枣木等。木模不耐用,不耐高温,表面需经封孔处理,但木模加工容易,制造周期短,比较轻便,只适合用于小批量生产的中小型制品或结构复杂而数量不多的产品以及制造玻璃钢模具。

2) 金属模具

金属模具常用的材料有碳钢、铸铁、铸铝、铝合金等。模具制成后通常要进行镀铬、镀镍等表面处理。金属模具经久耐用,不易变形,尺寸精度高;但制造工艺复杂,制造周期长,造价较高。它适用于小型、大批量生产的高精度制品。

3) 玻璃钢模具

玻璃钢模具由木模或石膏模翻制而成的。其优点是质轻、耐久、制造方便,适用于表面质量要求高、形状复杂的中小型制品的批量生产。

4) 石膏模具

石膏模具通常用半水石膏制成,优点是制造简便、费用低;但易变形不耐用,怕冲击,使用前要预先干燥,其表面也需进行加工和封闭毛细孔处理。它适用于一些形状简单的大型产品或几何形状较复杂的小型产品。

5) 石蜡模具

石蜡模具制造容易,质量轻,成本低,可回收使用,不需涂脱模剂。但由于石蜡熔点低、易变形、制品的精度不高,因此多用于制造形状复杂、数量不多且难脱模的制品;制作难以取出的型心,一次性使用,成型后融化掉。

不管选用何种材料制造模具都必须满足下列要求:能满足产品尺寸、精度、外观及数量的要求;选用的模具材料必须保证模具有足够的刚度及强度,不易变形,不易损坏;不受树脂及辅助材料的侵蚀,不影响树脂固化,能经受固化温度的影响,而不使模具的性能下降;脱模容易,使用周期长,能满足玻璃钢制造工艺的要求,便于操作;材料易得,价格低廉。

2.2.2 手糊成型模具设计

1. **设计原则**

手糊成型模具设计时应根据制品的数量、形状尺寸、精度要求、脱模难易、成型工艺条件(固化温度、压力)等确定模具材料与结构形式。

(1) 模具应用足够的刚度、强度、耐疲劳性和耐磨性,保证模具在反复使用过程中不发生形变、不损坏。

(2) 模具型面光洁度应比制品表面光洁度高出二级以上。

(3) 模具拐角处的曲率应尽量加大。制品内侧拐角曲率半径应大于2mm,避免由于玻璃纤维的回弹,在拐角周围形成气泡空洞。

(4) 对于整体式模具,为了成型后易于脱模,可在成型面设计气孔,采用压缩空气脱模。阳模深度较大时,应有拔模斜度,一般拔模斜度大于1°。拼装模或组合模的分模面的开设除满足容易脱模外,还要注意不能开设在表面质量要求高或受力大的部位。

(5) 有一定耐热性,热处理变形小。

(6) 质量轻,材料易得,造价便宜。

2. 设计程序

(1) 分析原始资料。包括产品图纸、工艺资料及工厂实际条件。全面掌握产品功能、技术要求、成型方法、设备特性、材料规格等。

(2) 设计内容。选定原材料及制造方法;确定模具结构及脱模方法。对合模与拼装模需选定分模面;编制模具制造工艺技术规程;绘制模具图纸。

2.2.3 玻璃钢模具的制造

玻璃钢模具是指用玻璃钢制作的、高光泽度(可获得"镜面效果")的、高平整度手糊制品的模具。

1. 玻璃钢模具的要求

(1) 玻璃钢高级模具应有足够的强度和刚度。

(2) 模具表面胶衣要有一定硬度和耐热性,能承受树脂固化时的放热、收缩等作用。

(3) 模具工作面外形尺寸准确、表面平顺,无潜藏气泡和针孔等弊病。

(4) 模具表面光泽度为 80~90 光泽单位,或目测应有清晰的镜面反光。

(5) 经抛光后的模具表面残留划痕度小于 $0.1\mu m$。

2. 模具材料的选择

1) 模具用胶衣树脂

用来制造模具的胶衣树脂有环氧树脂和不饱和聚酯树脂。一般通用树脂均可用来制造模具,最常用的有 196#、198#、189# 等。196# 是一种邻苯二甲酸型冲击性通用树脂,具有含好的尺寸稳定性和韧性;198#、189# 树脂耐热性能好,固化以后不易变形。

用作制作模具的胶衣应具备以下条件:硬度高,耐磨性好,以利于模具经常进行打磨、抛光处理;耐热性能好;耐冲击性能好,以经受起模时木榔头或橡胶榔头的冲击;耐溶剂性好,以耐脱模剂中有机溶剂的侵蚀。

2) 增强纤维

胶衣层背衬选择 $30\sim50g/m^2$ 表面毡作为增强纤维。表面毡的作用是防止表面树脂层出现微裂纹;表面毡之后采用 $30\sim45g/m^2$ 的短切毡,用来消除模具表面布纹痕迹。增强层可用方格布,短切毡和方格布最好选用无碱纤维以提高强度。

模具的结构层常选用中碱无捻玻璃布和通用不饱和聚酯树脂。

3. 玻璃钢模具制造工艺

1) 过渡模(母模)制造

制造玻璃钢模具首先需要制造一个母模,母模通常用木材、石膏来制造,也可用现有的其他材料制造实物本身。先按设计图纸制作母模,经过表面加工后在母模上直接翻置玻璃钢模。

以木模制造为例,在大多数情况下,木制母模都采用红松或樟松来制造,制造方法与普通木模的制造方法大致相同,但要根据手糊成型的特点,木模应留有一定的加工余量,并考虑脱模时大垂直面的斜度,同时注意分模定位的妥善处理及合理的工艺安排。木模表面加工程序如下：

表面粗加工，涂铁红底漆：在用磨光机进行粗磨后，经样板卡测、目测及手测至光顺度约为70%~85%，即可涂醇酸铁红底漆。醇酸铁红底漆既可嵌补模具表面的微小孔隙，又能使表面不光顺部位在光照反射下容易被发现。

刮腻子：用手工打磨时，以醇酸腻子为宜。若用电动打磨，以聚氨酯腻子或不饱和聚酯树脂加滑石粉做腻子为宜，固化后表面坚硬、耐磨。

干磨：用铁砂纸进行打磨，使表面形成均匀的封闭层，防止水磨时水渗透到过渡模内。铁砂纸规格为1#~100#。

水磨（湿磨）：在用二道腻子对过渡模表面进行封闭并干磨后，既可进行水磨，以清除表面明显的微粒及波纹。水砂纸应从低标号到高标号，通常为400#~1200#。

上清漆：过渡模表面的清漆膜，要求光亮、坚硬、耐磨、耐水、耐热、耐腐蚀。聚氨酯清漆能满足上述要求，且具有良好的抛光效果。

光照检查：侧向光照检查，应穿插在过渡模表面加工的每道工序之中，以便及时发现不光顺部位，采取相应措施。

研磨抛光：最后应进行研磨抛光处理，抛光方式可采用手工或抛光机。对于非平面抛光，以膏状及液体抛光材料为好。使用抛光机时，转速不易过高。

上脱模蜡：这是制作过渡木模的最后一道工序，要在木模的表面形成一层均匀的蜡膜，不能漏涂。

2）玻璃钢模具翻制

首先是胶衣层制作。在已精加工的木模表面涂刷脱模剂，干燥后便可开始涂刷胶衣。胶衣应涂刷三层，每层厚度控制在0.2~0.5mm。每层胶衣可采用不同颜色，以便检查漏涂。最外层胶衣以黑色为宜，灯光检查时黑色吸光，易发现模具表面不平整部位。模具翻制后经水砂研磨，表面将被磨去0.2~0.3mm，留下坚硬的黑色模面。胶衣涂刷时必须在前层胶衣手触摸不粘后再涂刷下一层，并且第二层与第三层的涂刷方向应垂直。同时应注意清除模具表面胶衣中由于喷涂或其他方式带进的微小气孔和尘埃。

胶衣层制作完成后，先铺敷1~2层表面毡作为底层，然后再铺敷一层短切毡。在铺敷过程中要用金属辊来回辊压，起到压实、浸透、排气作用。当整个毡层进入胶凝状态时，开始铺糊无捻方格布。模具糊制厚度根据模具形状尺寸确定。为防止树脂固化收缩和使用过程的变形，必要时可预埋金属或木质加强筋。

3）玻璃钢模具表面处理

将脱模后的模具按设计要求切边，然后进行模具表面处理。表面处理技术是制造高表面质量模具的关键。

（1）表面打磨：初次打磨应采用240号水磨砂纸将模具表面打磨均匀，清洗干净后在进行400号水磨砂纸打磨，然后采用600号、800号、1000号、1200号水磨砂纸按照同样工序进行、直到1500号水磨砂纸，打磨完成后清洗干净。精磨后模具表面非常平滑细腻，但不光亮。

（2）研磨抛光：采用抛光蜡或抛光膏，将打磨好的模具表面均匀抛光。用适合的溶剂清洗，务必将表面的杂质、蜡垢等清洗干净，并晾至干燥。

4. 玻璃钢模具的维护与保养

玻璃钢模具无论是在使用还是在放置过程中都需要维护与保养，维护与保养好模具不但能保证制品的质量,同时可使模具的使用寿命大大提高。

在使用玻璃钢模具时应注意轻拿轻放,避免磕碰、撞击成型面或重要部件损伤;脱模时不能用铁锤或其他尖利的工具敲击模具成型面,而应使用木楔子、铜板(棒)橡皮锤等硬度小于玻璃钢的工具脱模。较长时间不用的模具,其上面不得压以重物或堆放杂物,表面应覆盖保护膜,放置于干燥、避光处。不要将模具堆放在露天的场地上,以免引起变形和损伤。对于一些体积较大的模具,若无法在室内存放必须露天存放的,应将模具成型面用薄膜覆盖或在模具表面涂刷脱模剂后成型一层玻璃钢保护层,并避免成型面朝向阳光照射,容易受雨淋的方向。

每次使用模具后应检查模具表面的情况,及时清理表面杂物。若模具局部受到损伤应及时予以修复。玻璃钢模具在使用过程中由于脱模剂及树脂体系中机溶剂侵蚀,表面光亮会逐渐减退,当模具光洁度不能满足使用要求时就需要进行维修,要重新对表面进行抛光,直至恢复原来的光亮度。

2.3 手糊成型工艺

手糊成型工艺的过程是:先在清理好或经过表面处理好的模具成型面上涂脱模剂,待脱模剂充分干燥好后,将加有固化剂(引发剂)、促进剂、颜料糊等助剂搅拌均匀的胶衣或树脂混和料涂刷在模具成型面上,随之在其上铺放裁剪好的玻璃布(毡)等增强材料(如果涂刷的是胶衣,需等胶衣固化后方可铺敷增强材料),并注意浸透树脂、排除气泡;如此重复上述铺层操作直到达到设计厚度,然后进行固化脱模、后处理及检验等。其工艺流程如图2-2所示。

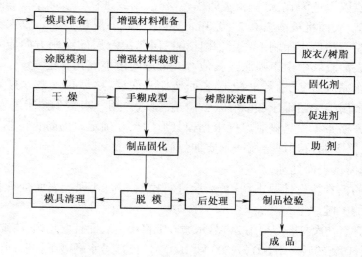

图2-2 手糊成型工艺流程

2.3.1 生产准备与劳动保护

1. 手糊成型车间布置

在手糊成型生产中,由于所使用的化工原材料在不同程度上具有毒性。有些原料如苯乙烯及有机溶剂挥发性很大,极易在空气中扩散挥发,当操作人员长期接触或吸入量过大后,就会引起皮肤过敏、头晕等。此外,对于切削和打磨所产生的粉尘和玻璃纤维、填料的飞扬问题,机械设备、电气设备的安全保护问题,都必须充分重视。

1) 手糊成型工艺对生产车间要求

车间是进行产品生产的主要场所,手糊工艺对生产车间布局的基本要求如下:

(1) 车间应该有足够的通风,抽风口最好在地上;
(2) 车间应该有足够的地漏,以便于用水冲洗车间;
(3) 通道畅通便于运输;
(4) 玻璃纤维制品树脂分别存放,并远离水源、电源;
(5) 模具及设备靠近通风口。

合理的车间布置有利于操作人员的生产情绪,实施文明生产和提高企业的生产效率及经济效益。手糊车间设备布局应按照生产过程的流向和工艺顺序布置设备,尽量保持生产对象在加工过程中成直线流动,路线应当最短;合理地布置工作场地,要保证生产安全,并尽可能为工人创造良好的工作环境,使采光、照明、通风、取暖、除尘、防噪声、卫生等条件良好。在设备之间及设备与墙柱子之间保持一定的距离。传动设备应有必要的防护装置。

2) 手糊车间环保要求

(1) 车间应该有良好的通风,以排除有毒气体和粉尘,其标准如下:

丙酮允许浓度:400mg/m³

玻璃钢粉尘允许浓度:3mg/m³

苯乙烯浓度:小于 5×10^5

(2) 车间严禁吸烟和使用明火以及使用砂轮机打磨金属。
(3) 操作人员进入车间时应穿工装、戴口罩、乳胶手套,必要时可擦防护油膏。
(4) 车间内机械设备应经常维护、检修、工具材料存放整齐,并由专人保管。过氧化酮类不能与奈酸钴溶液存放,存放间隔至少在1.5m以上并妥善密封。

2. 手糊成型过程的劳动保护

1) 有关原材料的毒性

手糊成型过程中,常使用的原材料有玻璃纤维、树脂、固化剂、促进剂及稀释剂、填料等。长期接触后,人体会受到影响。对毒性物资分类,一般是按鼠类口服致死量的大小来区别,见表2-7。

表2-7 原材料的毒性分类

毒性分类	LD50(mg/kg)鼠类口服	毒性分类	LD50(mg/kg)鼠类口服
极毒	<1	轻微毒性	500~5000
高毒性	1~50	相对无毒	5000~15000
中等毒性	50~500	无毒	15000以上 |//
注:LD50是指一次服药后,引起实验小鼠(1kg)死亡半数的剂量			

手糊成型中一些主要原材料基本上是轻微毒性占大数,长期接触这些原材料,对人体的健康是有影响的。例如苯乙烯属于低毒性,经长期接触会引起神经衰弱、恶心、食欲减

退及白血球下降等症状。因此在操作过程中,应戴必要的劳动保护用品。

2)安全卫生及劳动保护

在手糊成型过程中有害物质是通过直接接触人体或吸入人体内来危害人的健康的。某些药品(如过氧化物、乙醇、丙酮等)易燃、易爆,若管理不善,也会引起火灾或爆炸造成伤亡事故,因此必须采取有效的预防措施。

(1)优先选择低毒固化剂。苯二胺、二乙烯三胺、600#聚酰胺固化剂及咪唑类固化剂毒性较小,在生产中应优先选用,这是减少毒性危害的根本办法。

(2)减少工作场所有害物质的浓度。手糊成型车间必须按照劳动保护及卫生部门的规定,把有害物质的浓度,限制在允许的范围之内。如苯酚的允许浓度是 $5mg/m^3$,丙酮的极限浓度是 $400/m^3$,玻璃纤维粉尘的允许浓度为 $3mg/m^3$,苯乙烯的允许浓度是 5×10^{-5}。有害物质的密度一般都比空气大,能自然下沉,车间的通风方式应采取下排风的方式。

(3)注意个人防护。为了更好地保护操作人员的健康,应在其暴露部分,如手、脸等部位之皮肤涂抹防护膏、液体手套。操作人员进入生产现场,准备进行生产前,需穿好工作服、戴好口罩、手套等必要劳动保护用品,应尽量减少和有害物质的直接接触,配料时要戴防护眼镜,有时还有防毒面具。皮肤一旦被粘染,应立即用大量清水冲洗干净并涂以凡士林等软膏。清洗时,要用热水和肥皂,不要用丙酮、甲苯或苯乙烯等洗手,这些溶剂对皮肤有脱脂作用。操作人员要经常洗澡和换洗工作服。

(4)加强对易燃易爆品的管理。过氧化物和溶剂等材料易燃易爆,应放在专用仓库分类保管,现场随用随取。至于过氧化环己酮等一类易爆物品,不能用机械研磨,不能受热,不能用铁、铜等容器贮存,更不能和促进剂直接混合,必须先将过氧化物加入树脂内搅拌均匀后,再加入促进剂,否则会引起爆炸。

(5)加强对粉尘的控制。粉尘直径在 $1\mu m$ 以下时,对人体有害。当空气中的粉尘浓度达到 $120g/m^3$ 时,有爆炸危险。防止粉尘爆炸的措施主要是除去火源。如在电动设备方面,采取防尘构造,消除静电,防止电火花等。防止二次爆炸,要注意消除粉尘积物,防止溶剂蒸汽进入,采用不燃装置,并把粉尘烧湿。

3. 生产工具准备

为了使手糊操作工作得以顺利进行,确保制品质量,生产前需要准备一些工具。常用的工具有毛刷、刮板、羊毛辊、浸胶辊、剪刀、榔头等,还需要为配料准备架盘天平、台秤及量桶、量杯等容器。

1)毛刷

手糊成型专用毛刷的鬃毛,粘接牢固,不易脱毛。如果使用普通油漆刷子,因其容易脱毛,在操作时,脱落的鬃毛会夹杂在制品内,影响制品的外观质量,故不宜使用。玻璃钢专用毛刷的规格有 $51mm$、$64mm$、$76mm$ 等规格。

2)刮板

一般用玻璃钢平板、硬质泡沫塑料等材料制作而成,作为浸胶成型时用。刮板的工作面要在下面垫有平板玻璃的砂纸上磨成一定的角度,而且要平直。

3)羊毛辊

它是由直径与长度各异的毛辊、钢支架及手柄等组成。毛辊有长毛和短毛两种。常用的规格有：长 102mm、152mm 及 203mm 等，毛厚 3.2mm、13mm 及 19mm 等。它是手糊上胶的必要工具，对某些较大型且结构不十分复杂的制品，如玻璃钢整体卫生间、活动房、大型罩壳等成型时，作浸渍增强材料时用，因其操作时受力均匀，接触面积大，浸胶速度快，效果好，与毛刷相比，能提高工作效率，是一种比较理想的成型工具。

4）浸渍辊子

浸渍辊子结构同油漆毛辊相似，不同的是将毛辊子换成带槽的带薄片的整体式辊子（其所用材料有金属和塑料等）。它有直径和长度各异的各种不同规格（一般直径有 13mm、19mm、25mm、51mm；长度有 76mm、152mm 及 203mm 等）；还有半径为 3mm、6mm、9mm 和 13mm 的转角滚子。金属或塑料浸胶辊，是使用表面毡、短切毡、连续毡作增强材料时必不可少的工具，因为这种辊子能迅速而较易地把气泡滚压出去，该种辊子是由若干薄片经组合而成的。各种浸胶辊子使用后必须用丙酮清洗干净，并妥善保管好。

5）架盘天平与台秤

架盘天平与台秤是配置胶液时，能按照配比准确称量各组分，从而保证制品质量的计量器具。应经常保持计量器具的清洁，以保持称量的准确。

6）各种容器（桶、杯子等）

为配制树脂和操作时所必需。容器内壁应光洁，以利搅拌均匀，防止促进剂等附在容器壁。容器使用后应及时清洗干净，并应防止碰撞、损坏及树脂固化存在容器内。

7）软布与剪刀

软布用来清洗模具及抛光，剪刀用来裁减布下料。各种软布应保持清洁，用作上腊后抛光的软布应经常用洗衣粉清洗干净，防止发硬，影响操作。剪刀口容易变钝，故需要经常打磨，保持锋利，便于操作。

8）橡胶榔头、木榔头与楔子

这些是脱模时常用的工具。楔子是用来把模具内的制品取出来而不损坏模具或制品。采用楔子能消除擦伤，减少损坏和修补。楔子可以采用木材或结实耐用的硬塑料制成，硬塑料楔子具有良好的抗磨性。

2.3.2 手糊成型过程

1. 原材料的准备

1）树脂胶液的准备

根据产品的使用要求确定树脂种类，配置树脂胶液。胶液的工艺性是影响手糊制品质量的重要因素。胶液的主要工艺指标是胶液黏度和凝胶时间。

胶液黏度表征树脂流动特性的工艺指标，手糊成型树脂黏度控制在 $0.5 \sim 1.5 Pa \cdot s$，一般可通过加入稀释剂调节。黏度过高，不易涂刷和浸透增强材料；黏度过低，在树脂凝胶前发生胶液流失，使制品出现缺陷。

凝胶时间指在一定温度条件下，树脂中加入定量的引发剂、促进剂或固化剂，从黏流态到失去流动性，变成软胶状态凝胶所需的时间。凝胶时间是一项重要的工艺指标，必须严格控制，一般控制在手糊操作完后 30min 左右凝胶为好。若凝胶时间过短，由于胶液黏度迅速增大，不能很好地浸透增强材料，甚至发生局部固化，使手糊作业困难或无法进行。

反之,若凝胶时间过长,不仅增长了生产周期,还会引起流胶及交联剂挥发过多,造成制品局部贫胶或不能完全固化。但应注意,胶液的凝胶时间并不等于制品的凝胶时间。因为制品的凝胶时间除与引发剂、促进剂或固化剂用量有关外,还与以下因素有关。

(1) 胶液体积。胶液体积越大,反应放出的热越不易散发,凝胶时间越短。

(2) 环境温度与湿度。气温越高,湿度越小,凝胶时间越短。反之,气温低,湿度大,凝胶时间长。在温度低于15℃时,会发生固化不良现象。

(3) 制品厚度。在相同配方条件下,制品越厚凝胶时间越短。

(4) 交联剂蒸发损失。交联剂不足,凝胶时间增长,制品固化不完全。所以在成型大表面制品时,为避免交联剂蒸发损失,要注意缩短凝胶时间。

(5) 阻聚剂的影响。最常见的阻聚剂包括苯酚类化合物、酚醛树脂的粉尘、硫、橡胶、铜和铜盐以及碳黑等,这类化合物即使很少量,都能阻滞聚合反应,有的甚至会使树脂完全不固化。

(6) 填料的选用。大多数填料都会延长凝胶时间。

手糊成型工艺中的树脂胶液的配制是很重要的一道工序。配置时应严格按配方准确称量,并充分搅拌均匀,方可使用。不饱和聚酯树脂、环氧树脂常用配方及配置方法如下,选用时可参考。

(1) 不饱和聚酯树脂胶液常用配方见表2-8。

表2-8 常用不饱和聚酯树脂胶液配方

原料\配方	1	2	3	4	5
不饱和聚酯树脂	100	100	100	85	60
引发剂H(或M)	4(2)	4(2)		4(2)	4(2)
促进剂E	0.1~4	0.1~4		0.1~4	0.1~4
引发剂B			2~3		
促进剂D			4		
邻苯二甲酸二丁酯		5~10			
触变剂				15	40

注:引发剂H—50%过氧化环己酮二丁酯糊。引发剂M—过氧化甲乙酮溶液(活性氧10.8%)。引发剂B—50%过氧化苯甲酰二丁酯糊。促进剂E—含6%环烷酸钴的苯乙烯溶液。促进剂D—含10%二甲基苯胺的苯乙烯溶液

(2) 环氧树脂配制方法:将稀释剂及其他辅助剂加入环氧树脂中,搅拌均匀,使用前加入固化剂搅匀。一次配胶量要根据环境温度,施工面积的大小和操作人的多少而定。

按配方比例将引发剂或促进剂的一种先与树脂搅拌均匀,操作前再加入另一种搅拌均匀后即可使用。严禁将引发剂和固化剂同时加入树脂中进行搅拌,否则会产生剧烈反应,生成硬块。环氧树脂胶液常用配方见表2-9。

表 2-9　常用环氧树脂胶液配方

树脂＼编号	1	2	3	4	5	6	7	8	9	10	注
环氧树脂 E-51,44,42	100	100	100	100	100	100	100	100	100	100	室温固化
乙二胺	6~8										
三乙烯四胺		10~14									
二乙烯三胺			8~12								
多乙烯多胺				10~15							
间苯二胺					14~15						
间苯二甲胺						20~22					
酰胺基多元胺							40				低毒
120#								16~18			加热固化 60 12h
590#									15~20		
591#										20~25	

2）增强材料准备

手糊成型用的增强材料应是无蜡的,如有蜡应进行脱蜡处理,必要时还要进行表面处理。在使用前保持干燥,不受潮湿,不沾油污。批量生产的中、小型制品可按产品形状、尺寸大小预先将增强材料剪裁好备用。大型制品如车身、穿体、冷却塔、整体卫生间等可将增强材料逐层剪裁好,做好标记按照铺层顺序存放备用。避免糊制时产生混乱,影响操作效率。

剪裁时应注意：

（1）因玻璃布的经纬向强度不同,对要求各向同性的制品,应使玻璃布按纵横交错裁剪。

（2）若糊制圆环制品,玻璃布可沿径向45°的方向剪裁成布带,利用布在45°方向容易弯折的特点,糊成圆形。

（3）对圆锥形制品,可按扇形裁布。

（4）应根据产品形状、性能要求和操作难易来决定玻璃布裁剪的大小,并尽量减少接头数。

（5）所裁玻璃布的尺寸应比产品实际尺寸稍大,以便留有加工余量。

（6）某些精度要求高的产品,要按照样板剪裁。

2. 模具准备

手糊成型的各种模具,使用前都应作一定的处理及清洗。将模具上脱模后遗留的残胶,用扁铲小心铲除,注意不能损坏模具表面,聚乙烯醇脱模剂可以使用水清洗,然后擦干待用。如果模具由多块组成,则需要组装在一起,要注意组装定位,合模缝隙不能过大,必要时用胶带贴封,防止流胶粘模,脱模部件要装好,顶出块要放平。

3. 胶衣层制备

为了改善玻璃钢制品的表面质量,延长制品使用寿命,在制品的工作表面往往做成一层加有颜料糊的、树脂含量很高的胶层,它可以是纯树脂层,亦可用表面毡增强。这层胶层称为胶衣层(也称表面层或装饰层)。胶衣层制作质量的好坏,直接影响制品的外观质量和有关性能(耐候性、耐水性和耐化学性能),故在胶衣层喷涂或涂刷时,应注意以下三点:

(1) 配制胶衣树脂时,要充分混合,特别是使用颜料时,若混合不均匀,会使制品表面出现斑点或条纹,这不仅影响外观,还会降低它的物理性能。为此应该尽可能采用机械搅拌进行混合,且最好用不产生旋涡的混合机,以避免混进空气。

(2) 胶衣可以用毛刷涂刷或使用专用喷枪来喷涂。喷涂时应补加5%~7%的苯乙烯以调节胶衣树脂的黏度及补充喷涂过程中挥发损失的苯乙烯。

(3) 胶衣层的厚度应控制在0.3~0.6mm。胶衣层的厚度不能太薄,但也不能太厚,如果胶衣太薄,可能会固化不完全,并且胶衣背面的玻璃纤维容易显露出来,影响外观质量起不到美化和保护玻璃钢制品的作用;若胶衣层过厚,则容易产生龟裂,不耐冲击力,特别是经受从制品反面方向来的冲击。胶衣涂刷得不均匀,在脱模过程中出会引起裂纹,这是因为表面固化速度不一,而使树脂局部产生应力的缘故。

(4) 胶衣要涂刷均匀,应尽量避免胶衣局部积聚。

(5) 胶衣层的固化速度一定要掌握好。

检查胶衣是否固化适度的最简单的方法是用干净的手指去触及一下胶衣层表面,如感到稍微有些发黏但不沾污手指时,说明胶衣层已基本固化,这时即可进行下一步的糊制工作,以确保胶衣层与背衬层的整体性。

4. 手糊制品厚度与层数计算

手糊制品的厚度控制是手糊工艺设计及生产过程都会碰到的技术问题,按照制品所要求的厚度进行计算,确定树脂、填料含量及所用增强材料的层数。

(1) 手糊制品厚度可用式(2-1)计算:

$$t = m \times k \tag{2-1}$$

式中:t 为制品厚度,mm;m 为单位面积材料质量,kg/m²;k 为厚度常数,mm/kg·m^{-2},即每 1kg/m² 材料的厚度,可在表2-10中查得。

表 2-10 材料厚度常数 k 值

性能\材料	玻璃纤维			聚酯树脂				环氧树脂		填料-碳酸钙		
	E型	S型	C型									
密度/(kg/m²)	2.5	2.49	2.48	1.1	1.2	1.3	1.4	1.1	1.3	2.3	2.5	2.9
k/[mm/(kg·m^{-2})]	0.391	0.402	0.408	0.909	0.837	0.769	0.714	0.909	0.769	0.435	0.400	0.345

(2) 铺层层数按式(2-2)计算:

$$n = \frac{A}{m_f(k_f + ck_r)} \tag{2-2}$$

式中:A 为手糊制品总厚度,mm;m_f 为增强纤维单位面积质量,kg/m²;k_f 为增强纤维的厚度常数,mm/(kg·m⁻²);k_r 为树脂基体的厚度常数,mm/(kg·m⁻²);c 为树脂与增强纤维的质量比;n 为增强材料的铺层层数。

对中碱纤维布:0.4 厚　$m_f = 0.340 \text{kg/m}^2$

　　　　　　　0.2 厚　$m_f = 0.230 \text{kg/m}^2$

若有填料时,k_T 是厚度常数,c_2 是填料与纤维质量比。铺层层数按式(2-3)计算:

$$n = \frac{A}{m_f(k_f + c_1 k_r + c_2 k_T)} \tag{2-3}$$

5. 铺层糊制

湿法铺层糊制是手糊成型工艺的重要工序,它是直接在模具上将增强材料浸胶一层一层地紧贴在模具上,排除气泡,使之密实。手糊过程示意图如图 2-3 所示。铺层糊制必须精心操作,要求做到快速、准确,保证树脂含量均匀、无明显气泡、无浸渍不良、不损伤纤维及制品表面平整。制品质量的好坏,与操作者操作的熟练程度和工作态度认真与否关系极大。

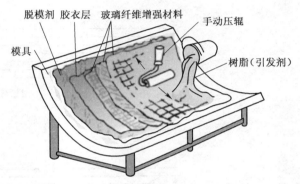

图 2-3　手糊过程示意图

糊制时,先在模具上刷一层树脂,然后铺一层纤维布,并注意排除气泡,涂刷时要用力沿布的经向;顺一个方向从中间向两头把气泡赶净,使纤维层贴合紧密,含胶量均匀,如此重复,直到达到设计厚度。对于较厚的制品,由于树脂固化放热量大,易产生产品的变形与分层,应分次铺层糊制,每层糊制厚度不超过 7mm。

糊制时常会遇到直角、锐角、尖角及细小的突起、凸字等复杂的部位。这些直角、锐角、尖角等部位一般称为死角区。这些死角区在制品设计时应尽量避免,如不避免,可酌情处理。具体处理方法:当制品几何形状规整时,可用添加触变剂的树脂填充成圆角,待凝胶后再糊玻璃布,当死角区不仅要求几何形状规整,而且要求一定强度时,必须在树脂中加一些增强材料,如短切玻璃纤维、长玻璃纤维束,甚至可以预埋粗钢丝。

对于细小的突起、柱、棱或凸字等的处理方法:当其对强度要求不高时,可用树脂浇铸的办法先把模具的沟槽部位填平,然后再进行正常糊制。当其要求一定强度时,就不能只用树脂浇铸,最好先涂刷一层表面胶衣,待其凝胶后用浸胶乱纤维填满,再进行其他部分的正常糊制。另外一个比较方便的方法就是将预先加工的金属或玻璃钢件镶嵌此处,这对于柱体或突起的块状物是很合适的。

糊制玻璃钢时,金属镶嵌件必须经过酸洗、去油,才能保证黏结牢固。为了使金属件几何位置准确,需要先在模具上定位。如果是用短切毡作增强材料,含胶量一般控制在 65%~75%;用粗纱布时,含胶量一般控制在 45%~55%;当短切毡和粗纱布合用时,含胶量一般控制在 55%~65%。

对于外形要求高的受力制品,同一铺层纤维尽可能连续,切忌随意切断或拼接,否则将严重降低制品力学性能。但往往由于各种原因很难做到这一点。铺层拼接的设计原则是：制品强度损失小，不影响外观质量和尺寸精度；施工方便。拼接的形式有搭接和对接两种，以对接为宜。对接式铺层可保持纤维的平直性，产品外形不发生畸变，并且制品外形和质量分布的重复性好。为不致降低接缝区强度，各层的接缝必须错开，并在接缝区多加一层附加布，如图 2-4 所示。

多层布铺放的拼接也可按一个方向错开，形成"阶梯"接缝连接，如图 2-5 所示。将玻璃布厚度 t 与接缝距 s 之比称为铺层锥度 z，即 $z=t/s$。试验表明，铺层锥度 $z=1/100$ 时，铺层强度与模量最高，可作为施工控制参数。

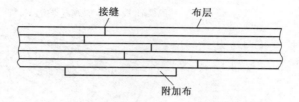

图 2-4 铺层接缝处理

图 2-5 "阶梯"铺层拼接形式

当制品厚度超过 7mm 时，不能一次完成铺层固化，需要两次拼接铺层固化。铺层二次固化的拼接方法：先按一定铺层锥度糊制各层，使其形成"阶梯"形，达到一定厚度后（不超过 7），在阶梯上铺放一层无胶平纹玻璃布，固化后撕去该层玻璃布并保证拼接面的粗糙度和清洁。然后再在阶梯面上对接糊制相应各层，补平阶梯面，二次成型固化，如图 2-6 所示。

图 2-6 二次铺层拼接形式

此外，对于大表面制品，在糊制最后一层表面上覆盖玻璃纸或聚氯乙烯薄膜，使制品表面与空气隔绝，从而可避免空气中氧对不饱和聚脂胶液的阻聚作用，防止制品表面因固化不完全而出现的发黏现象。

6. 固化

手糊成型的玻璃钢制品，一般是采用常温固化的树脂系统。固化工艺应保持温度在

15℃以上,湿度不高于80%,温度过低、湿度过高都不利于树脂的固化。

正常条件下,固化分为凝胶、固化及加热后处理三个阶段。凝胶是黏流态树脂到失去流动性而形成的软胶状。固化可分为硬化及熟化两段时间。制品从凝胶到具有一定硬度,以致能从模具上将制品取下来,这时制品的固化度一般可达50%~70%,这称为硬化时间;制品脱模后在大于15℃的环境中自然固化1~2周,使制品具有一定的力学性能、比较稳定增的物理和化学性能可供使用,这称为熟化时间。这时固化度一般可达85%以上,熟化通常是在室温下进行,亦可用加热后处理的方法来加速,例如在80℃下加热3h。

为了缩短玻璃钢制品的生产周期,提高模具的利用率,加速硬化时间,常常采用加热后处理措施。在加热固化处理时,应先将制品在室温下放置24h后进行。一般环氧玻璃钢的热处理温度可高些,常控制在150℃以内;不饱和聚酯玻璃钢的热处理温度不超过120℃,一般控制在60~80℃,处理2~8h。

7. 脱模和修整

当制品固化到脱模强度时便可进行脱模。脱模方法可采用顶出脱模、压力脱模等,脱模最好用木制或铜制工具,以防将模具或制品划伤。大型制品的脱模可借助千斤顶、吊车等机械。

修整分为尺寸修整和缺陷修补。尺寸修整是按照设计尺寸进行机械加工切去多余部分:除去毛边、飞刺。缺陷修补主要是采用破孔补强、气泡修补、裂缝修补方法等进行修补制品表面和内部缺陷。

2.3.3 手糊成型工艺优缺点

手糊成型工艺是树脂基复合材料生产中最早使用和应用普遍的一种成型方法。手糊成型工艺是以手工操作为主,机械设备使用较少,适用于多品种、小批量制品的生产,且不受制品种类和形状的限制。手糊成型操作虽然简单,但对于操作人员的操作技能要求较高。它要求操作者要有认真的工作态度、熟练的操作技巧和丰富的实操经验。对产品结构、材料性能、模具的表面处理、胶衣质量、含胶量控制、增强材料的裁减和铺放、产品厚度的均匀性及影响产品质量的各种因素都要有比较全面的了解,尤其是实操中出现常见问题的判断和处理,不但需要有丰富的实践经验,还要有一定的化学知识和具备一定的识图能力。

根据近几年的统计,手糊成型工艺在世界各地复合材料工业生产中仍占用很大的比例,如美国占35%,西欧占25%,日本占42%,中国占75%。这说明接触低压成型工艺在复合材料工业生产中的重要性和不可替代性。但它的缺点也是很明显的,那就是生产效率低、劳动强度大、产品重复性差等。从目前的情况来看,该工艺在复合材料工业中所占的比例有逐年下降的趋势,但可以肯定的是,这种古老而传统的工艺方法不会消失。

1. 手糊成型工艺的优点

(1) 模具成本低,容易维护、设备投资少;

(2) 生产准备时间短,操作简便、易懂易学;

(3) 不受产品尺寸和形状的限制,适用于数量少、品种多、形状简单的产品或大型产品;

（4）可根据产品的设计要求，在不同部位任意补强，灵活性大；

（5）树脂基体与增强材料可实行优化组合，也可以与其他材料（如泡沫、轻木、蜂窝、金属等）复合成制品。

（6）室温固化、常压成型；

（7）可加彩色胶衣层，以获得丰富多彩的光洁表面效果。

2. 手糊工艺的缺点

（1）生产效率低，劳动强度大，生产环境条件差；

（2）产品质量稳定性差，受人的因素影响大；

（3）车间占地面积大，需要良好的通风设备。

2.3.4　手糊成型制品及其应用

1. 石油化工方面

玻璃钢具有突出的耐酸、碱、油、有机溶剂的性能，常用它制作石油化工设备。用玻璃钢制造各种管道、阀门、泵、贮罐、贮槽、塔器及作为金属、混凝土、木材等基体设备的衬里，已成为石油化工设备防腐蚀不可缺少的材料之一。由于玻璃钢的应用，使得化工设备在不同介质、温度、压力条件下，延长了使用寿命，获得了良好的效果。

与金属相比，有些情况下玻璃钢设备的初始投资要高一些，但由于它重量轻，使用寿命长，成型加工及维修均比较方便，因此总投资还是比较低的，所以石油设备的防腐蚀工程中推广应用玻璃钢是有实际意义的。如美国在几年前铺设的72万多千米的玻璃钢管道，现已成为美国三大输油线路之一。实践证明，玻璃钢是一种较好的防腐蚀材料，十几年来在石油化工防腐设备中的应用取得了很大的成效。

2. 交通运输方面

玻璃钢具有轻质高强、耐化学腐蚀、抗微生物作用以及成型方便等优点，所以在造船、汽车、铁路车辆、航空等工业部门得到了日益广泛的应用。

在造船工业方面，采用了玻璃钢制作船体及两栖装置，提高了船舶、舰艇的防腐蚀性、抗微生物的能力，在承载能力、航行速度及深潜性能方面也有了较大的改善。因此，从小型船艇、扫雷艇、深水探测器到大型巡航舰都成功运用了玻璃钢零部件。如用它制作潜水艇艇体，其潜水深度比钢制作艇体至少可增加80%，深水调查船能耐几千米的水下压力。早在20世纪60年代，美国海军部门就规定，16m以下的船艇全部采用玻璃钢制作。英国还设计了170m长的玻璃钢大船。

在汽车制造方面，用玻璃钢制造各种轿车、大型客车、三轮车、载重汽车、油槽车以及其他车辆和各种配件，减轻了车辆自重，提高了运输能力。

在铁路运输方面，用玻璃钢制造了机车车身、货车车厢、客车、油箱等许多部件。随着陆路交通的发展，在铁路电气化、高速列车的制造方面，在采用玻璃钢材料之后，有效地提高了运输能力。

在飞机制造方面，早在第二次世界大战初期，美国就用玻璃钢制造了飞机油箱、螺旋桨的复面及飞机后部部件。美国F5A战斗机使用玻璃钢后重量减轻15%，降落航行距离缩短了15%，航程增加20%，负荷增加20%，效果十分显著。

3. 电气工业方面

由于玻璃钢具有优良的电绝缘性能,因此它在电工器材制造方面得到了广泛的应用。玻璃钢可以制造各种开关装置、电力管道、印制电路板、插座、接线盒等。由于玻璃钢具有不同反射无线电波、微波透过性好等特点,目前,在电信工程上普遍采用玻璃钢制造各种雷达罩、波导管和反射面,如直径 14~44m 的大型球体地面雷达罩、天线罩等。

4. 建筑工业方面

玻璃钢是一种轻质高强的结构材料,具有隔声、隔热、防水等特点,所以已经成为现代建筑中一种新型的结构材料。国外,在建筑材料上应用玻璃钢是比较普遍的、品种、数量也日益增多。例如英国的国民议会大厦,外表面全部采用玻璃钢装饰板镶嵌;一些展览馆、博物馆建筑、铁路车站、公园温室以及民用住宅等方面都应用了大量的玻璃钢制品。我国玻璃钢用于建筑上近十年来有了一定的发展。目前应用最多的是玻璃钢波形瓦、装饰面板、活动房屋、通风与空调设备、冷却塔、道路灯具、壁雕、工艺雕塑、整体欧式雕花吊顶顶棚、采光屋面、大型饮用水箱、防渗漏化粪池和污水处理池罩、卫生设备和各种家具等。随着建筑事业的发展,玻璃钢在建筑上的应用也将越来越普遍。

5. 机械工业方面

玻璃钢材料在机械设备方面也得到了日益广泛的应用。简单的护罩类制品,如电机罩、发电机罩、空气压缩机罩、泵罩、风机罩、纺织机罩、皮带轮防护罩、仪器罩、PPS 轴瓦、PPS 垫块等;较复杂的结构件,如柴油机、造纸机、水轮机、风机、拖拉机的各种部件,如轴承、法兰圈、轴承套等各种机械零件均采用了玻璃钢这种新型材料。机械设备采用玻璃钢不仅可以简化加工工艺与相应的工艺装备、节约劳动力、延长使用寿命、降低成本,而且还可以大大节约各种金属材料。

6. 军械与装备方面

玻璃钢作为一种新兴的工程材料,在国防工业领域也得到了广泛的应用。玻璃钢应用于常规武器和装备,既减轻了重量,又节省了大量木材和各种钢材,而且提高了武器装备的机动灵活性,是一种在军工武器上很有发展前途的新型材料。具体应用有以下几个方面:

(1) 防护工程的安全帽、防弹背心、坦克壳体等;
(2) 火炮与箭弹;
(3) 炮管、热护套、发动机壳体、喷管、尾翼、发炮筒、引信结构;
(4) 装甲内衬等。

2.4 喷射成型工艺

喷射成型工艺是通过喷射设备将短切纤维和雾化的树脂同时均匀沉积到模具表面上,经辊压、固化成复合材料制件的工艺方法。喷射成型是在手糊的基础上发展起来的,其将手糊操作中的纤维铺敷和浸胶工作由设备来完成,是一种相对效率较高的成型工艺。喷射成型技术在复合材料成型工艺中所占比例较大,如美国占 9.1%,西欧占 11.3%,日本占 21%。喷射成型工艺示意图如图 2-7 所示。

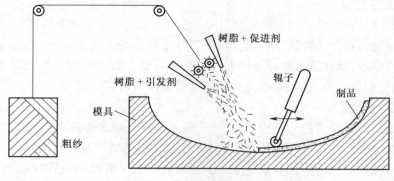

图 2-7 喷射成型工艺示意图

2.4.1 喷射成型工艺分类

（1）按喷射的动力形成，可分为气动型和液压型。

① 气动型。是由压缩空气从喷嘴高速流出，将胶液雾化并喷涂到芯模上的一种方式。其特点是雾化效果好，但部分树脂和引发剂容易扩散到周围空气中，飞溅严重，烟雾弥漫，浪费、污染，操作环境极差。

② 液压型。是采用常规动力给封闭腔内的树脂施加一定的压力，再经枪口射出，利用喷嘴的特殊结构进行雾化。其特点是减轻了飞溅，改善了操作环境。

（2）按胶液的混合形式，可分为预混型、内混型和外混型三种类型。

① 预混型。是指树脂液体在加入喷射设备之前就将各组分混合好，再送入设备经喷嘴喷出。其主要特点是设备简单，但需要清洗全部管路，容易出现树脂固化堵塞。

② 内混型。是指将树脂和固化剂等组分在枪头内部的紊流混合器内混合后，经喷嘴喷出。其特点是没有直接雾化固化剂，环境污染小，但枪头部分仍需要清洗，如有不当，会造成堵塞。

③ 外混型。是指树脂和固化剂均单独、同时喷出枪嘴雾化，在雾化空间中混合的一种类型。其特点是可实现枪头免清洗，但由于固化剂的单独雾化，对环境造成的污染比较严重。

2.4.2 喷射成型生产准备

喷射成型场地除满足手糊工艺要求外，要特别注意环境排风。根据产品尺寸大小，操作间可建成密闭式，以节省能源。

1. 喷射成型工艺原材料的选择

合理地选择原材料是保证产品质量、降低产品成本的重要环节。原材料的选取一般要满足以下要求：产品要求的各种性能指标；适应喷射成型的工艺特性；价格低、货源充足等。

1）树脂的选择

用于喷射成型的树脂，一般要满足以下条件。

（1）黏度。对于喷射成型工艺，要求树脂易于喷射并易于雾化，这样才能更好地浸润玻璃纤维，还可以加入更多的填料，以降低产品成本。如树脂黏度过大，喷出、雾化、浸润都可能出现问题。一般可选用黏度在 0.3~0.8Pa·s 的原料树脂。

（2）触变性。触变性是喷射成型树脂最重要的特点，因为在对大型或有垂直面的模具进行操作时，树脂很容易流动，造成较高位置出现干纱。如果采用黏度更大的树脂或增加填料用量，一是不易浸渍纤维，二是辊压时排泡困难，无法进行，所以树脂的触变性显得尤为重要，其作用是尽量保证树脂留在所喷落的位置不流动。喷射成型工艺中树脂的触变性一般控制在 1.5~4Pa。

（3）固化特性。喷射操作需要一定的时间，而且产品的大小与形状不同，操作时间也会有差异，这就需要所用树脂有较适宜的固化特性和可控性。

（4）浸渍脱泡性。要求树脂对纤维的浸润性要好，经过辊压浸渍，气泡容易排出。

目前用于喷射成型的树脂体系主要为不饱和聚酯树脂和乙烯基酯树脂，大部分产品均采用室温固化体系，为进一步提高生产效率，也有采用 80% 以下中温固化体系材料。

2) 增强纤维的选择

从成型工艺角度考虑，纤维应满足以下基本条件：硬挺度适当，切割性良好。②不易产生静电，分散性好。③浸渍性好，浸渍速度快。

喷射成型工艺中采用的增强材料是玻璃纤维粗纱，为防止其快速运动和摩擦中产生静电，常采用沃兰、硅烷类等表面处理剂。纤维分散性好是保证喷射制品厚度及均匀性的重要因素，同时也能使之与树脂的混合更充分，从而使喷射在立面上的纤维不易脱落，也能加速浸润过程。

2. 喷射成型模具结构设计

模具是喷射成型中必不可少的工装。喷射成型工艺中合理的模具设计同样是质量和成本的重要决定因素之一，在模具设计中，需要考虑的主要有以下因素。

（1）符合产品设计的精度要求。

（2）有足够的强度和刚度，能够承受生产过程中接触的外力作用。

（3）脱膜性良好。

（4）对产品的收缩放量有充分的考虑，喷射产品的树脂含量一般较高，成型后的制品收缩率也相对较大，在模具设计中，特别是阴模成型时，要充分考虑材料收缩将会给产品尺寸带来的影响。

（5）模具的圆角设计，在产品允许的范围内，模具的圆角设计的越大，越有利于喷射成型。

（6）模具材料，一般可用于复合材料成型的模具材料均适用，如玻璃钢、金属等。

3. 喷射成型设备

喷射成型设备从简单的喷射成型机到自动化的喷射成型生产线，经历了一个较长的发展过程。喷射成型工艺所用的主要设备是喷射机。国外在 20 世纪 60 年代已经开始了喷射设备的研制开发工作，目前在用的喷射设备，大部分是欧美国家生产的设备。由于材质技术、加工精度及市场等因素的影响，国产喷射机的发展较为缓慢。

喷射机主要由树脂输送系统、树脂喷射系统和无捻粗纱切割系统组成，及输料泵、喷枪和切砂器。其功能是将树脂与固化剂等助剂混合喷出并雾化，将纤维按设定长度切断并分散喷向树脂的雾化扇面上，由树脂夹带纤维落向模具表面，随喷射方向的移动，在模具表面形成一层疏松的纤维、树脂混合物。其中，树脂的喷出速度和纤维的切割速度均单独可调,从而实现产品要求的纤维含量。不同类型的喷射机,其各组分的混合顺序、喷出方式、速度和比例的调整方式可能存在差异,但均可实现上述功能。

下面以应用最为广泛的柱塞式喷射机为例,对喷射机的各系统原理简述如下。

1) 树脂输送系统

该系统主要为液体原料提供足够的动力,同时可以实现树脂与固化剂的不同比例设定。实现树脂等组分的输送有多种方式,有压力罐式、柱塞泵式、齿轮泵式等,目前应用最多的还是柱塞泵式喷射机。

(1) 常用的柱塞泵式喷射机一般只有两个联动的柱塞泵,一个用于泵送树脂液体,另一个作为伺候泵,按设定比例配送固化剂,主要结构如图2-8所示。

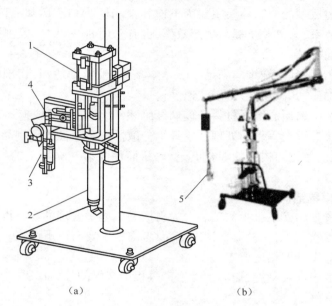

(a)　　　　　　　(b)

图 2-8　柱塞式喷射机

1—往复气缸;2—树脂泵;3—固化剂伺服泵;4—固化剂比例调节钮;5—枪头(包括树脂喷头和切纱器)。

从结构可知,这种设备固化剂的配比范围为0.5%~4%,适合不饱和聚酯树脂体系。在生产过程中,如果还需要加入第三种以上组分,则只能将其他组分预先加入树脂中并搅拌均匀后,才能接入喷射机。

树脂的输送量由往复气缸的运行速度决定,而这一速度也是由气源的压力和流量决定的。在通常情况下,控制树脂的流量都是通过调整电动机的供给气压得以实现,而且最终的树脂流量还与树脂本身的黏度等有关。实际生产中一般在调整好设备参数后,都要先在容器中试喷一些树脂,通过称量来确定喷射的流量或速度。

稳定的固化剂比例是树脂输送系统的最关键指标。伺候泵是一种经计算的机械联动泵,理论上可以保证固化剂的配比,结构简单,成本低,所以被广泛使用。但由于柱塞泵的结构限制,在泵速过慢或有一定程度的磨损或有脏污时会有内部泄漏的情况发生,造成固化剂的比例不足,所以使用时还要格外注意随时检查。为了解决这个问题,也有先进一些的设备,在固化剂的管路中增加检测及报警装置。

柱塞泵是往复泵的一种,往复泵的特点是在往复行程顶点处有短暂的停顿,所以其输送的液体也会随之出现脉动现象,新式的喷射机采用输出管路中增加一个缓冲罐的方式,来减弱脉动现象,效果不错。另外由于树脂和固化剂是机械式联动机构,所以脉动也是完全同步的,这对固化剂比例基本无影响,只是影响瞬间的纤维与树脂比例,在实际生产中也很难测出这一影响的程度,因此,喷射机的脉动现象对喷射工艺及制品质量的影响比较小。

(2)压力罐式喷射机,有单罐式和双罐式。单罐式的喷射机很简单,就是一次性将树脂所有组分都混合好,再加入压力罐中,然后加压,使之通过管路输送到枪头。双罐式压力罐供胶喷射机是将树脂胶液分别装在两个压力罐中,靠进入罐中的气体压力,使胶液进入喷枪连续喷出。由两个树脂罐、管道、阀门、喷枪、纤维切割喷射器、小车及支架组成。工作时,接通压缩空气气源,使压缩空气经过气水分离器进入树脂罐、玻纤切割器和喷枪,使树脂和玻璃纤维连续不断的由喷枪喷出,树脂雾化,玻纤分散,混合均匀后沉落到模具上。这种喷射机是树脂在喷枪外混合,故不易堵塞喷枪嘴。

(3)齿轮泵式喷射机是将树脂引发剂和促进剂分别由泵输送到静态混合器中,充分混合后再由喷枪喷出,称为枪内混合型。其组成部分为气动控制系统、树脂泵、助剂泵、混合器、喷枪、纤维切割喷射器等。树脂泵和助剂泵由摇臂刚性连接,调节助剂泵在摇臂上的位置,可保证配料比例。在空压机作用下,树脂和助剂在混合器内均匀混合,经喷枪形成雾滴,与切断的纤维连续地喷射到模具表面。这种喷射机只有一个胶液喷枪,结构简单,重量轻,引发剂浪费少,但因系内混合,使完后要立即清洗,以防止喷射堵塞。齿轮泵式喷射机是目前较新形式的机种,这种泵输送压力大,不易发生内泄漏,可定量输送,设备维护次数大大减少,各方面性能较之柱塞泵,均有不同程度的提高,但价格偏高。

2)树脂混合及喷射系统

除预混型压力罐式喷射机外,其他机型基本都是将树脂胶液和固化剂两组分同时输送到枪头,内混型枪头是使两组分在喷出枪头之前进行混合,主要由一个静态混合器来实现;外混型枪头是两组分均单独喷出枪头,喷出后以雾状相互交织碰撞,实现混合。两种枪头各有优缺点,其性能比较见表2-11。树脂的喷出一般都是由不同型号的喷嘴来实现的,可根据要求,选用不同流量、不同角度的喷嘴。

表2-11 内混和外混设备性能比较

项目	内混型	外混型
枪头重量	较重,多了混合器及一组内部阀门	稍轻
混合效果	较好,所有物料都必须经过混合器,比较稳定	一般,因为两组分的扇面总会有交集以外的部分
环境影响	稍好,枪内混合,避免了固化剂的大量挥发	很差,固化剂挥发严重,现场感觉明显
清洗及维护性	停机后必须在凝胶时间内清洗枪头	停机数小时内可不必清洗
故障率	较高,即便是清洗后,枪头内部的渗出液仍可能引起枪内固化	

3)无捻粗纱切割喷射系统

喷射机上用的玻璃纤维切纱器是一种专用的切纱器,体型小巧,可以固定在喷射枪头上随枪头运动，其功能主要是将无捻粗纱切成0.5~2in长的短切纤维，然后分散喷出与雾状树脂碰撞混合，再落到模具表面形成积层。喷射枪头结构如图2-9所示。

切纱器上可调的参数主要有两个；一是切纱速度；二是短切纱的长短。切纱速度主要由调节气动马达的转速来控制；纤维的长短主要由刀片的安装间距来决定，常用的短切纱长度为1in，过短时制品强度下降幅度较大，过长时不宜切割和分散，故障率会明显增加，浸渍困难，生产效率也会受到影响。

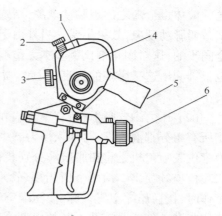

图2-9 喷射枪头结构示意图
1—纤维入口处；2—切割间隙调节钮；
3—气动马达转速调节钮；4—切砂器；
5—短切纤维出口处；
6—树脂及固化剂的喷嘴。

切纱器在使用中，与刀轮对应的支撑辊会发生磨损，需要定期检查调校或更换，切纱速度主要由气动马达的转速决定。一般在更换设备、更换原材料、更改要求指标时，都要在调好转速后，用容器分别接盛树脂和纤维，同时喷射，然后通过称重来确认纤维含量，再开始喷射产品。

4）其他辅助工具

在玻璃钢喷射成型工艺中，除毛刷、剪刀外，经常使用的手工工具还有压辊。压辊的种类很多，根据材质不同，有塑料压辊和金属压辊之分；按结构和形状，有圆柱状、圆盘异形及柔性与刚性之分。一般压辊沿轴线设有轴孔，和手柄连在一起的辊轴即穿在轴孔中。柔性压辊有塑料制成的和钢丝缠制的螺旋形的，柔性压辊用于玻璃钢喷射成型制品的异形曲面，圆柱形压辊用于产品的平面和柱状面，其他异形压辊主要用于产品的沟槽、圆角等处的成型，压辊的作用是将喷射后蓬松的基层压实，排出其中的气泡，压辊的凸出部分在辊压纤维的同时，其沟槽结构可以顺利地导出气泡，并且在树脂偏多的地方，沟槽内还可以蓄积一定量树脂，在辊压其他树脂少的地方时，会自动释放以浸渍纤维，故而在一定程度上起到调节含胶量的作用。

总之，喷射成型工艺是一种借助于机械的手工成型工艺，喷射机及辅助工具固然对制品质量会有一定影响，但与其他成型工艺相比，喷射操作工人的技术素质和认真的态度对制品质量的影响会更大一些。

2.4.3 喷射成型工艺

1. 喷射成型工艺流程

喷射成型工艺流程如图2-10所示。

2. 喷射成型工艺控制

在喷射成型时，大部分工艺参数都是通过操作设备来控制的，所以，选用不同类型或不同型号的喷射机，其控制参数的操作会有所不同。在实际生产中，要结合设备自身的参数，制定该设备专用的操作说明书，标明控制点及控制范围。以气动柱塞外混式喷射机为例，喷射成型操作时需要控制的或可以调整的参数主要有以下几项。

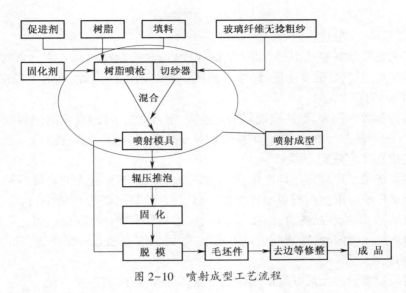

图 2-10 喷射成型工艺流程

1) 引发剂比例

在喷射系统中,促进剂用量一般是固定的,引发剂用量可根据环境(温度和湿度)和制品的要求在 0.5%~4% 范围调整,故每次喷射前应做凝胶试验。在喷射装置中,一般先将树脂与引发剂分别通过树脂泵和引发剂泵在喷枪内部或外部混合。

2) 树脂泵压力

树脂泵压力主要根据树脂温度、黏度、喷涂面积等因素选择,通常通过试验确定。压缩空气管径和管长对出口压力也有较大影响。当压力合适时,喷在模具上的树脂飞溅、夹带的空气少,气泡能在 1~2min 内自行消失,表明喷涂面宽度适中,故可以此作为调节压力的标准。

3) 喷射量

喷射量太大影响制品质量,喷射量太小又降低生产效率,因此应控制适中。喷射量与喷射压力和喷嘴直径有关,改变动力源压力可以调节喷射压力。喷嘴直径在 1.2~3.5mm 之间选择,可使喷射量在 8~60g/s 范围调整。

4) 喷枪夹角

预加速树脂和引发剂在喷枪外的混合程度与喷枪出口的夹角有关。不同夹角喷射出来的树脂混合交集不同,一般喷枪夹角为 20°,喷枪口与模具表面距离为 350~400mm,这样便于操作,且胶液混合的质量均匀。如果要改变喷射距离,则需要调整喷射夹角以保证树脂在到达成型面前交集混合。确定喷射距离时,要考虑制品的形状和胶液飞散等因素。

5) 纤维与树脂的混合

被切断的纤维在落到模具之前应与喷出的树脂系统充分混合,以防止制品中纤维和树脂分布不均匀。

6) 喷射走向

一般的喷射走向是从上到下、从右到左、平行、匀速地移动,不能走弧线。相邻的两个行程间的重叠宽度为前一个行程宽度的 1/3,以便得到一个均匀连续的纤维层。前一层与后一层的走向应交叉或垂直以达到均匀覆盖的目的。喷枪与喷涂面的夹角最好为 90°。

7) 纤维品种、含量与长度

喷射用无捻粗纱在制品中的含量(质量分数)通常控制在 30%左右。纤维含量低于 25%时辊压方便,但制品强度太低;纤维含量高于 45%时辊压困难,气泡也较多。纤维长度以 25mm(in)为宜。

通过设备参数的调整,最终实现对喷射速度、混合效果、纤维含量的控制;通过操作工人的操作,实现产品厚度的均匀性、可控性和对复杂产品的工艺适应性。

3. 喷射成型工艺注意事项

(1) 喷射成型工序要尽量标准化,以免由于人为因素产生过大的质量差异。

(2) 成型环境温度。喷射成型宜在 20~35℃范围进行,高温环境中,树脂固化过快,易引起喷枪堵塞,影响制品质量;温度过低时,胶液黏度骤增,浸渍困难,固化慢。

(3) 为避免压力波动,造成喷射量不稳定,喷射机应有独立管路供气,气体要彻底除湿,以免影响固化。

(4) 盛装胶液的容器最好有加热保温功能,以保证胶液的黏度适宜。

(5) 喷射开始时调整气压,控制纤维和树脂的喷出量。

(6) 纤维切割不准时,要调整切纱器的辊间距,并调整气压。必要时,需用转速表重新效验切纱转速。

(7) 喷射成型时,在模具表面先喷涂一层树脂,然后再喷树脂纤维混合层,喷射最初和最后层时,应尽量薄一些,以获得光滑的表面。

(8) 喷枪移动速度要均匀,不允许漏喷,不能走弧线,相邻两个行程间的重叠宽度应为单行程的 1/3,以得到均匀连续的涂层,每层涂层的走向应交叉或垂直以使其均匀覆盖。

(9) 每个喷射面喷完后,立即用压辊辊压、排气泡、修毛刺后再喷下一层,要特别注意棱角和凹凸表面,保证每层压平,排出气泡,防止带起纤维造成毛刺。每层喷完后,要进行检查,合格后再喷下一层;喷射机用完后要立即清洗,防止树脂固化,损坏设备。

(10) 特殊部位的喷射:喷射制品曲面时,喷射方向应始终沿曲面的法线方向;喷射沟槽时,应先喷四周和侧面,然后再在底部补喷适量纤维,防止底部的树脂含量过高;喷射转角时,应从夹角部位向外喷射,以防止在尖角处出现胶液集聚。

4. 喷射成型工艺的优缺点

喷射成型是由手糊成型发展而来的,主要针对手糊成型工艺中的一些瓶颈问题进行改进,如增强材料的铺敷以及树脂的均匀浸渍等。喷射成型工艺与手糊工艺相比,主要有如下优点:①用玻纤粗纱代替织物,可降低材料成本;②生产效率比手糊的高 2~4 倍;③产品整体性好,无接缝,层间剪切强度高,树脂含量高,抗腐蚀、耐渗漏性好;④可在生产过程中,自由调节产品壁厚、纤维含量及纤维长度等。

喷射成型工艺的主要缺点:①产品纤维含量、厚度均匀程度等很大程度上取决于操作工人的技术水平,可控性较差;②增强材料以短切形式存在,树脂含量较高,产品强度不高;③操作过程中由于需要雾化和分散,原材料的损耗较大,同时雾化和分散污染环境,操作现场环境差;④阴模成型比阳模成型难度大,大型制品比小型制品更适合喷射成型工艺;⑤由于需要设备,初期投资比手糊方法要大。

2.4.4 喷射成型工艺的应用与发展

目前,喷射成型工艺主要应用于大型玻璃纤维增强聚酯树脂产品的制造以及建筑物补强等领域,喷射成型效率达 15kg/min,故适合于大型零件制造,已广泛用于加工浴盆、机器外罩、整体卫生间、卡车导流罩、卡车高顶、净化槽、船身及大型浮雕制品等。

在原材料方面,有一种美国开发的 Hyrizon 树脂是聚酯与异氰酸酯树脂共混的体系用于喷射成型,其特点是纤维倒伏性好,几乎不需要除泡操作,大大提高了生产效率,且其固化后的玻璃钢性能也好于聚酯树脂。该树脂使用前是双组分,A 组分式异氰酸酯与苯乙烯的混合物,B 组分是聚酯树脂与苯乙烯混合后发生交联反应,异氰酸酯与醋化反应催化剂混合发生酯化反应,两种反应产物相互纠缠到一起形成复合高分子物,固化物兼有聚酯树脂的强度和刚度及聚异氰酸酯的韧性,耐水性、耐腐蚀性也优异。

在设备方面,美国格拉斯公司推出的第三代外混型喷射机,其特点是维修简便,无需清洗,不易阻塞,提高了物料的利用率。其外混型喷枪的特点是实现了固化剂和树脂的完全均匀混合,混合效果好于内混型设备。同时该喷枪海增加了空气助流包容技术,在喷射出的物料周围形成一道"气幕",有效降低了物料的飞散。较其他设备,其既能更好地改善工作环境,又能提高产品质量,并且由于减少了飞散,而提高了材料的利用率,降低了产品成本。

瑞典 Aplicator 公司制造二楼采用工业机器人进行喷射生产的设备采用连续供料系统,由机械手携带喷枪进行喷射操作,所有相关参数均数字化,并可进行预先设定,编程控制。这一自动化的改进,把操作人员从恶劣环境中解脱出来,同时操作的稳定性、均匀性、产品的重现性均大大优于人工操作,解决了喷射工艺离散性大的问题。

2.5 袋压法、热压釜法、液压釜法和热膨胀模塑法成型工艺

袋压法、热压釜法、液压釜法和热膨胀模塑法统称为低压成型工艺。其成型过程是用手工铺叠方式,将增强材料和树脂(或预浸料)按设计方向和顺序逐层铺放到模具上,达到规定厚度后,经加压、加热、固化、脱模、修整而获得制品。四种方法与手糊成型工艺的区别仅在于加压固化这道工序。因此,它们只是手糊成型工艺为了提高制品的密实度和层间黏结强度而作的改进。

以高强度玻璃纤维、碳纤维、硼纤维、芳纶纤维和环氧树脂为原材料,用低压成型方法制造的高性能复合材料制品已广泛用于飞机、导弹、卫星和航天飞机及隐身飞机等,如飞机舱门、整流罩、机载雷达罩、支架、机翼、尾翼、隔板、壁板等零部件。

2.5.1 袋压法

袋压成型是将手糊成型的未固化制品通过橡胶袋或其他弹性材料向其施加气体或液体压力,使制品在压力下密实、固化。袋压成型法的优点是:产品两面光滑;能适应聚酯、环氧和酚醛树脂;产品重量比手糊高。袋压成型分压力袋法和真空袋法两种。

1. 压力袋法

压力袋法是将手糊成型未固化的制品放入一橡胶袋,固定好盖板,然后通入压缩空气

或蒸汽(0.25~0.5MPa),使制品在热压条件下固化,如图 2-11 所示。

2. 真空袋法

此法是将手糊成型未固化的制品加盖一层橡胶膜,制品处于橡胶膜和模具之间,密封周边,抽真空(0.05~0.07MPa),使制品中的气泡和挥发物排除。真空袋成型工艺如图 2-12 所示。真空袋成型法由于真空压力较小,故此法仅用于聚酯和环氧复合材料制品的湿法成型。

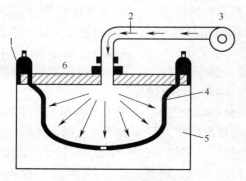

图 2-11 压力袋成型原理
1—密封夹紧装置;2—压缩空气;3—空气压缩机;
4—压力袋;5—模具;6—盖板。

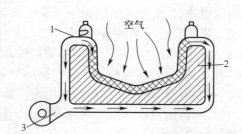

图 2-12 真空袋成型原理
1—真空袋;2—模具;3—真空泵。

袋压成型应注意的事项有以下几个方面。

(1) 袋压成型的模具要有足够的强度,能经受成型过程中的热压作用和外力冲击等。

(2) 模具和橡胶袋用前要仔细检查,防止漏气。为了防止溶剂对橡胶袋的侵蚀,橡胶袋应用硅酮处理,或采用聚乙烯袋代替。

(3) 袋压成型加盖胶袋之前,一切工序按手糊工艺操作;覆盖胶袋后,要严格检查,防止漏气。对于形状简单的制品可加盖聚酯薄膜于胶袋和制品之间,改善表现质量。

(4) 真空袋成型法真空压力较小,成型大尺寸制品时,胶袋表面真空度不够均匀,需要在抽真空过程用刮板加压,排出气泡。

(5) 加压排气应在树脂凝胶之前开始,加热固化应在排气和凝胶之后。

2.5.2 热压釜和液压釜法

热压釜和液压釜法都是在金属容器内,通过压缩气体或液体对未固化的手糊制品加热、加压,使其固化成型的一种工艺。

1. 热压釜法

热压釜法原理同热压罐成型,请参考本书模块 5 热压罐成型的内容。热压釜是一个卧式金属压力容器,未固化的手糊制品,加上密封胶袋,抽真空,然后连同模具用小车推进热压釜内,通入蒸汽,并抽真空,对制品加压、加热,排出气泡,使其在热压条件下固化。它综合了压力袋法和真空袋法的优点,生产周期短,产品质量高。热压釜法能够生产尺寸较大、形状复杂的高质量、高性能复合材料制品。产品尺寸受热压罐尺寸限制,该成型方法的最大缺点是设备投资大、重量大、结构复杂、费用高等。

2. 液压釜法

液压釜是一个密闭的压力容器,体积比热压釜小,直立放置,生产时通入压力热水,对未固化的手糊制品加热、加压,使其固化。液压釜的压力可达到 2MPa 或更高,温度为 80~100℃。用油载体,热度可达 200℃。此法生产的产品密实,周期短;缺点是设备投资较大。

2.5.3 热膨胀模塑法

热膨胀模塑法是用于生产空腹、薄壁高性能复合材料制品的一种工艺。其工作原理是采用不同膨胀系数的模具材料,利用其受热体积膨胀不同产生的挤压力,对制品施工压力。图 2-13 为生产空腹制品的模具和预浸料铺层断面示意图,热膨胀模塑法的阳模是膨胀系数大的硅橡胶,阴模是膨胀系数小的金属材料,手糊未固化的制品放在阳模和阴模之间。加热时由于阳、阴模的膨胀系数不同,产生巨大的变形差异,使制品在热压下固化。

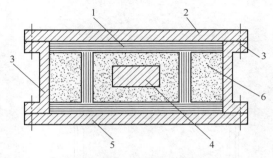

图 2-13 热膨胀法生产空腹制品组合断面图
1—制品;2—上模板;3—侧模;
4—芯模;5—下模板;6—硅橡胶模。

作业习题

1. 手糊成型原材料包括哪些?
2. 手糊成型所用胶液中通常含有哪些辅助材料?它们的作用及用量范围是什么?
3. 手糊成型模具材料种类有哪些?模具结构有几种类型?
4. 手糊成型的生产工具有哪些?
5. 试述手糊成型工艺流程、工艺特点及其应用。
6. 手糊成型工艺的脱模剂种类有哪些?应具备什么特点?
7. 试述喷射成型工艺特点及其应用?
8. 袋压成型的工艺原理、分类及特点是什么?
9. 简述热压釜法、液压釜法和热膨胀模塑法成型工艺的概念。
10. 卫生间的回壁由玻璃钢夹层或复合板材组装。其中卫生间防水盘是主要部件,要求既有较高强度,也要防止水渗透。低腰形防水盘结构如图 2-14 所示,防水盘各部位的具体位置与功能可根据设计要求确定。水平方向的尺寸如图 2-15 所示,垂直方向的尺寸如图 2-16 所示,H 为防水盘内侧壁高度,h 为翻边高度,其尺寸系列见 GB/T13095 卫生间尺寸。防水盘可采用手糊成型工艺制作,试编制防水盘的手糊制作工艺流程并描述防水盘的手糊制作过程。

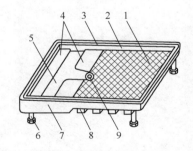

图 2-14 低腰形防水盘
1—洗涤部位;2—内侧面;3—安装面;
4—浴缸支持台;5—排水沟;6—地脚支撑;
7—外侧面;8—加强筋;9—排水口。

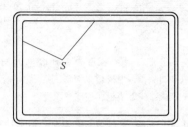 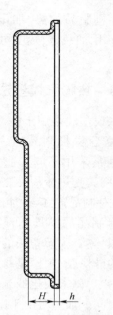

图 2-15　防水盘水平方向剖视图　　　　图 2-16　防水盘垂直方向剖视图

模块 3　模压成型工艺

模压成型是一种对热固性树脂和热塑性树脂都适用的纤维复合材料成型方法。将一定量模压料(粉末、粒状或纤维状等塑料)放入金属对模中,在一定温度和压力作用下,固化成型制品的一种方法。在模压成型工艺中,所用的原料半成品称为模压料,通常也称模塑料,模压料是用树脂浸渍增强材料经烘干后制成的。

模压成型工艺是一种古老的工艺技术,早在20世纪初就出现了酚醛树脂模压成型,当时主要用于生产以木粉、石棉及石英粉为填料的酚醛树脂复合材料制品。随后,又出现了以三聚氰胺-甲醛树脂和脲醛树脂为基体的模压料。但上述模压料受树脂基体固有特性的影响,无论在加工、成型还是最终制品性能方面都存在一定的困难和不足,这些不足性严重阻碍了它们的应用和发展。

20世纪50年代,首次出现了以不饱和聚酯树脂为基本的模塑料,这种聚脂膜塑料解决了酚醛、脲醛等早期模塑料在成型、加工及制品性能方面不足,英国首次把这种模塑料命名为聚酯料团(DMC)。DMC易成型、成本低、可着色、电性能好等显著优点,但随着科学技术的发展和DMC应用的不断扩大,人们发现DMC存在加料操作麻烦,力学性能低等诸多不足。人们在20世纪50—70年代用20多年的时间来不断改变和克服各种DMC的缺陷。70年代出现的经改进的DMC在国际上被称为块(散)状聚脂模塑料(Bulk Molding Compounds,BMC)。按美国塑料工业协会(SPI)的定义,低收缩并经化学增稠的DMC称为BMC。20年代60年代初,联邦德国研究开发出另一种聚酯模塑料—片状模塑料(Sheet Moulding Compounds,SMC),研究开发这种聚酯模塑料的动机是寻找更高效率的复合材料工艺方法。与DMC/BMC比较,SMC结更适合成型大面积、结构复杂的制品,具有更高的物理-力学性能。

我国的模塑料工业始于20世纪60年代,当时重点要发展酚醛模塑料,此外还有环氧-酚醛、环氧模塑料。60年代后期开始出现聚酯模塑料。1975年,我国完全靠自己的力量开发SMC材料、生产设备和工艺技术。随后在1976年、1978年和1986年,用国产的SMC成功开发出客车、火车窗框、座椅和组合式水箱。模塑料的商业化应用在20世纪80年代中期步入正轨,并先后从国外引进多条模压生产线,开始自行开发模压设备。至今,全国共有模压专用压机200余台,模压企业逾百家。

与SMC相比,BMC在我国的发展较慢,20世纪60年代后期我国开始聚酯料团,但直到80年代后期这一阶段内,BMC的发展几乎陷于停顿。20世纪90年代,随着电器行业对新型高型能绝缘材料需求增加,国内BMC的发展很快。

模压成型工艺按增强材料物和模压料品种可做以下分类:

(1) 纤维料模压法。将经预混或预浸纤维模压料,投入金属模具内,在一定温度和压力下成型复合材料制品。高强度短纤维预混料模压成型是我国使用的最广泛的方法。

（2）碎布料模压法。将浸过树脂的玻璃纤维或其他织物，如麻布、有机纤维布、石棉布或棉布等的边角料切成碎块，在金属模具中模压成型复合材料制品。

（3）织物模压法。将先织成所需形状二维或三维织物浸渍树脂胶液，然后放入金属模具中模压成型复合材料制品。这种方法由于配制不方向的纤维而使得制品的层间的剪切强度明显提高，质量比较稳定，适应有特殊性能要求的制品。

（4）层压模压法。将预浸胶布剪裁成所需的形状，然后在金属模具中模压成型复合材料制品。它适于成型薄壁制品。

（5）缠绕模压法。将预浸过树脂胶液的连续纤维或布（带），通过专用缠绕机提供一定的张力和温度，缠在芯模上，再放入模具中模压成型复合材料制品。

（6）BMC/DMC模压法。先用不饱和聚酯树脂、增稠剂、引发剂、交联剂、填料、内脱模剂和着色剂等混合成树脂糊，浸渍短切纤维或玻璃纤维毡，得到BMC/DMC模压料，将模压料放入金属模压料中模压成型复合材料制品。

（7）片状模塑料（SMC）模压法。用不饱和聚酯树脂作为黏结剂充分浸渍短切纤维或毡片，经增稠而得到SMC片状模塑料，将SMC模压料放入金属对模中，在一定温度和压力作用下成型规定尺寸和形状的复合材料制品。

（8）吸附预成型坯料模压法。先将玻璃纤维制成与制品结构、形状和尺寸相一致的坯料，再将其放入金属对模内与液体树脂混合，模压成型复合材料制品。

（9）定向铺设模压法。将单向预浸料（纤维或无维布）沿制品主应力方向取向铺设，然后模压成型复合材料制品。

本模块主要介绍短纤维模压料模压成型工艺和片状模塑料模压成型工艺。

3.1　模压料及制备工艺

3.1.1　短纤维模压料及制备

模压成型工艺在玻璃钢成型方法中占有重要的地位。近几十年，我国模压玻璃钢制品发展的一个重要方向是高强度或耐高温、耐腐蚀等特种类型玻璃钢制品的制造和应用。在这类模制品中，玻璃纤维的含量可高达60%以上，而且多采用酚醛或者改性酚醛、环氧树脂、环氧-酚醛型黏结剂。在高强度玻璃纤维模压料的制备和成型工艺中，应用最广泛、发展最快的是短纤维模压料成型工艺。

1. 短纤维模压料的组成

1）基体材料

树脂基体方面应用最普遍的是各种类型的酚醛树脂和环氧树脂。酚醛树脂有氨酚醛、镁酚醛、钡酚醛以及由聚乙烯醇缩丁醛改型的酚醛树脂等。环氧树脂有双酚A型、酚醛环氧树脂。

2）增强材料

在短纤维模压工艺中，所用增强材料大多为纤维增强材料。纤维型增强材料以玻璃纤维、高硅氧纤维为主，有时也使用碳纤维、尼龙纤维和石棉纤维。模压成型的玻璃纤维长度一般为 15~60mm,尤其以 30~50mm 为多,其含量一般在 30%~50% 范围内。

玻璃纤维类型包括开刀丝、无捻粗纱、加捻纱和高强纤维。开刀丝是玻璃纤维生产中的废品,有中碱或者无碱开刀丝。在模压料中,开刀丝是用量最大、成本最低的一种增强材料,多用于要求不高的产品。高硅氧纤维具有良好的耐腐蚀性,它是指用沥青法生产的二氧化硅含量达到 96% 的高纯度玻璃纤维。它具有良好的切割性,吸树脂能力强,模压制品的强度较高,因而应用十分广泛。

在模压成型中,为提高制品的刚性,有时也采用碳纤维作增强材料。在玻璃钢制品中,碳纤维和玻璃纤维的复合使用,可弥补其刚性的不足。使用石棉纤维,可提高模压制品的耐热性、耐酸性、耐腐蚀性,并改善模压料的成型工艺性和制品外观质量。

2. 短纤维模压料的制备方法

短纤维模压料的制备方法一般有两种:预混法和预浸法。

1)预混法

预混法是先将玻璃纤维(或者其他纤维型增强材料)短切成 15~50mm 的长度,然后与一定量的树脂混合均匀,撕松后烘干制成的模压料的工艺方法。这种方法的特点是纤维比较松散,并且无定向。预混料制备短纤维模压料的方法可根据要求条件的不同,分为手工法和机械法。

手工预混法制备短纤维模压料不需要用任何特殊设备,操作简单,多用于小型研制用料的制备。对于一些特殊材料如高硅氧纤维,一般情况下,只用于手工操作,而不采用机械混合。这是因为高硅氧十分脆弱,在强力的机械混合下,其强度的损失极大。在手工预混法批量生产模压料时,也可和机械过程相配合。以下以氨酚醛-玻璃纤维-KH-550 模压料为例,说明手工预混法的工艺过程,其操作顺序如下。

(1)将玻璃纤维切成 15~30mm 长的短切纤维。

(2)用热处理法除去玻璃纤维表面的石蜡乳剂型浸润剂,使其残留量小于 0.3。

(3)将氨酚醛树脂配成(50±3)% 的工业酒精溶液,按比例(纯树脂质量的 1%)滴入 KH-550,搅拌均匀后待用。

(4)将配好的树脂溶液按纤维:树脂=60:40(质量比)的比例准确称量,并与短切纤维用手工均匀混合。

(5)用手工撕松混合料,并均匀铺放于钢丝网屏上。

(6)在(80±1)℃ 的条件下,烘干 50min。

(7)经烘干的预混料放在塑料袋中封存待用。

机械预混法制备短纤维模压料所用的设备有捏合机和撕松机。捏合机的结构如图 3-1 所示,捏合机的作用是将树脂系统与纤维系统充分混合均匀。混合浆一般采用 Z 浆式结构。在捏合过程中主要控制捏合时间和树脂系统的黏度这两个主要参数,有时在混合式结构中装有加冷热水的夹套,以实现混合温度的控制。混合时间越长,纤维强度损失越大,在有些树脂系统中,过长的捏合时间还会导致明显的热效应产生。混合时间过短,树脂与纤维混合不均匀。树脂的黏度控制不当,也影响树脂对纤维的均匀浸润及渗透速率,而且会对纤维强度带来一定的影响。撕松机的主要作用是将捏合成团的物料撕松,撕松机的结构如图 3-2 所示。

以镁酚醛-短玻璃纤维模压料为例,说明机械混合法的工艺过程,其操作程序如下。

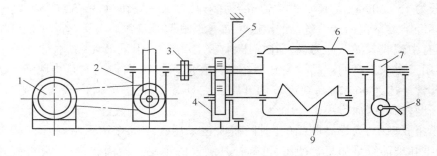

图 3-1 捏合机的结构示意图
1—电动机；2—减速箱；3—联轴；4—传动箱；5—滑动齿圈；
6—混料箱；7—涡轮；8—手动蜗杆；9—混料浆。

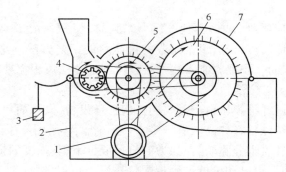

图 3-2 撕松机的结构示意图
1—电动机；2—机体；3—配重；4—进料辊；5,6—撕料辊；7—罩体图。

（1）玻璃纤维撕松后，在180℃下处理30~60min；
（2）将烘干后的纤维切成30~50mm的短纤维；
（3）用工业酒精调配树脂的黏度，相对密度控制在1.0左右；
（4）按纤维：树脂=55：35（质量比）的比例准确称量树脂和纤维，并将树脂溶液和短纤维送入捏合机中充分混合，直至无白丝裸露为止；
（5）捏合后的预混料，逐渐加入撕松机中撕松；
（6）将撕松后的预混料均匀铺放在清洁的金属网屏上，铺层不宜过厚；
（7）预混料经晾置后，在80℃的烘房中烘干20~30min，将烘干后的模压料放入塑料袋中封存待用。

镁酚醛型短纤维模压料的连续预混法生产工艺流程如图3-3所示。其混料过程的操作程序是将胶液用齿轮泵从釜内打入重量计量器，计量后放入捏合机内，把风丝分离器活动罩移至捏合机上，使捏合机与风丝分离器连通。启动风丝分离器上的排风器、蓬松机及切丝机。计量过的玻璃纤维在切丝机中切断，由蓬松机把玻璃纤维逐渐送入捏合机，约2~3min后开动捏合机进行捏合，待切丝完毕即停止切丝机、蓬松机，倒开风丝分离器上的排风器片刻，使附在风丝分离器网上的玻璃纤维下落后，再顺开排风器，移开活动罩，采用正转与反转的方法连续捏合6~8min。开动捏合机升降阀使其倾斜70°~80°出料，料经撕松后由人工均匀地将料摊放在输送带上，进入烘干炉预烘干和烘干。一般烘干条件是：

预烘工艺　　90~105℃（上层）　　15~25min
烘干工艺　　100~120℃（中层）　　15min
　　　　　　80~90℃　　　　　　　15min

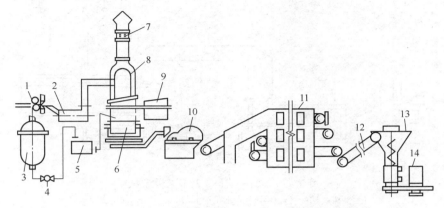

图3-3　短纤维模压料连续预混法生产工艺流程
1—冲床式切丝机；2—蓬松机；3—胶液釜；4—齿轮输送泵；
5—自动计量系统；6—捏合机；7—排风器；8—风丝风力器；9—移动式风罩；
10—撕松机；11—履带式烘干机；12—风带运输机；13—旋转式出料器；14—装料桶。

烘干后的模压料由皮带运输机送入料斗，由螺旋式装料机包装入袋。

在模压料连续生产工艺所用的主要设备中，捏合机和撕松机的结构与机械预混中所用的设备基本相同，而切割-蓬松系统和装料系统是其独有的结构，如图3-4所示，切割-蓬松系统由冲床式切丝机、卧式蓬松机和风丝分离器三部分组成。当蓬松机工作时，传动轴上的风叶4就产生一定的风压，使蓬松机进料口6形成一个负压，经切丝机1切断玻璃纤维就被吸入蓬松机内，并在传动齿、离心力和风力左右下分散蓬松，蓬松机不断工作产生风压把蓬松的玻璃纤维吹出蓬松机，经过风管8进入风丝分离器。蓬松的玻璃纤维进入分离器后，粉尘通过分离器铁丝网10由排风机11抽出。由于排风机的排风量和蓬松机所产生的风量基本相平衡，因而在整体分离器系统中形成常压，玻璃纤维靠自重，通过移动风斗12沉降在捏合机14内。然后在捏合机内与胶液混合均匀，完成切割-蓬松浸胶过程。

短纤维模压料的连续化生产设备简单，效率高；制造方便，产品质量提高，劳动强度低。由于整个工艺过程是在一个封闭系统内进行，从而大大改善了劳动条件和环境。但在操作过程中，对每一步骤都必须严格控制与细心管理，以防止局部故障而造成生产线的停顿。

2）预浸法

预浸法是将玻璃纤维束通过浸胶、烘干和短切等工艺程序制成模压料的工艺方法。这种方法的特点是纤维呈束状、比较紧密。预浸法除手工预浸法之外，一般都采用连续无捻粗纱。由于在备料过程中，纤维不像预混法那样受到捏合和蓬松过程中的强力搅动，因而纤维原始强度不会有严重的损失，而且这种方法制成的预浸料体积小，使用方便，纤维取向性好，便于定向铺设压制成型。该法的机械化程度较高，操作简单，劳动强度低，设备简单，便于制造，可连续化生产；但日产量比预混法小，而且只适用于连续纤维制品（无捻

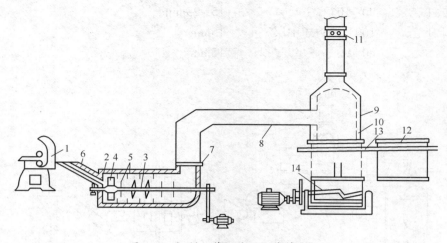

图 3-4 切割—蓬松系统和装料系统
1—冲床式切丝机；2—蓬松机外壳；3—传动轴；4—风叶叶片；
5—齿；6—进料口；7—出料口；8—风管；9—风丝分离器外壳；
10—分离器铁丝网；11—排风机；12—移动风斗；13—轨道；14—捏合机。

粗沙）。为了有利于树脂对纤维束的快速渗透和纤维束之间在成型时的互容性，对粗纱制品有特殊的要求，并且结带性要小。预浸法制备短纤维模压料的方法分为手工预浸法和机械预浸法两种类型。

以环氧酚醛-玻璃纤维模压料的手工预浸法为例，操作过程是：

（1）按环氧：酚醛为 6∶4 的质量比，分别称量树脂后进行混合，并用丙酮稀释树脂，使树脂胶液的相对密度在 1.00~1.025 范围内；

（2）将纤维剪切成定长纤维（一般为 600~800mm）并进行分束；

（3）将树脂：纤维为 40∶60（质量比）分别称重，并将纤维在树脂胶液中预浸渍，然后使浸渍在纤维在一堆简易刮胶辊之间，人工牵引；

（4）在预浸过程中需经常调节树脂胶液黏度，保证按比例称量的纤维和树脂同时耗尽；

（5）预浸料在 80℃ 的烘箱中烘干 20~40min，将烘干的预浸料剪切成所需长度，并在塑料袋中封存，或在使用前取出预浸料再进行切割。

机械预浸法制备短纤维模压料所用的设备有纤维预浸剂机和预浸料切割器。纤维预浸料的工艺流程是：纤维从纱架导出，经集束环进入胶槽浸渍；纤维经树脂浸胶后，通过刮胶辊进入第 1 级、第 2 级烘箱烘干，经烘干的预混料由牵引辊引出；采用冲床式物料切割机引出的浸料。在整个过程中，需要控制的主要参数是树脂溶液的相对密度、烘干箱各级温度及牵引速度等。

3. 短纤维模压料在制备过程中的主要控制因素

在不同的备料工艺方法中，所需控制的参数都有所不同。短纤维模压料在制备过程中的主要控制因素有以下几个。

1）树脂胶液黏度

在配制树脂溶液时，除了正确的配料计算和称量外，为使树脂能在纤维间均匀快速地渗透与附着,一般需在树脂中加入适量的溶剂来调节树脂黏度。树脂溶液黏度降低,有利于树脂纤维的渗透和减少纤维强度的损失。但若黏度过低,在预混过程中,反而会导致纤维的离析,影响树脂对纤维的附着,从而影响模压料质量指标控制。

2) 纤维的短切长度

在预混法生产模压料时,玻璃纤维不应切得过长,否则会导致物料缠结、不易撕松和烘干。通常,采用机械预混法时纤维切割长度(30 ± 5)mm,采用手工预混法时纤维切割长度为(40 ± 5)mm。

3) 浸胶时间

在确保纤维均匀渗透的情况下,浸胶时间应尽可能缩短。尤其是在预混料制备过程中,过长的捏合时间会损失纤维的原始强度,溶剂过多挥发会增加浸渍工序的困难。

4) 烘干条件

模压料烘干的目的主要是去除溶剂等挥发物分,使树脂部分由 A 阶向 B 阶转化。更确切地说是取决于所用树脂的固化性能,在预混料烘干时,料层要铺放均匀,且料层不宜过厚。

在预浸料的制备过程中,除了控制上述几个主要因素外,还需注意刮胶辊的位置、捏合机浆叶的形式、浆叶与捏合机壁的间隙、撕松机的结构和速度、牵引速度及纤维、张力等因素,以确保其质量的有效控制。

3.1.2 片状模塑料及制备工艺

片状模压料(SMC)是用不饱和聚酯树脂、增稠剂、引发剂、交联剂、低收缩添加剂、填料、内脱模剂和着色剂等混合成树脂糊浸渍短切纤维粗纱或玻璃纤维毡,并在两面用聚乙烯或聚丙烯薄膜包覆起来形成的片状模压料。使用时除去薄膜,按尺寸裁剪,然后进行模压成型。

SMC 是一种发展迅猛的模压料,重现性好,SMC 的制造不易受操作者和外界条件的影响,操作处理方便,操作环境清洁、卫生,大大改善了劳动条件;SMC 模压成型所得制品表面光洁度高;生产效率高,成型周期短,成本低,易实现机械化和自动化。

1. 片状模压料的主要原材料

SMC 主要由不饱和聚酯树脂、增强材料、填料三大部分组成,同时还有化学增稠剂、内脱模剂、固化剂、低收缩添加剂、着色剂及其他各种辅助试剂。在 SMC 配方中,加入不同品种及数量的添加剂,对材料的某些特殊性能的改善具有十分重要的意义。

1) 增强材料

玻璃纤维是 SMC 的基本组成之一。玻璃纤维的特性对 SMC 的生产工艺、模压成型工艺及其制品的性能有明显影响。SMC 专用纤维的一般要求是切割性能好、浸润性好、流动性好、制品的强度高、外观质量好。

SMC 用玻璃纤维的类型一般为短切原丝毡和无捻粗纱。短切原丝毡按短切原丝毡结合方式可分为乳液黏结毡、粉状黏结毡、机械黏结毡,SMC 常用的短切原丝毡为后两种。对于粉状黏结原丝毡,为了不发生冲刷,一般使用低溶解度的黏结剂,它们在苯乙烯中都溶解。由短切原丝毡制成的 SMC 片材单重很均匀。

在 SMC 中,无捻粗纱的切割长度可以是 6mm、12mm、25mm、50mm,但是一般为

25mm。增强纤维长度可以改进模压效率、提高制品的强度,但是纤维长度增加到一定程度,便不会有更大的收益。SMC 一般纤维含量为 20%~40%,玻璃纤维含量的高低取决于制品的强度要求。但是玻璃纤维含量过高或者过低都会增加制品工艺的困难,玻璃纤维含量过高还会造成成型困难。

2) 树脂

作为主要基体的不饱和聚酯树脂,其主要作用就是把增强材料和填料黏结在一起,而起到保护增强材料、使增强材料在外加载荷下能同时受力的作用。除此之外,还可以赋予 SMC 模塑料以良好的成型性、快速的固化过程,并具有良好的制品外观、较高的变形温度、长期贮存的稳定性和高的制品尺寸精度。在有特殊要求的情况下,还能赋予其电绝缘性和阻燃性等性能。因此,对 SMC 模塑料所用的不饱和聚酯树脂提出下列要求。

(1) 对增强材料和填料要有良好的浸润性,以提高树脂和纤维之间的黏结强度。

(2) 树脂要有适当的黏度,一般初始黏度要较低,以适于填料高填充量的要求,但又要有良好的流动性,以适于模压成型工艺的要求,以便在模压成型过程中,树脂和玻璃纤维能够同时流动并充满型腔的各个角落,获得具有均衡强度模塑制品。

(3) 树脂的固化温度要低,在固化的过程中挥发物要少,且工艺性好(如其黏度易调节、与各种溶剂的互溶性好、易脱模等),并能满足模塑成型制品特定的性能要求等。此外,从应用或其他的角度出发,树脂还应满足其他一些特殊性能的要求,如耐腐蚀、耐热等。

(4) 从生产效率的多角度考虑,要求树脂具有较快的固化速度,但对一些结构复杂、要求较低的大型制品,则可以对其固化速度实现适当的调控。

(5) 另外,树脂在加入引发剂的情况下也能有几周到几个月的存放期,而在成型升温的条件下却能迅速固化。树脂的固化参数必须满足模塑工艺要求,其凝胶与固化时间应短,在 1.5~3min 内即可完成固化并脱模取出制品。

(6) 严格控制树脂中的含水量。聚酯树脂中的含水量与树脂稠化过程中黏度的上升有很大的关系,并最终会影响树脂的平均黏度。

(7) 分子量的要求。聚酯的数均分子量 M_n 对稠化性能影响很敏感,可以通过测定酸值及羟基数来计算数均分子量。通过以上各种分子量统计平均值的测定,可以分析树脂分子量的分散情况。但这种测定和计算比较费时,需要较复杂的仪器。

3) 填料

填料可以改善复合材料性能(如强度、刚度及冲击强度等),并能降低成本的固化添加剂。它与增强材料不同,填料呈颗粒状。填料的作用机理是:作为添加剂,主要是通过它占据体积发挥作用,由于填料的存在,基体材料的分子链就不能再占据原来的全部空间,使得相连的链段在某种程度上被固化,并可能引起基体聚合物的取向。由于填料的尺寸稳定性,在填充的聚合物中,聚合物界面区域内的分子链运动受到限制,从而使玻璃化转变温度上升,热变形温度提高,收缩率降低,弹性模量、硬度、刚度、冲击强度提高。

4) 交联剂、引发剂、阻聚剂

不饱和聚酯树脂分子虽然也可以交联固化,但其制品脆性大,耐化学腐蚀性不好。交联剂可与聚酯发生共聚反应,使聚酯大分子通过交联单体自聚的"链桥"而交联固化,从而改善树脂固化后的性能。交联剂用量增加,会使树脂糊初始黏度降低。

SMC中的引发剂应该满足：贮存、操作安全；室温下不分解；制得的SMC贮存期长；达到某一温度时，分解速度快，交联效率高，价格低。引发剂的正确使用对树脂糊试用期、流动性和模制周期有决定意义。引发剂用量过多，会生成分子质量较低、力学性能差的产物，同时，使反应速度加快，导致树脂因急剧固化收缩而使产品产生裂纹。引发剂用量过少，会使制品固化不足，适宜量为BPO2%、TBP1%、DCP1%、CHP1%。

不饱和聚酯在室温下会交联聚合，使黏度上升。阻聚剂就是为了阻止过早的聚合、延长贮存期而加入的，阻聚剂必须在引发剂和所用树脂的临界温度内不失效，又不能极大影响交联固化和成型周期。常用的阻聚剂有PBQ、HQ、CL-PBQ、TBC、TRA、MBP、BHT等。随着阻聚剂加入量的增多，凝胶时间增长。

5）增稠剂

增稠剂是指具有化学增稠作用化合物，它能使树脂的黏度增加到不粘手。SMC的理想增稠过程要求，在浸渍阶段树脂增稠要缓慢，保证玻璃纤维的良好浸渍；浸渍后树脂增稠要足够快，使SMC尽快进入模压阶段和尽量减少存货量；当SMC黏度达到可成型模压黏度后，增稠过程应立即停止、稳定，以获得尽可能长的贮存寿命。

6）低收缩率添加剂

不饱和聚酯树脂固化时将发生7%～10%的体积收缩。低收缩率添加剂正是为了降低或消除这种固化收缩而引入的。它可使SMC制品表面光滑、无裂纹，收缩量可低至接近于零。

在不饱和聚酯树脂中，根据低收缩率添加剂预聚酯树脂的相容性可分为两大类型。一类是不相容型低收缩率添加剂，如聚乙烯、聚氯乙烯等。不相容型低收缩添加剂能使聚酯模塑料表面的粗糙有所改善，因而减少了可收缩组分的含量，并改善了聚酯模塑料的流变性能，使玻璃纤维在模压制品中获得更加均匀的分布。同时，由于它的不相容性，会在制品表面形成一层热塑性薄膜。另一类低收缩添加剂在固化反应发生之前是一种相容型添加剂，其低收缩机理比较复杂，但通过使用这类添加可获得真正达的"零"收缩，甚至"负"收缩。在SMC/BMC系统中，最常用的低收缩添加剂的品种有苯乙烯粉、聚苯乙烯及其共聚物、聚氯乙烯及其共聚物、醋酸纤维素、丁酸纤维素、热塑性聚酯、聚乙酸乙烯酯和聚甲基丙烯酸甲酯等，添加剂种类及其用量不同，收缩效果也不同，见图3-5。

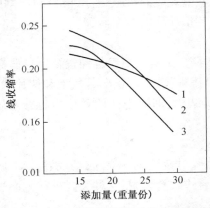

图3-5 低收缩率添加剂的种类、用量与线收缩率的关系
1—氯醋共聚物；2—聚苯乙烯；3—聚乙烯。

7）内脱模剂

各种 SMC 都必须采用内脱模剂，它是在配制树脂糊时加入，其作用是使制品容易脱模。内脱模剂与液态树脂相容，但与固化后的树脂不相容。当加热成型时，脱模剂即从内部逸出到模压料与模具相接触的界面处，融化形成障碍，阻止黏结，从而达到脱模。

内脱模剂有卵磷酯烷基磷脂酸、合成和天然蜡、硬脂酸和硬脂酸盐等。烷基磷酯酸为液体，易于计量和混合。硬脂酸盐呈粉末状，国内常用硬醇酸锌。选择和使用内脱模剂应注意内脱模剂用量过大，将对制品热强度产生不利影响，且使表面粗糙。使用镀铬模具时内脱模剂用量可减少，且表面光滑。内脱模剂使用量一般为 1%~3%。无论使用何种的内脱模剂，都必须明确其对增稠速度和最终熟化黏度的影响情况。

2. SMC 生产工艺

SMC 生产工艺流程主要包括树脂糊制备、上糊操作、纤维切割、沉降及浸渍、树脂稠化等过程。

1）树脂糊的制备及上糊操作

树脂糊的各组分在涂敷于 SMC 成型机承受模上之前，必须预先进行严格计量和充分混合。树脂糊的制备一般有两种方法：一种为批混合法；另一种为连续计量混合法。

批混合法将树脂和除增稠剂外的各组分计量后先进行混合，再通过计量和混合泵加入 MgO 增稠剂，保证每批树脂糊的增稠时间均一。用批混合法制成的树脂糊的贮存寿命受增稠时间的限制，时间过长会导致树脂开始快速增稠，影响玻璃纤维浸渍。但设备造价低，适用小批量生产。

连续计量混合法是将树脂糊分为两部分单独制备，然后通过计量装置进入静态混合器。混合均匀后连续喂入到 SMC 成型机的上糊区。在双组分配制中，A 组含有树脂、引发剂和填料，B 组分含有惰性聚酯或其他载体、增稠剂和少量作为悬浮体中的填料。

2）玻璃纤维的切割与沉降

SMC 用短切玻璃纤维是将连续玻璃纤维引入三辊切割器切割成要求长度。连续玻璃纤维经切割器切成短切玻璃纤维，依靠其自重，在沉降室中自然沉降。为使沉降均匀，在切割器下可设置打纱器或吹入空气。整个切割器的长度应大于片材的幅宽，可根据工艺要求设置切割器。粗纱的切割速度一般为 80~130m/min 为宜，速度过慢粗纱分散性不好，过快易产生静电。解决静电效应的措施是：严格控制切割区温度和湿度；粗纱浸润剂中加入抗静电剂；设备上安装粗纱静电消除器等。

3）浸渍和压实

在 SMC 成型中，浸渍、脱泡、压实主要靠各种辊及片材自身所产生的弯曲、延伸、压缩和揉捏等作用实现。为使纤维被树脂浸透、驱赶气泡和使片状模塑料压实成均匀的厚度。一般机组中有两种浸渍压实结构，即多辊筒的环槽压辊式和输送带的弯曲双带式，如图 3-6 和图 3-7 所示。

4）收卷

收卷装置的作用就是将经过浸渍的 SMC 收集成卷。对于试验性机组或小批量生产机组，一般采用双轴双位转台式收卷装置，这种装置可在生产过程中实现换卷。

5）熟化与存放

片状模塑料从成型机卸下后，要经过一定时间熟化，当黏度达到模压黏度范围并稳定后,才能交付使用。如果 SMC 在室温下存放,熟化约需 1~2 周。为使其尽快达到模压黏度,多采用加速稠化的方法。稠化条件为 40~50℃下在稠化室处理 24h~36h。更先进的加速稠化方法是在成型机组内增设区域采用一些新型高效增稠剂。

SMC 的贮存寿命与贮存状态和条件有关。为防止 SMC 中苯乙烯挥发,存放必须用非渗透性薄模密封包装。环境温度的存放对寿命影响较大,在密封状态下环境温度15℃以下贮存期一般为 3 个月,如在 2~3℃下保存,贮存寿命可达 6 个月。

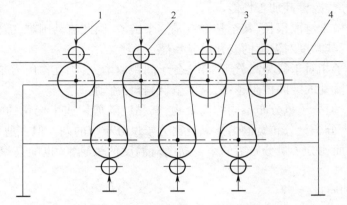

图 3-6 环槽压辊式浸胶装置
1—压簧;2—螺纹辊;3—光辊;4—SMC 片材。

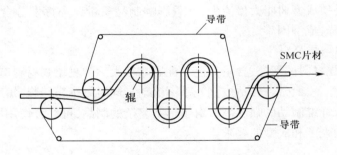

图 3-7 弯曲双带式浸渍装置

3.1.3 模压料的工艺性

模压料的工艺性包括模压料的流动性、收缩性和压缩性。

1. 模压料的流动性

流动性是指模压料在一定的温度和压力作用下流动的能力。它反映了模压料在一定的温度和压力下能够充满型腔的能力,并且保证得到均匀致密的制品。在模压成型中,模压料能否模压成型一定的制品,主要取决于模压料的流动性。

在模压成型过程中,热塑性和热固性塑料的流动性差异较大。热塑性通过达到黏流态后开始流动,并在压力作用下充满型腔,成型过程中流动性不发生实质性的变化。对于热固性塑料,通过加热可以使物料降低黏度,在压力作用下发生流动,充模成型。但是与此同时会使塑料分子上的活性基因发生交联发应,导致黏度升高而影响流动性。交联反应放出的热量导致物料温度升高并且加速固化,从而引起黏度的急剧增加,流动性迅速下降。

在确定模压料成型工艺条件和模具设计中必须充分注意模压料的流动性。不同模压制品的流动性有不同的要求,影响物料流动性的因素有很多,主要有以下几方面。

1) 树脂的相对分子质量及其分布

相同温度下,相对分子质量越大,大分子链重心相对移动越困难,黏度越大,流动性越差,对加工成型越不利,所以生产中常采用低分子物质(增塑剂)的方法降低相对分子质量大的聚合物黏度,改善其加工性能。

刚性高分子由于链段很长,甚至整个链是一个链段,因此流动困难,需要很高的温度。分子链刚性越大,其黏度对温度的变化就越敏感。

支链型大分子相对于线型高分子来讲,分子间距离增大,相互作用力减小。如果其支链越多、越短,则流动的空间位阻越小,黏度就低,容易流动。

分子量相同,但分子量分布不同的高聚物,其黏度随剪切速率变化的幅度是不同的。当剪切速率小时,分子量分布宽的熔体黏度比分子量分布窄的高。但在剪切速率高时,分子量分布宽的反而比分子量分布窄的小。黏度对温度的敏感性,也随高聚物分子量分布不同而变化。

2) 模压料的质量

模压料质量指标与组分性对流动性有重大的影响。含胶量或者可溶性树脂含量高,流动性大,挥发分含量对流动性影响更显著,挥发分含量增加,物料的流动增加。但当挥发分含量过高,易使成型树脂大量流失,严重影响制品质量。当挥发分含量过低时,物料的流动性显著下降,成型困难。

3) 模压料中增强材料

模压料中增强材料的形态、含量对流动性影响很大。常见增强材料有纤维、带、布、毡等。纤维的流动性差,而带、布、毡成型几乎不流动。同时纤维模压料,短纤维比长纤维的流动性好,但是长纤维制品的强度高。对于形状复杂的制品,可混合使用不同形态的模压料,以兼顾制品的强度和成型的要求。

4) 其他因素

合理的压制制度(温度制度和压力制度)能改善模压料的流动性。模具的结构、形状及模腔表面的光洁度等都会影响模具熔体的流动性。

2. 模压料的收缩性

模压制品从模压中脱出后尺寸减少是模压料固有的特性,即收缩性。用收缩率来表示模压料的收缩程度。收缩率分为实际收缩率和计算收缩率。实际收缩率指模具的型腔或制品在压制温度下的尺寸与制品在室温下尺寸之间的差值。计算收缩率则是在室温下模具空腔尺寸与制品尺寸之间的差值。

实际收缩率:

$$Q_{实} = \frac{a-b}{b} \times 100\%$$

计算收缩率:

$$Q_{计} = \frac{c-b}{b} \times 100\%$$

式中：a 为模具空腔或制品在压制温度下的尺寸，mm；b 为制品在室温下的尺寸，mm；c 为模具空腔在室温下的尺寸，mm。

模压料在模压过程中所产生的收缩率应当用实际的收缩率表示。计算的收缩率是设计模具型腔的重要依据。

模压制品发生收缩的主要原因是热收缩和结构收缩（化学）收缩。模压制品中的线膨胀系数要比模具材料的大，塑料的线膨胀系数为 $25\sim120\times10^{-6}/℃$，钢材为 $11\times10^{-6}/℃$。因此制品脱模冷却后的收缩率大于模具的收缩率，使得制品尺寸小于模具尺寸。热固性塑料的线膨胀系数与成型收缩率见表 3-1。

表 3-1 热固性塑料线膨胀系数与成型收缩率

成型材料		线膨胀系数	收缩率
树脂	增强材料	/($\times10^{-5}/℃$)	/%
酚醛	木粉	3.0~4.5	0.4~0.9
酚醛	玻璃纤维	0.8~1.6	0.1~0.4
DAP	玻璃纤维	1.0~3.6	0.1~0.5
环氧	玻璃纤维	1.1~3.5	0.1~0.5
聚酯	玻璃纤维	2.0~3.5	0.1~1.2

结构收缩是指热固性性树脂固化过程中，由于产生缩聚而产生交联的结构，分子链段靠近使结构紧凑，或由低分子物的逸出产生的不可逆的体积收缩。

影响收缩率的因素包括以下几个方面：

（1）提高成型的压力，制品的收缩率一般可减少，因压力的增大，使制品结构密实，收缩率降低。

（2）固化温度升高，收缩率一般增加。因温度高，制品的热膨胀冷缩严重。

（3）固化时间延长，收缩率降低，因固化时间长，可减少热膨胀系数。物料固化完全，消除压力后，其尺寸变化不大。

（4）当物料含水分和低分子物质多时，收缩率较大。随着挥发物排除的程度提高，其收缩率相应减少。

（5）模具结构和制品结构对收缩率的影响因素主要是树脂和填料的类型以及它们的含量。常用的树脂中环氧树脂的收缩率最小。酚醛树脂和聚酯的收缩率较大。一般来说填料多收缩率小。

3. 模压料的压缩性

用压缩比表示模压料压缩性。压缩比是指模压料和模压制品二者比容的比值。

模压料的压缩比主要取决于模压料特性和成型工艺过程，并与制品的结构有一定关系，其值恒大于 1。片状模塑料和块状模塑料的压缩较小。纤维状模压料的压缩比可达 6~10，由于它的蓬松，给装料带来困难。使用压缩比大的模压料需要设计大的装料室，不仅增加了模具的质量，也增大了热量的消耗。可采用预成型工艺使其成为坯料来减少压缩比。在定向铺设的模压中，由于坯料具有紧密的堆积，因此压缩比仅为 1.3。

3.2 模压成型模具及设备

在模压成型过程中需加热和加压,使模压料塑化(或熔化)、流动充满模腔,并使树脂发生固化反应。在模压料的充满模腔的流动过程中,不仅树脂流动,增强材料也要随之流动,所以模压成型工艺的成型压力较其他成型工艺方法高,属于高压成型。因此,模压成型需要能对压力进行控制的液压机,又需要高强度、高精度、耐高温的金属模具。

3.2.1 模压成型模具

纤维增强热固性或热塑性模压料装于加热的模具型腔内,模具在液压机上闭合加压,型腔内模压料发生熔融并充满模具的型腔,进而发生聚合反应使之固化定型,变成所需的模压制品,此类模具称为模压制品的模具,简称压模。

模具是模压成型的主要工艺设备,对模具的要求是:能承受 20~80MPa 的高压;能耐成型时模塑料对模具的摩擦;能耐模塑料及脱模剂的化学腐蚀;模具表面应光滑、尺寸符合制品要求;模具在结构上要有利于模压料的流动及制品的取出,并能满足工艺操作上的要求。

设计模具时应考虑因素:模压制品的物理机械性能,如导热性、吸水性、强度、韧性、弹性等;模压料的成型工艺性能,如流动性、压缩性;制品成型后的收缩率;制品及模具形状应有利于物料流动和排气;模具结构和加热装置有利于稳定快速加热;模具结构尽量简单,降低成本。

1. 压模的结构

典型的模具结构如图 3-8 所示,基本构造包括型腔、加料室、导向机构、抽芯机构、加热冷却系统和脱模机构等。

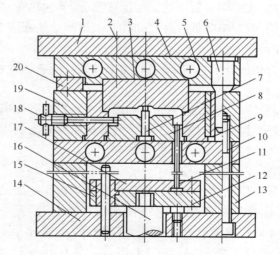

图 3-8 典型模具结构

1—上板;2—螺钉;3—上凸模;4—凹模;5—加热板;6—导柱;7—型芯;8—下凸模;9—加热板;10—导向管;11—顶出杆;12—挡钉;13,15—垫板;16—拉杆;17—顶杆固定板;18—侧型芯;19—型腔固定板;20—承压板。

（1）型腔。型腔是直接形成制品的装于压机上压板的上模部件,它是由上凸模 3、下凸模 8、型芯 7 和凹模 4 等组成。

（2）加料室。型腔之上设置一段能够容纳模压料的加料室。如图 3-8 所示凹模 4 上半部分截面尺寸扩大的部分。

（3）导向机构。由布置在模具上模的四根导柱 6 和装有导向套 10 的导柱孔组成。导向机构作用以保证上、下模合模的对中性,以保证顶出机构的运动,该模具在底板还设两根导柱,在顶出板上带导向套的导向孔。

（4）抽芯机构。在成型带有侧向凹凸或侧孔的塑件时,模具必须设有各种侧分型抽芯机构,塑件才能抽出。

（5）加热冷却系统。热固性塑料压缩成型需花较高的温度下进行,因此模具必须加热,常见的加热方式有电加热、蒸汽加热、煤气或天然气加热等,但以电加热为普遍。加热板圆孔中插入电加热棒。在压缩热塑性塑料时,在型腔周围开设温度控制通道,在塑化和定型阶段,分别通入蒸汽进行加热或通入冷水进行冷却。

（6）脱模机构。固定式压缩模在模具上必须有脱模机构。

2. 压模的分类

1）按固定方式分类

（1）移动式压缩模。移动式压缩模具不固定在压机上面,成型后将模具移出压机,先抽出侧型芯,再取出塑件,清理加料室后,将模具重新组合好放入压机内进行下一个循环的压缩成型。该模具结构简单,制造周期短,但加料、开模、取件等工序手工操作模具易磨损,劳动强度大,模具质量不能太大,如图 3-9 所示。

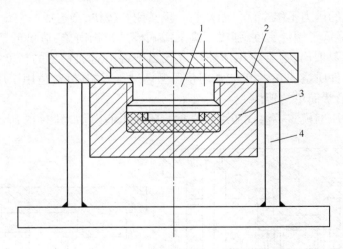

图 3-9 移动式压缩模
1—凸模;2—凸模固定板壁;3—凹模;4—U 形支架。

（2）半固定式压缩模。半固定式压缩模如图 3-10 所示。开合模在机内进行,一般将上模固定在压机上,下模可沿导轨移动,用定位块定位,合模时靠导向机构定位。也可按需要采用下模固定的形式,工作时则移出上模,用手工取件或卸模架取件。该结构便于放嵌件和加料,用于小批量生产,减小劳动强度。

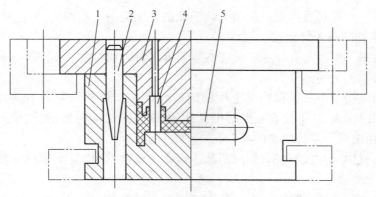

图 3-10 半固定式压缩模
1—凹模(加料室);2—导柱;3—凸模;4—型芯;5—手柄

(3) 固定式压缩模。固定式压缩模上下模都固定在压机上,开模、合模、脱模等工序均在压机内进行,生产效率高,操作简单,劳动强度小,开模振动小,模具寿命长。但其结构复杂,成本高,且安放嵌件不方便,适用于成型批量较大或形状较大的塑件。

2) 按加料室形式分类

(1) 溢式压缩模。溢式压缩模又称敞开式压缩模,如图 3-11 所示。这种模具无加料室,型腔即可加料,型腔的高度 h 基本上就是塑件的高度。型腔闭合面形成水平方向的环形挤压边 B,以减薄塑件飞边。压塑时多余的塑料极易沿着挤压边溢出,使塑料具有水平方向的毛边。模具的凸模与凹幢无配合部分,完全靠导柱定位,仅在最后闭合后凸模与凹模才完全密合。

压缩时压机的压力不能全部传给塑料。模具闭合较快,会造成溢料量的增加,既造成原料的浪费,又降低了塑件密度,强度不高。溢式模具结构简单,造价低廉、耐用(凸凹模间无摩擦),塑件易取出,通常可用压缩空气吹出塑件。对加料量的精度要求不高,加料量一般稍大于塑件质量的 5%~9%,常用预压型坯进行压缩成型,适用于压缩成型厚度不大、尺寸不大且形状简单的塑件。

(2) 不溢式压缩模。不溢式压缩模又称封闭式压缩模,如图 3-12 所示。这种模具有

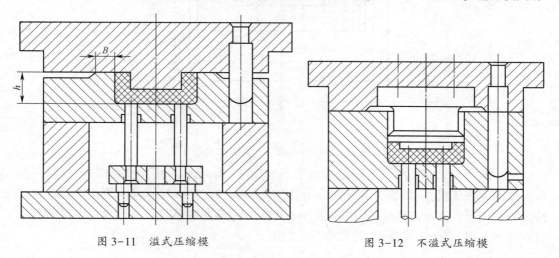

图 3-11 溢式压缩模　　　　　　图 3-12 不溢式压缩模

加料室,其断面形状与型腔完全相同,加料室是型腔上部的延续。没有挤压边,但凸模与凹模有高度不大的间隙配合,一般每边间隙值约 0.075mm,压制时多余的塑料沿着配合间隙溢出,使塑件形成垂直方向的毛边。模具闭合后,凸模与凹模即形成完全密闭的型腔,压制时压机的压力几乎能完全传给塑料。

不溢式压缩模的特点:
① 塑件承受压力大,故密实性好,强度高。
② 不溢式压缩模由于塑料的溢出量极少,因此加料量的多少直接影响着塑件的高度尺寸,每模加料都必须准确称量,所以塑件高度尺寸不易保证,故流动性好、容易按体积计量的塑料一般不采用不溢式压缩模。
③ 凸模与加料室侧壁摩擦,不可避免地会擦伤加料室侧壁,同时,加料室的截面尺寸与型腔截面相同,在顶出时带有伤痕的加料室会损伤塑件外表面。
④ 不溢式压缩模必须设置推出装置,否则塑件很难取出。

不溢式压缩模一般不应设计成多腔模,因为加料不均衡就会造成各型腔压力不等,而引起一些制件欠压。不溢式压缩模适用于成型形状复杂、壁薄和深形塑件,也适用于成型流动性特别小、单位比压高和比容大的塑料。例如用它成型棉布、玻璃布或长纤维填充的塑料制件效果好,这不单因为这些塑料流动性差,要求单位压力高,而且若采用溢式压缩模成形,当布片或纤维填料进入挤压面时,不易被模具夹断而妨碍模具闭合,造成飞边增厚和塑件尺寸不准、去除困难。而不溢式压缩模没有挤压面,所得的飞边不但极薄,而且飞边在塑件上呈垂直分布,去除比较容易,可以用平磨等方法去除。

(3) 半溢式压缩模。又称为半封闭式压缩模,如图 3-13 所示。这种模具具有加料室,但其断面尺寸大于型腔尺寸。凸模与加料室呈间隙配合,加料室与型腔的分界处有一环形挤压面,其宽度约 4~5mm。挤压边可限制凸模的下压行程,并保证塑件的水平方向毛边很薄。

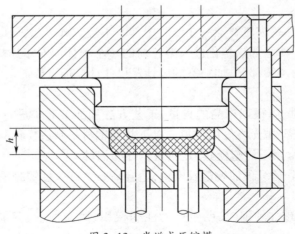

图 3-13 半溢式压缩模

半溢式压缩模模具使用寿命较长。因加料室的断面尺寸比型腔大,故在顶出时塑件表面不受损伤。半溢式压缩模模具的特点如下:
① 塑料的加料量不必严格控制,因为多余的塑料可通过配合间隙或在凸模上开设的溢料槽排出。

② 塑件的密度和强度较高,塑件径向尺寸和高度尺寸的精度也容易保证。

③ 简化加工工艺。当塑件外形复杂时,若用不溢式压塑模必造成凸模与加料室的制造困难,而采用半溢式压塑模则可将凸模与加料室周边配合而简化。

④ 半溢式压缩模由于有挤压边缘,在操作时要随时注意清除落在挤压边缘上的废料,以免此处过早地损坏和破裂。由于半溢式压缩模兼有溢式压缩模和不溢式压缩模的特点,因而被广泛用来成型流动性较好的塑料及形状比较复杂、带有小型嵌件的塑件,且各种压制场合均适用。

3. 压模设计

1) 凹模(阴模)设计。溢式压模其凹模深度等于制件的高度;不溢式压模其凹模深度包括型腔加料室高度。凹模结构分为整体式和组合式。整体式凹模特点是结构坚固,适用于外形简单、容易机械加工的型腔。当型腔形状复杂时,为便于加工,将装料室和型腔体本身作成组合式的。

2) 凸模设计

不溢式和半溢式凸模与加料室有一配合段,其单边空隙应为0.05mm左右,应力求该配合段外形轮廓简单(最好为圆形和矩形)以便于机械加工。同时不溢式和半溢式压模其阳模上还开有溢料及溢料储存槽。压模的凸模受力很大,设计时要保证其结构的强度和刚度要求。成型部分一般不宜作成组合式。

3) 芯模设计

压模的型芯受载荷不均匀,极易弯曲,特别是与压制方向垂直的型芯,因此,型芯长度不宜太长。当型芯为单端支撑时,成型与压制方向相重合的孔的型芯,其长度不宜超过孔径的2.5~3倍。对于与压制方向相垂直的孔,型芯长度不宜超过孔径。直径小于1.5mm的孔,型芯高度还应该短一些。当成型穿透空时,为避免型芯头部与相对的成型面相抵触而造成型芯,最好将型芯稍微制短些,使与相对面之间留有0.05~0.1mm间隙。

4) 加料室设计

溢式压模无加料室,模压料堆放在型腔中部。不溢式和半溢式压模据有加料室。加料室是盛放模压料并使之加热塑化进入型腔前的一个腔体。对于压模来讲,加料室实际是属于型腔开口端的延续部分,加料室的设计及尺寸计算很重要。

4. 模具材料

选用模具材料时,应根据产品的批量、工艺方法和加工对象进行选择。SMC 模具应选择易切削、组织致密、抛光性好的材料。以下几种钢材是制造模具经常选择的材质。

P20($3Cr_2Mo$):常用于注塑模具,是质量较好的钢材。

738:注塑模具钢,超级预加硬塑胶模钢,适合高要求持久性塑胶模具,抛光性好,硬度均匀。

718(3CrNiMo):预加硬钢,长期生产的注塑模用,抛光性、饰花加工性更佳,质量比P20略好。

40Cr:合金调制用钢,适用于制作模具 A、B 板,硬度及抛光性略胜于 50Cr 钢材。

50Cr:模具普遍适用钢材,适用于制作注塑模架、五金模架及零件。

45 钢:以前常用的模具材料,硬度较低,不耐磨,塑性、韧性较好,因此加工性较好,价格也相对低廉。现在通常用 45 钢来加工垫块、压板等辅助备件。

5. 模具加工精度

模具的加工精度主要有三个方面的因素：尺寸公差、形位公差和表面粗糙度。通常对模具厂家提出的加工精度要求主要是尺寸公差和表面粗糙度。尺寸公差又大致分为两类，即外形尺寸和模腔尺寸。对于模具外形尺寸，要求比较宽松，实际加工尺寸和模具图理论尺寸的误差不超过±1.5mm 都算合格。而模腔尺寸精度要求必须按图纸严格控制，一般不超过 0~0.1mm，模具表面精度一般是指表面粗糙度，处理后一般要求模具型腔粗糙度为 0.3μm，其余为 12.5μm。并且，可根据实际产品的表面要求提出相对应的模具表面加工精度。

3.2.2 模压设备

压机是模压成型主要的主要设备。压机的作用是提供成型时所需的压力及开模脱出制品时所需的脱模力。最早使用的是手扳压机，因其操作强度太大已被淘汰；此后出现的机动压机减轻了劳动强度，但操作和维修复杂，噪声大，吨位低；液压机吨位大，动作平稳，压力和速度可自由调整，现多采用液压机。

1. 液压机

液压机是由液体（油或水）来传递压力的设备，液压机一般由机身、工作油缸、活动横梁、顶出结构、液压传动机构和电气控制系统组成。液压机按液压机机身结构分为框架式和三梁四柱式。为了加工出合格的模压制品，液压机应保证的工艺参数和使用要求是成型压力、工作速度及温度和时间控制。

1）液压机的工作原理

液压机是利用液体传递压力的设备。液体在密闭容器内传递压力遵循帕斯卡定律，在互相连通而且充满液体的若干容器内，若某处受到外力的作用而产生静压力时，该压力将通过液体传递到各个连通器内，且压力数值相等。

2）液压机的选择

采用液压液压机成型复合材料制品时，一般应考虑以下因素。

（1）压机吨位。在选择成型制品压机时，应按照制品最少承受的单位压力来选择压力的最小的吨位。而对于模压料需横向流动的偏心制品或深度尺寸大的制品，压机吨位可以按照制品投影面积承受高达 7~10MPa 的单位压力来计算压力吨位。

（2）压机行程。压机行程是指压机活动横梁可移动的最大距离。压机的最小量程应不小于 960mm，相应的压机开档尺寸为 1200mm。对于大型压机而言，以上的尺寸都要相应增大。

（3）压机台面尺寸。对于小吨位压机，其台面的尺寸应为 750mm（从左到右）×960mm（从前到后）；较大的吨位的压机，其台面尺寸最小应为 1200mm（从左到右）×960mm（从前到后）。

（4）压机台面精度。当压机的最大吨位全部均匀地施加于 2/3 台面的面积上时，活动横梁和压机台面被支撑在四角支座上时，其平行度为 0.025mm/m。

（5）当压机从零增长到最大吨位时，所需要的时间最长为 5s。

（6）压机速度。压机速度可用两速制和三速制。采用两速制时，高速推进速度为 7500mm/min，慢速闭合时，速度为 0~250mm/min，其间速度可以调节。采用三速制时，高速推进速度为 10000mm/min,中速推进速度为 2500mm/min,慢速闭合时,速度为 0～375mm/min,其间速度可以调节。

2. SMC 制品专用压机

SMC 多用来制造大型薄壁或结构不规则的高深度制品,所需成型压力和温度较低,但成型时间短,需要在一定程度上控制流程状态,因此针对 SMC 制品的成型特点出现了专用的 SMC 液压机。SMC 专用液压机总压力高,工作台面大,活塞空载运行速度高,并具有多种加压速度,对上、下工作台面的平行度和刚度要求高。

SMC 专用压机可分为两种:一种是成型小型制品(相对一般的 BMC 制品而言要大一些)用的压机;另一种是成型大中型制品用的压机。由于 SMC 材料本身的特点以及它最大的应用领域汽车工业独特要求,对 SMC 成型压机的要求更加严格。SMC 尤其适合生产表面积很大的薄壁制品,因而要求压机必须有"三大",即大工作台、大工作行程和大的吨位,同时必须有良好的刚性,能承受较大的偏心载荷,以及精密的确保压机台面平行度的控制装置,以保证材料在高温成型过程中,两半模具始终保证有理想的平行度,从而使制品厚度在一定范围内仍保持均匀。

目前,SMC 专用压机应考虑以下参数:

(1)台面尺寸。1500t 以上的压机,台面尺寸为 3.0m×2.0m 者居多。

(2)压机开档。压机开档是指压机工作台和活动横梁之间的全开距离。一般可根据模具闭合高度与预定压制的最深制品高度尺寸之和的 2 倍来确定,SMC 压机的开档一般都比较大,某些大型制品其开档甚至可达 2.5m。

(3)行程。指活动横梁的移动距离,至少为预定压制的最深制品高度尺寸的 3 倍。SMC 压机的行程一般在 1.5～2.0m。

(4)吨位。压机吨位按台面面积乘以 4.2～5.6MPa。

(5)速度。高速推进 25000mm/min;中速推进 2000～15000mm/min;加压及开模 0～750mm/min;高度回程 20000mm/min;压力增长 2s。

3.3 模压成型工艺

本节主要介绍短纤维模压料模压成型工艺和片状模塑料模压成型工艺。

3.3.1 短纤维模压料模压成型工艺

短纤维模压料模压成型工艺的基本过程是将一定量经一定预处理的模压料放入预热的模具内,施加较高的压力使其模压料填充模腔。在一定的压力和温度下使模压料逐渐固化,然后将制品从模具内取出,再进行必要的辅助加工即得到产品。其工艺流程如图 3-14 所示。

1. 压制前的准备

1)装料量计算

在模压成型中,向模具中加入制品所需用的模压料的过程称为装料,对于不同尺寸模压制品要进行装料量的估算,以保证制品的几何尺寸的精确,防止物料不足造成废品,或者物料损失过多而浪费材料。常用的估算方法如下。

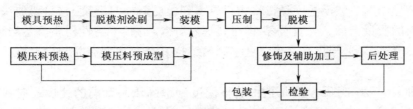

图 3-14 短纤维模压料模压成型工艺流程

(1) 形状、尺寸简单估算法。将复杂形状的制品简化成一系列简单的标准形状,进行装料里量的估算。

(2) 密度比较法。对比模压料制品及相应制品的密度,已知相应制品的体积,即可估算出模压制品的装料量。

(3) 注型比较法。在模压制品模具中,用树脂、石蜡等注型材料注成产品,再按注型材料的密度、重量及制品的密度求出制品的装料量。

2) 脱模剂的涂刷

在模压成型工艺中,除使用内脱模剂外,还在模具型腔表面上涂刷外脱模剂,常用的有油酸、石蜡、硬脂酸、硬脂酸锌、有机硅油、硅脂等。所涂刷的脱模剂在满足脱模要求的前提下,用量尽量少一些,涂刷要均匀。一般情况下,酚醛型模压料多用有机油、油酸、硬脂酸等脱模剂,环氧或环氧酚醛型模压料多用硅脂和有机硅油脱模剂。

3) 预压

将松散的粉状或纤维状模压料预先用冷压法压成重量一定规整的密实体,采用预压作业可提高生产效率、改善劳动条件,有利于产品质量的提高。

4) 预热

在压制前将模压料加热,去除水分和其他挥发分,可以提高固化速度,缩短压制周期;增进固化的均匀性,提高制品的物理机械性能,提高模压得流动性。

5) 表压值计算

在模压工艺中,首先根据制品所要求的成型压力,计算出压机的表压值。成型压力是制品水平投影面上单位面积所承受的压力。它和表压值之间存在函数关系如下:

$$T = \frac{sf_1 f_2}{f_\text{表}} \times 10^3 \tag{3-1}$$

式中 T——压机的吨位,N;

s——制品水平的投影面积,m^2;

f_1——制品要求的单位压力,MPa;

f_2——压机额定表压,MPa;

$f_\text{表}$——成型压力即表压,MPa。

在模压成型工艺中,成型压力的大小取决于模压料品种和制品结构的复杂程度,成型压力是选择压机吨位的依据。

2. 模压成型工艺参数

1) 模压温度制度

模压温度制度主要包括装模温度、升温速度、成型温度、保温时间和降温方式。

（1）装模温度。装模温度是指将物料放入到模腔时模具温度,它只要取决于物料品种和模压料的质量指标。一般而言,模压料挥发分含量高、不溶性树脂含量较低时,装模温度较低。反之,要适当提高装模温度。制品结构复杂及大型制品装模温度一般宜在室温~90℃内。

（2）升温速度。升温速度是指由装模温度到最高压制升温的速度。对快速模压工艺,装模温度即为压制的温度,不存在升温速度的问题。而慢速模压工艺,应依据模压料树脂的类型、制品的厚度选择适当的升温速度。

（3）成型温度。树脂在固化过程中会放出或吸收一定的热量,根据热量可判断树脂缩聚反应程度,从而为确定成型温度提供依据。一般情况下,先确定一个比较大的温度范围,再通过工艺-性能试验选择合理成型温度。成型温度与模压料的品种有很大的关系。成型温度过高,树脂反应速率过快,物料流动性降低过快,常出现早期局部固化,无法充满模腔。温度过低,制品保温时间不足,则会出现固化不完全等缺陷。

（4）保温时间。保温时间是指在成型压力和成型温度下保温的时间,其作用是制品固化完全和消除内应力。保温时间的长短取决于模压料的品种、成型温度的高低及制品的结构尺寸和性能。

（5）降温。在慢速成型中,保温结束后要受一定的压力下逐渐降温,模具温度降至60℃以下时,方可进行脱模操作。降温方式有自然冷却和强制降温两种。快速压制工艺可不采用降温操作,待保温结束后即可在成型温度下脱模,取出制品。

2）压力制度

压力制度包括成型压力、合模速度、加压时机、放气等。

（1）成型压力。成型压力是指制品水平投影面积上所承受的压力。它的作用是克服物料中挥发物产生的蒸汽压,避免制品产生气泡、分层、结构松散等缺陷,同时也可增加物料的流动性,便于物料充满模具型腔的各个角落,使得制品结构密实,机械强度提高。成型压力的选择取决于以下两个方面的因素：

① 模具料的种类及质量指标。如酚醛模压料的成型压力一般为 30~50MPa,环氧酚醛模压料的成型压力为 5~30MPa。

② 制品的结构、形状、尺寸。对于结构复杂、壁厚较厚的制品,其成型压力要适当增加。外观性能及平滑度要求高的制品一般也选择较高的成型压力。

（2）合模速度。装模后,上、下模闭合的过程称为合模。上模下行要快,但在与模压料将要接触时,其速度要放慢。下行要快,有利于操作和提高效率；合模要慢,有利于模内气体的充分排除,减少气泡、砂眼等缺陷的产生。

（3）加压时机。合模后,进行加压操作。加压时机选择对制品的质量有很大的影响。加压过早,树脂反应程度低,分子量小,黏度低,树脂在压力下易流失,在制品中产生树脂集聚或局部纤维裸露。加压过迟,树脂反应程度高,黏度大,物料流动性差,难以充满型腔,形成废品。通常,快速成型工艺不存在加压时机的选择。

（4）卸压排气。将物料中残余的挥发物、固化反应放出的低分子化合物及带入物料的空气排除的过程称为排气。其目的是为了保证制品的密实度,避免制品产生气泡、分层现象。

3. 制品后处理

制品后处理是指将已脱模的制品在较高温度下进一步加热固化一段时间,其目的是保证树脂完全固化,提高制品的尺寸稳定性和电性能,消除制品的内应力,减少制品的变形。有时也可根据实际情况,采用冷模产品变形,防止翘曲和收缩。

在模压制品定型出模后,为满足制品设计要求还应建立毛边打磨和辅助加工工序。毛边打磨是去除制品成型时在边缘部位的毛刺、飞边,打磨时一定要注意方法和方向,否则,很有可能把与毛边相连的局部打磨掉。

对于一些结构复杂的产品,往往还需要进行机械加工来满足设计要求。模压制品对机械加工时很敏感的,如加工不当,很容易产生破裂、分层。

3.3.2 SMC模压成型工艺

1. 压制前准备

1) SMC质量检验

SMC片材的质量对成型工艺过程及制品的质量有很大的关系。因此,压制前必须了解料的质量,如树脂糊配方、树脂糊的增稠曲线、玻璃纤维含量、玻璃纤维浸润剂类型、单重、薄膜剥离性、硬度及质量均匀性等。

2) 裁减

按制品的结构形状、加料位置、流程决定片材剪裁的形状与尺寸,制作样板,再按样板裁料。剪裁的形状多为方形和圆形,尺寸多按制品表面投影面积的40%~80%。为防止外界杂质的污染,上、下薄膜在装料前才揭去。

2. 模具与压机的准备

(1) 模具安装一定要水平,并确保安装位置在压机台面的中心,压制前要先彻底清理模具,并涂脱模剂。加料前用要用干净纱布将脱模剂擦均匀,以免影响制品的外观。对于新模具,用前须去油。

(2) 熟悉压机的各项操作参数,尤其是要调整好工作压力和压机运行速度及台面平行度等。

3. 加料

1) 加料量的确定

每个制品的加料量在首次压制时可按下式计算:

$$加料量 = 制品体积 \times 1.8 \text{g/cm}^3$$

2) 加料面积的确定

加料面积的大小直接影响制品的密实程度、料的流动距离和制品的表面质量。它与SMC的流动与固化特性、制品性能要求、模具结构等有关。一般加料面积为40%~80%,加料面积过小,会因流程过长而导致玻璃纤维趋向,降低强度,增加波纹度,甚至不能充满模腔;加料面积过大,不利于排气,易产生制品内的裂纹。

3) 加料位置与方式

加料位置与方式直接影响制品的外观。在加料前,为增加片材的流动性,可采用100℃或120℃下预热操作。

4. 成型

当料块进入模腔后,压机快速下行。当上、下模吻合时,缓慢施加所需成型压力,经过一定的固化制度后,制品成型结束。在成型过程中,要合理地选择各种成型工艺参数及压机操作条件。

1）成型温度

成型温度的高低,取决于树脂糊的固化体系,以及制品厚度、生产效率和制品结构的复杂程度。成型温度必须保证固化体系引发、交联反应得顺利进行,并实现完全的固化。一般来说,厚度大的制品所选择的成型温度应比薄壁制品低,这样可以防止过高温度在厚壁制品内部产生过度的热积聚。如制品厚度为25~32mm,其成型温度为135~145℃。成型温度的提高,可缩短相应的固化时间;反之,当成型温度降低时,则需延长相应得固化时间。成型温度应在最高固化速度和最佳成型条件之间权衡选定。一般认为,SMC成型温度在120~155℃。

2）成型压力

SMC成型压力随制品的结、形状、尺寸及SMC增稠程度而异。形状简单的制品仅需5~7MPa。SMC增稠程度越高,所需的成型压力也越大。

成型压力的大小与模具结构也有关系。垂直分型结构模具所需的成型压力低于水平分型结构模具。配合间隙较小的模具比间隙较大的模具需较高的压力。外观性能和平滑度要求高的制品,在成型时需较高的成型压力。总之,成型压力的确定应考虑多方面的因素,一般来说SMC成型压力在3~7MPa之间。

3）固化时间

SMC在成型温度下的固化时间(也称保温时间)与它的性质、固化体系、成型温度、制品厚度和颜色等因素有关。固化时间一般为40s/mm计算。

3.3.3 模压成型制品缺陷

模压制品常见的缺陷及产生原因见表3-2。

表3-2 模压制品常见的缺陷及产生原因

常见缺陷	产生的原因分析
翘曲变形	a. 模压料挥发物含量过多;b. 制品结构设计不合理,厚薄变化悬殊;c. 脱模温度过高;d. 升温过快;e. 脱模不当
裂纹	a. 制品厚度不均,过渡曲率半径过小;b. 脱模不当;c. 模压设计不合理;d. 新老料混用或配比不当
表面或内部气泡	a. 模压料挥发物含量过大;b. 模压温度过高、过低;c. 成型压力小;d. 放弃不足
树脂集聚	a. 模压料挥发分过大;b. 加压过早;c. 模压料"结团"或互溶性差;d. 树脂含量过大
局部缺料	a. 模压料流动性差;b. 丢失;c. 加料不足
局部纤维裸露	a. 模压料流动性差;b. 加压过早,树脂大量流失;c. 装料不均,局部压力过大;d. 纤维"结团"
表面凹凸不平、光洁度差	a. 模压料的挥发物含量过大;b. 脱模剂过多;c. 模压料互溶性差;d. 装料量不足
脱模困难	a. 模具设计不合理,配合过紧、无斜度等;b. 顶出杆配置不好,受力不均;c. 加料过多,压力过大;d. 粘膜
粘膜	a. 脱模剂处理不当;b. 局部无脱模剂 c. 压制温度低,固化不完全;d. 模具型腔表面粗糙;e. 模压料挥发物含量过高

3.3.4 模压成型工艺的特点及应用

1. 模压成型工艺的优点

模压成型工艺的优点主要有：①重复性好，不受操作者和外界条件的影响；②操作处理方便；③操作环境清洁、卫生，改善劳动条件；④流动性好，可成型异性制品；⑤模压工艺温度和压力要求不高，可变范围大，可大幅度降低设备和模具的费用；⑥纤维长度为30~50mm，质量均匀性好，适宜压制界面变化不大的大型薄壁制品；⑦所得制品的表面光洁度高，采用低收缩率添加剂后，表面质量更为理想；⑧生产效率高，成型周期短，易于实现自动化机械化，生产成本相对较低。模压成型工艺的不足之处是模具制造复杂投资较大，加上受压机限制，最适于大批量生产的中小型复合材料制品。

随着金属加工技术、压机制造水平及合成树脂工艺性能的不断改进和发展，压机吨位和台面尺寸的不断增大，模压料的成型温度和压力也相对降低，使得模压成型制品的尺寸逐步向大型化发展，目前已能生产大型汽车部件、浴盆、整体卫生间组件等。

2. SMC/BMC 制品的应用

SMC/BMC 不仅具有一般玻璃纤维塑料的各种特性和功能，而且与其他的工艺过程相比，在设计性和生产性上有所不同，在其所有的某些特殊性能方面也要有一定的差异。因此 SMC/BMC 在 FRP 领域中快速增长。目前，世界 SMC 产量占到全部玻璃钢总产量的20%~25%，每年仍以近10%的速度连续增长。SMC/BMC 制品具有结构功能一体化强、轻质、高强、耐腐蚀、阻燃、电绝缘性能优良等特点，因此在各个国民经济领域中获得广泛的应用。SMC/BMC 的主要应用领域是汽车、建筑/住宅和电气领域。

1）SMC/BMC 在汽车领域中的应用

在汽车领域中，SMC/BMC 可以说是一种多功能材料。它有极平滑的表面、高力学性能、良好的耐热性能、优良的黏结性能和良好的加工性能；在生产上，SMC 的成型非常快速，有比钢更好的投资效率。因此，SMC 在汽车领域获得迅速的发展。

一般来说，SMC/BMC 在轿车零件的典型应用如车身、侧门、挡泥板、车顶板、引擎盖、保险杠、天窗框架、前端板等。SMC/BMC 在卡车零件的典型应用如保险杠、脚踏板、前围、散热器面罩、车门、挡泥板、工具箱门、车顶扰流板等。SMC/BMC 在城市公交车上的应用如行李支架、门框和窗框等。

2）SMC/BMC 在铁路车辆中的应用

随着铁路工业的发展，人民对轻量化、使用寿命、费用和破坏值等问题重要性的认识越来越深，使 FRP 在铁路车辆的制造和修复过程中越来越多地采用并取代铜、铁、铝等传统金属材料，FRP 的消耗量逐年稳步增加，而 SMC/BMC 以优越的工艺性与材料特性成为许多场合的首选材料。当前，SMC/BMC 在铁路车辆的应用主要包括铁路车辆窗框、卫生间组件、座椅、茶几台面、车厢壁板与顶板等。

SMC/BMC 在轨道交通中的典型应用产品有机车导流罩、司机室、外顶板、内墙板、卫生间、外部门板、设备保护外壳、内部家具和座椅、行李箱和内部隔板等。

3）SMC/BMC 在电气领域中的应用

SMC/BMC 由于本身具有优良的电绝缘性能、阻燃性能，并且整体成型性能好、耐热性能高、耐腐蚀、耐水及理想的力学性能，在电气领域中获得了广泛的应用。SMC 在电气领域中的应用产品主要有电气罩壳、电气元件及通信设备等。

4）SMC/BMC 在建筑领域中的应用

SMC/BMC 在建筑领域中应用主要的产品有浴缸、淋浴间、洗池、防水盘、坐便器、化妆台等,特别是浴缸、整体浴室设备给水槽等；组合式水箱；净化槽、屋面板及座椅等。

作 业 习 题

1. 模压工艺的特点及应用范围是什么？
2. 短纤维模压料的质量指标及生产控制条件是什么？
3. 模压料工艺性及其影响因素是什么？
4. SMC 的种类特点及主要成分是什么？
5. 何谓增稠剂？SMC 的增稠剂机理及影响增稠效果的因素是什么？
6. 低收缩率添加剂选用时应注意什么？
7. 何谓 SMC 的熟化？
8. 简述短纤维模压料的模压成型工艺过程。
9. 简述片状模压料的模压成型工艺过程。
10. 模压料制品的常见缺陷有哪些？

模块 4　缠绕成型工艺

缠绕成型工艺是将浸过树脂胶液的连续纤维(或布带、预浸纱)按照一定规律缠绕到芯模上,然后经固化、脱模,获得制品。相对于其他复合材料成型工艺,缠绕成型工艺具有不可比拟的优势,如该法可用于管道、贮罐等成型任务,但也存在对制品结构有要求等缺点。

4.1　缠绕成型工艺概述

在复合材料成型技术中,纤维缠绕成型是最早开发且使用最广泛的加工技术之一,也是目前生产复合材料的重要工艺和技术。纤维缠绕成型工艺如图 4-1 所示,在控制纤维张力和预定线型的条件下,将纤维粗纱或布带浸渍树脂胶液连续地缠绕在相应于制品内腔尺寸的芯模或内衬上,然后在室温或加热条件下使之固化,制成一定形状的制品。

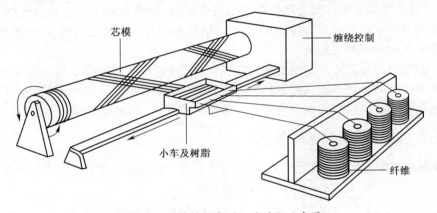

图 4-1　纤维缠绕成型工艺过程示意图

科技的进步使通用纤维缠绕技术不断完善和提高,原材料和辅助材料配套体系能够满足更高的使用要求,使复合材料高结构效率这一特性更加突出、更有吸引力;一系列新的缠绕技术的出现使纤维缠绕技术已经可以解决各种特殊结构形状成型问题。在越来越多的新领域中,纤维缠绕技术已经被使用,也为市场带来新的机遇。纤维缠绕技术伴随着材料工艺技术、装备技术的进步,得到了快速发展。

4.1.1　缠绕成型的特点

纤维缠绕成型工艺作为一种常用的复合材料成型方法,其主要特点如下。
1. 易于实现高比强度制品的成型
与其他成型工艺方法相比较,以缠绕工艺成型的复合材料制品中纤维按规定方向排列的整齐度和精确度高,制品可以充分发挥纤维的强度,因此比强度和比刚度均较高。例如,普通玻璃纤维增强复合材料的比强度为钢的3倍、钛的4倍。

2. 易于实现制品的等强度设计

由于缠绕时可以按照承力要求确定纤维排布的方向、层数和数量,因此易于实现等强度设计,制品结构合理。

3. 制造成本低,制造质量高度可重复

缠绕制品所用增强材料大多是连续纤维、无捻粗纱和无纬带等材料,无须纺织,从而减少工序,降低成本,同时可以避免布纹交织点与短切纤维末端的应力集中。纤维缠绕工艺容易实现机械化和自动化,产品质量高而稳定,生产效率高,便于大批量生产。

4. 适用于耐腐蚀管道、贮罐和高压管道及容器的制造

这是纤维缠绕成型的独特优势,是其他工艺方法所不及的。

虽然纤维缠绕技术拥有诸多优点,但纤维缠绕技术也不是万能的。该技术的使用也存在一定的局限性,主要表现在:

(1) 在缠绕过程中,特别是湿法缠绕过程中易形成气泡,会造成制品内部孔隙过多。这会降低层间剪切强度、压缩强度和抗失稳能力。因此,在生产中要求采用活性较强的稀释剂,控制胶液黏度,改善纤维的浸润性及适当增大纤维张力等措施,以便于减少气泡和降低孔隙率。

(2) 孔会使缠绕制成的复合材料制品在孔的周围出现应力集中现象。连接需要进行的切割、钻孔或开槽等操作都会降低缠绕结构的强度,因此要对结构进行合理的设计,要尽量避免完全固化后对制品进行切割、钻孔等破坏性操作。必须进行开孔、开槽的复合材料制品需要采取局部补强措施。

(3) 缠绕成型工艺不太适用于带凹曲线部件的制造,在制品的形状上存在一定的局限性。采用纤维缠绕技术制成的制品多为圆柱体、球体及某些正曲率回转体。对于非回转体或负曲率回转体制品的缠绕规律和设备都比较复杂,尚未形成成熟的工艺。

4.1.2 缠绕成型工艺的分类

纤维缠绕成型工艺按其工艺特点,一般分为三类。缠绕成型工艺流程如图4-2所示。

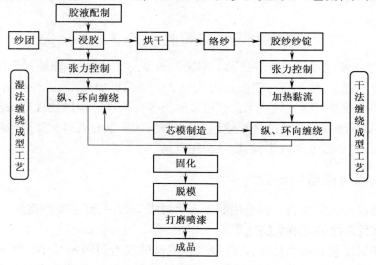

图4-2 缠绕成型工艺流程图

表 4-1 为三种缠绕工艺方法的比较,从中可以看出不同工艺方法的适用条件及优缺点。

表 4-1 不同纤维缠绕工艺的对比

项目	干法缠绕	湿法缠绕	半干法缠绕
缠绕场所的清洁状态	最好	最好	与干法相近
增强材料规格	有一定要求,非所有规格都可以	任何规格	任何规格
使用碳纤维可能引发的问题	不存在	碳纤维飞丝可能导致机器故障	不存在
树脂含量控制	最好	最差	黏度可能有变化
材料储存条件	冷藏	一般条件	与干法相近,且储存期较短
纤维损伤	取决于预浸装置,损伤可能性较大	损伤机会最小	损伤机会较小
室温固化可能性	不可能	可能	可能
制造成本	最高	最低	略高于湿法
质量控制	某些方面有优势	需要严格的品质控制程序	与干法类似
应用领域	航空航天	广泛应用	类似于干法

1. 干法缠绕成型工艺

干法缠绕是采用经过预浸胶处理的预浸纱或带,在缠绕机上经加热软化至黏流态后缠绕到芯模上。由于预浸纱(或带)是专业生产,能严格控制树脂含量(精确到2%以内)和预浸纱质量。干法缠绕成型工艺工程易于控制,设备比较清洁,可以改善劳动卫生条件。采用该法制成的制品质量较为稳定,缠绕速度可以大大提高,达到 100~210m/min,并且此法容易实现机械化和自动化。

干法缠绕工艺要求所使用的固化剂在纱带烘干时不应出现升华、挥发等现象,尤其是采用酸酐及二氨基二苯砜类等高温固化的树脂基体体系,常常会出现制品内层贫胶、外层富胶的现象,有的表面会有较大气泡,还会出现表面不光滑的现象。由于纱片缠绕时,每束已浸渍树脂胶液的纤维束被张紧成连续匀称的薄片需要烘干和络纱,因此所需设备比较复杂,成本比较高。该法适合一些对制品性能要求比较高的场合使用,如航空航天领域、军事领域等。

2. 湿法缠绕成型工艺

将连续玻璃纤维粗纱或玻璃布带浸渍树脂胶液后,直接缠绕到芯模或内衬上然后固化的成型方法称为湿法缠绕成型工艺。湿法缠绕工艺的设备比较简单,对原材料的要求不是很严格,便于选择不同的材料。

湿法缠绕时,纱带是浸胶后马上缠绕,因此纱带的质量不易控制和检验,同时胶液中存在大量的溶剂,固化时容易产生气泡,缠绕过程中纤维的张力不容易控制。缠绕过程的每个环节,如浸胶辊、张力控制器、导丝头等,经常需要进行维护,不断清洗,使之可以保持良好的工作状态。如果某一环节发生纤维间互相缠结,将会影响整个缠绕工艺及缠绕质量,有时会造成浪费。

3. 半干法缠绕成型工艺

此种工艺与湿法缠绕工艺相比,增加了烘干程序;与干法缠绕工艺相比,缩短了烘干时间,降低了绞纱烘干程度,可在室温下进行缠绕。这种成型工艺既除去了溶剂,提高了缠绕速度,又减少了设备,提高了制品质量,降低了产品中产生气泡等缺陷的概率。

4.1.3 缠绕成型工艺的发展现状及发展趋势

1. 纤维缠绕成型工艺发展现状

纤维缠绕技术最早起始于 20 世纪 50 年代的美国,用于军事武器的生产中。最早的纤维缠绕制品为 1945 年制成的玻璃钢环,被用于原子弹工程。1946 年,纤维缠绕成型工艺在美国取得专利,并于 1947 年成功研制了世界上第一台缠绕机,随后缠绕了第一台火箭发动机壳体。20 世纪 60—70 年代,纤维缠绕技术进入了飞速发展的阶段,在这一时期,纤维缠绕用的纤维仍然以玻璃纤维为主导,但是各种新的纤维也不断问世,使纤维缠绕领域得到了不断拓展,渐渐从军事领域扩展到化工、污水处理、石油及风能系统等重要的民用领域。20 世纪 80 年代,第一台计算机控制的纤维缠绕机问世,使生产缠绕精度更高、形状更复杂的产品成为可能。进入 20 世纪 90 年代,纤维缠绕技术发展速度明显加快,进入新的高速发展阶段。民用领域进一步扩展到用于生产汽车、救生设备、运动器材的多轴缠绕机已出现并得到发展。

目前,纤维缠绕技术已广泛应用于发动机机匣、燃料贮箱、发动机短舱、飞机副油箱等航空航天领域,以及导弹、鱼雷发射管、机枪枪架、火箭发射筒等军事领域,也用于制作各种压力管道、贮罐、天然气瓶、轴承、储能飞轮、绝缘制品、体育器材、交通工具等民用产品。

为适应生产效率不断提高的要求,多轴缠绕机不断被设计开发出来。计算机控制的 6 轴联动的纤维缠绕机已经被用于解决异型件的缠绕成型问题。另外,7 轴甚至多达 11 轴的计算机控制纤维缠绕机已经被研发出来。在数字信号控制下的现代缠绕设备可以在较高的自由度下对增强纤维进行精确铺放。同时,缠绕设备的成本也在不断降低。另外,在软件方面,利用计算机辅助设计缠绕模式,将有限元设计分析技术与纤维轨迹计算技术相结合,可以简化缠绕模式的设计,缩短产品的开发和工艺设计周期。计算机程序控制式纤维缠绕机的应用,使纤维缠绕制品的生产效率逐步提高。

2. 纤维缠绕成型工艺的发展趋势

纤维缠绕技术已经是比较先进的玻璃钢成型工艺,通过选用增强材料、基材及工艺结构可以使制品达到最优指标。随着复合材料相关技术的发展,纤维缠绕工艺呈现出多工艺复合化、热塑性树脂缠绕逐渐增多以及新型固化技术不断应用的发展趋势,具体体现在以下几方面:

(1) 拉挤成型、带铺放、带缠绕及纤维编织、压缩模塑等工艺与传统缠绕工艺相结合,提高了缠绕工艺的适应性。纤维缠绕技术有一个明显的局限,就是沿制品轴向铺设纯纵向,即 0°纤维(纤维与筒体母线夹角为 0°)较为困难,限制了它在某些结构类管状制品制造中的应用。将纤维缠绕工艺与带铺放工艺、拉挤工艺结合起来可解决这一问题。纤维铺放技术集传统缠绕技术与带铺放技术于一身,可进行任意角度缠绕,也可任意增减纤维,还可在凹形表面缠绕,克服了传统缠绕工艺的不足;缠绕-拉挤工艺制造的薄壁管改善了力学性能,已用于汽车司机驾驶室框架;缠绕与注射模塑结合制造的自润滑多面滑动轴承具有优异的摩擦学行为;纤维缠绕预制件与树脂传递模塑成型(RTM)技术相结合扩大了纤维缠绕工艺的应用范围。

（2）热固性树脂缠绕向热塑性树脂缠绕方向发展。热塑性复合材料良好的机械性能、高的耐温性、良好的介电常数和良好的可循环性,尤其是它的可回收、可重复利用和不污染环境的特性适应了当今材料环保的发展方向。欧美一些国家已有一些产品用于航空航天和民用,如美国用 CF/PEEK 缠绕制件作为飞机水平安定面,德国用 CF/PA 缠绕管件制造超轻质自行车等。国内有北京航空材料研究院先进复合材料国防科技重点实验室等少数机构对热塑性预浸带进行了缠绕实验,并对制品性能进行了初步分析。

（3）出现新型固化技术及在线固化监测技术。红外加热、微波加热、火焰加热、电子束等技术可缩短固化周期,减少残余应力,提高复合材料力学、物理性能,降低成本。法国航空航天公司已对固体火箭发动机纤维缠绕壳体的电子束固化技术进行了成功演示,其综合性能优于常规的加热固化复合材料。此外,超声技术以及光纤传感技术等都被用于在线固化监测。前苏联在缠绕壳体制造中采用了在磁场中缠绕及固化的工艺方法,可以使制品实现更为良好的固化。

4.2 缠绕成型的原材料与设备

缠绕成型技术的发展与增强材料、树脂体系的发展及设备开发息息相关。缠绕成型的原材料决定了制品的基本性能,主要是纤维增强材料、树脂基体和填料。一般情况下,缠绕成型完成后,芯模需要从制品内脱出,对芯模的材料及制备都有特殊要求。缠绕机是实现缠绕成型工艺的主要设备,本任务对目前市场上的缠绕设备作了简单介绍。

4.2.1 缠绕成型的原材料

纤维缠绕成型工艺中用到的原材料主要分为纤维材料和树脂体系。对于纤维缠绕来说,可供选择的材料有很多。常用的纤维包括玻璃纤维、碳纤维和芳纶纤维。常用的树脂为热固性聚酯、乙烯基酯、环氧树脂和酚醛树脂等。

1. 缠绕用纤维

纤维缠绕制成的产品的强度和刚度主要取决于纤维的强度和模量,所以缠绕用的纤维应具有高强度和高模量,而且易被树脂浸润,具有良好的缠绕工艺性(如缠绕时不起毛和不断头),同一束纤维中各股之间的松紧程度应该均匀,并具有良好的储存稳定性。用于缠绕工艺的纤维按其状态可分为有捻纱和无捻纱。加捻会增加纤维的弯曲度,容易使纤维强度降低。对强度要求比较高的缠绕成型玻璃钢制品多采用无捻纱,但是无捻纱缠绕过程中易出现松散、起毛等情况,且控制张力较困难。

1）玻璃纤维

纤维缠绕用玻璃纤维是单束或者是多束粗纱。单束玻璃纤维粗纱通过许多玻璃纤维单丝在喷丝过程中并丝而成,一般玻璃纤维都经硅烷偶联剂处理。目前最常用的玻璃纤维是 E 或 S 玻璃纤维,以内抽头或外抽头锭子包装。

玻璃纤维表面含有水分,不仅影响树脂基材与玻璃纤维之间的黏结性能,同时将引起应力腐蚀,并使微裂纹等缺陷进一步扩展,从而使制品强度和耐老化性能下降,因此,玻璃纤维在使用前最好经过烘干处理,在湿度较大的地区和季节烘干处理更为必要,纤维的烘干制度视含水量和纱锭大小而定。通常,无捻纱在60~80℃烘干24h即可。当用石蜡型浸润剂的玻璃纤维缠绕时,用前应先除蜡,以便提高纤维与树脂基材之间的黏结性能。

2) 芳纶纤维

和玻璃纤维相比,芳纶纤维的比强度较高。芳纶纤维具有的原纤结构使其具有高的耐磨性,因此它在最外层使用可明显改善制件的耐磨性和持久性。但在和其他材料接触时,芳纶纤维可使这些材料擦伤。因此在缠绕芳纶纤维时,必须考虑芳纶纤维对和它接触的滑轮等的磨损。

3) 碳纤维

纤维缠绕用碳纤维为3k、6k、12k、48k单束纤维。与玻璃纤维和芳纶纤维不同,碳纤维是脆性材料,容易磨损和折断,因此操作时必须小心。为减少碳纤维单纤的断裂,在生产过程中应尽可能地减少弯曲次数和加捻数目。

从减少碳纤维损伤来看,湿法缠绕比干法缠绕要好,因为干法缠绕使用预浸碳纤维,在预浸过程中的附加收卷会引起碳纤维单纤的折断。而湿法缠绕可以避免预浸过程中的附加收卷。碳纤维是导电材料,缠绕碳纤维时应使用一个封闭式纱架,以便尽早地使纤维浸渍上树脂,尽可能地避免碳纤维毛到处飞扬造成附近电器的短路。

2. 缠绕用树脂体系

树脂的品种会对制品的耐热性、老化性有很大的影响。缠绕工艺用的树脂体系应满足下列要求:对纤维有良好的浸润性和黏结力;固化后有较高的强度和与纤维相适应的延伸率;具有较低的起始黏度;具有较低的固化收缩率和低毒性;来源广泛,价格低廉。

目前,缠绕制品的树脂系统多用环氧树脂。对于常温使用的内压容器,一般采用双酚A型环氧树脂。而高温使用的容器则需采用耐热性较好的酚醛型环氧树脂或脂肪族环氧树脂。

纤维缠绕可以使用三种形态的树脂体系:第一种是液态树脂体系,纤维通过树脂槽时浸渍,这在湿态缠绕中使用;第二种是用预浸纤维束(带);第三种是热塑性树脂粉末,在缠绕时利用静电粉末法使树脂浸渍纤维。

湿法纤维缠绕一般要求树脂黏度在1~3Pa·s范围内,为了得到树脂适用期、缠绕温度、黏度、凝胶时间、固化时间和温度以及制品性能等的最佳综合平衡,必须优化树脂体系配方,包括固化剂和促进剂的选择以及用量的优化。

4.2.2 芯模与内衬

芯模的形状决定制品的几何尺寸。对芯模设计的基本要求是:具有足够的强度和刚度,能够承受制品成型加工过程中施加于芯模上的各种载荷(自重、缠绕张力、固化时的热应力、制品二次加工时作用于芯模的切削力等);能满足制品内腔形状尺寸和精度要求(如同心度、不直度、椭圆度、表面光洁度等),能顺利地从已固化的制品中脱出,取材方便,制造简单。

1. 制造芯模的材料

1) 湿法缠绕芯模材料及其制造

湿法芯模与干法芯模的不同之处是湿法芯模不需设置加热装置,而干法芯模中要求设置加热装置。湿法缠绕用芯模材料至今还未找到十分理想的材料,但现用的芯模材料也能不同程度地满足使用要求,主要有以下几种:

（1）熔点金属。可先将其热熔化,采用空壳制造法或外壳冷硬铸造法制成壳体状芯模。脱模时采用热蒸汽熔化掉即可。

（2）熔点盐类。通过加热熔化并采取空壳铸造法浇铸成壳体状芯模,脱模时用水溶解掉芯模即可,经干燥后方可使用。

（3）溶性石膏。铸造制成壳体状态芯模,经干燥后方可使用,脱模时用水溶解掉芯模即可。

2）干法缠绕芯模材料及其制造

干法缠绕成型要求对芯模加热,通常要在芯模里放置加热元件（如蒸汽管、电阻元件和过热油管等）。其设计和制造成本比湿法缠绕芯模高,主要的制造材料有如下几种:

（1）熔点金属。先在铸模内放置带有绝缘体的导线,再浇注液体金属,这样可制成带有绝缘体导线的壳体,也可采用柔性管或者金属蛇形管制造,不论使用什么导体,都必须有足够的柔性。在脱模时,待低熔点金属熔化后取出还可反复再用。

（2）石膏芯模。可溶性石膏芯模的制造方法同低熔点金属相似。但加热时要防止元件与石膏铸体之间产生过大温差,以免造成芯模开裂。脱模时,用水溶解掉石膏,加热元件可重复利用。

敲碎法脱模的石膏芯模主要用于大型制品或外形复杂的制品。大型石膏芯模上装有一根金属轴,部分金属件埋置在石膏芯模的外部区域,浇注制成。脱模时敲碎石膏芯模,取出金属轴。

（3）铝。采用纯铝材料先铸成半个芯模壳体,再铸另一半,在壳体内布有加热元件和接线装置,最后将两半壳体黏结成一个中空芯模。由于这种芯模要用腐蚀性溶液才能腐蚀掉,为保护好缠绕制品的内表面,要在芯模外表面铺一层橡胶保护层。铝芯模传热性能好,但成本高。

（4）蜡模。主要用于由不对称的断面构成特殊结构。这种蜡由蜂蜡和石蜡混合而成,熔点约为 $74℃$,可挤成各种各样的断面,但使用最多的是矩形断面。在蜡模挤出过程中,浸了树脂的玻璃纤维带以螺旋形缠绕在蜡模上。

这类缠绕芯模直接在缠绕机上制作,在容器的内壳缠好以后,把蜡模按照轴向或环向放置在内壳上,当整个内壳表面都覆满时,即可开始外层缠绕。这种夹层结构的固化温度不得高于蜡模的熔化温度。制品固化以后,还必须再把它加热到 $74℃$ 以上,使蜡从纤维缠绕结构预留口淌出来。

2. 芯模的结构形式

芯模的结构形式和制造方法与所取材料密切相关,下面介绍常用芯模的几种结构形式。

1）不可拆卸式金属芯模

这类模具通常可由钢、铝、铸铁等浇注而成,也可以焊接而成,它既是内衬又是芯模,适用于内压容器成批生产。

2）金属可拆卸芯模

若绕制带封头而又不需要将其切掉的筒形容器时,可用金属拆卸式芯模。这种芯模是由多块零件拼凑而成的筒形物,它的内部是用圆盘形肋板作为撑架,而后再用螺栓把各块零件连接在一起。制造制件时,待制件硬化后,拧下螺栓并拆除圆盘,组合芯模的各零件散落下来,便可从极孔中抽出。采用这种芯模的成型工艺比较复杂。

3) 可敲碎式芯模

这种芯模是用石膏、石膏-砂、石蜡或陶土等制成的。芯模待制品硬化后拆模时,可打碎或用水冲刷。例如,向制成的容器内部加入水和金属小球,连续转动,便可将芯模冲刷成泥浆倒出,清洗干净即可。这种芯模造价低廉,但只能用一次,而且制造过程比较麻烦。

4) 橡皮袋芯模

对于直径不大的筒形制品,可以用压缩空气吹胀的橡皮袋做芯模。当制品绕完并硬化后,放掉压缩空气,即可从壳体极孔中把橡皮袋取出。对于大直径制品来说,橡皮袋芯模是不适合的,因为它的变形太大。球形壳体也可采用这种芯模。

5) 组合芯模

包括金属-橡胶、金属-石膏等多种组合芯模。例如,先将石膏做成圆盘肋板,肋板外周刻有半圆形槽孔,再将金属管子放到槽孔中,使许多管子组成一个圆柱体,并在管子上涂一层石膏,而后加工到需要的直径和粗糙度。在其两端装上石膏封头后即可作为芯模使用。制造制品时,当制品缠绕完并硬化后,打碎圆盘的肋板,管子即掉下,再从极孔中抽出。

3. 内衬

缠绕成型获得的复合材料制品往往是非气密性的,因此需要在内部加入具有保证气密性作用的内衬。内衬材料需具有耐腐蚀和耐高低温等性能,还必须与缠绕壳体牢固黏结、变形协调、共同承载,具有适当的弹性和较高的延伸率,目前可以用作内衬的材料有铝、橡胶、塑料等。

1) 铝内衬

用作内衬的铝气密性好,延展性能、可焊接性能及耐疲劳性和耐腐蚀性均好。缠绕制品筒身和封头可用纯铝做内衬,而接嘴部位应该采用轻度高的铝合金。铝内衬主要由筒身、封头、接嘴和接尾组成。

2) 橡胶内衬

橡胶内衬的优点是气密性好、弹性高、耐疲劳性好且制造工艺简单等,但其强度低,必须加芯模才能缠绕。

3) 塑料内衬

塑料内衬的特点与橡胶内衬基本相同,也需加芯模才能缠绕。

4.2.3 缠绕设备

缠绕机是缠绕成型工艺的主要设备,缠绕制品的设计和性能都要通过它才能实现。

1. 缠绕机的自由度概念

在纤维缠绕成型工艺中,称纤维的每一个可以移动的方向为一个自由度,也称为一个轴。自由度越多,可以实现的缠绕方式就会越复杂。机械式缠绕机实现的工艺比较简单,通常情况下只能实现两个方向上的运动,即主轴绕自身轴线做圆周运动的同时小车沿轴向运动,因此也被称为两轴缠绕机。

计算机控制缠绕机的发展,使多自由度的运动变得越来越简单,也使各种多轴缠绕机不断被研制出来。目前,市场上实现商品化的缠绕机达到了6轴。如图4-3所示,该缠绕机具有以下几个自由度:

(1) 主轴(X),使芯模做回转运动。
(2) 小车水平轴(Y),使丝嘴沿芯模轴向做往复运动。
(3) 小车伸臂轴(Z),使丝嘴沿芯模做径向运动。
(4) 丝嘴翻转轴(U),使丝嘴绕伸臂轴转动。
(5) 降轴(V),使丝嘴做垂直于伸臂轴和主轴方向的运动。
(6) 扭转轴(W),使丝嘴绕升降轴转动。

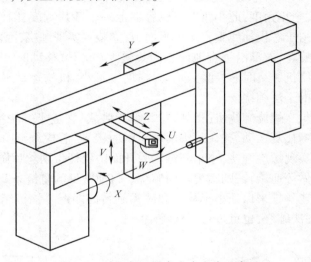

图4-3 缠绕机运动各个自由度示意图

2. 缠绕机的类型

缠绕机历经半个世纪的发展,从原来的机械式、数字控制式到现在的计算机控制式,种类很多,就控制方式而言,常用的缠绕机分为机械式缠绕机和计算机控制缠绕机两种。

1) 机械式缠绕机

机械式缠绕机具有结构简单、传动可靠、维修方便、容易制造等优点,适用于形状比较简单的制品缠绕。按实现缠绕规律的特征,可分为平面缠绕机和螺旋缠绕机两大类。

(1) 卧式轨道缠绕机。卧式轨道缠绕机(图4-4)的芯模轴线和小车运行轨道均呈卧式布置,纱盘、胶槽和丝嘴均装在小车上,当小车沿环形轨道绕芯模转一周时,芯模绕自身轴线转过一个纱片宽。芯模轴线与水平面倾斜一个角度(平面缠绕角 α)。卧式轨道缠绕机适于大型构件的干法或湿法缠绕。

(2) 立式轨道缠绕机。当芯模和轨道皆为立式放置时常称为立式轨道缠绕机(图4-5),它的运动特点也是小车转一周,芯模转过一个纱片宽。当改变二者的转比,使芯模旋转一周小车移过一个纱片宽,也可实现容器圆筒段环向缠绕,但这种缠绕设备更适用于球形或扁球形构件的干法缠绕。

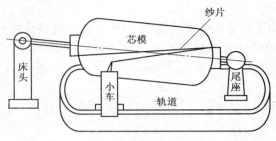
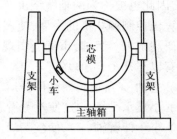

图 4-4　卧式轨道缠绕机示意图　　　　图 4-5　立式轨道缠绕机示意图

(3) 绕臂式缠绕机。绕臂式缠绕机(图 4-6)属于平面缠绕机,其运动特点是绕臂(丝嘴装在绕臂上)围绕芯模做匀速旋转运动;芯模绕芯模轴线做慢速连续转动,绕臂每转一周,芯模转过一个小角度,此小角度对应容器上一个纱片宽度,因而可以保持纱片紧挨布满容器表面。由于芯模袖线垂直于地平面,直立装置实现缠绕,因此也称它为立式缠绕机。当芯模快速旋转,丝嘴沿垂直地面方向缓慢上(或下)移动时,即可实现容器的环向缠绕。绕臂式缠绕机缠绕时芯模受力均匀,横向变形小,机构运动平稳且排线均匀,它适于短粗筒形容器的干法缠绕。

(4) 螺旋缠绕机。螺旋缠绕机(图 4-7)一般为卧式,它适于缠绕细长筒形容器。小车通过链轮带动丝嘴往复运动,并在封头两端有瞬时停歇,芯模绕自身轴线做等速旋转,两者的合成运动便实现螺旋缠绕,小车与链轮脱开而由丝杆带动丝嘴做慢速布线移动,同时芯模绕自身轴线做等速旋转,则实现环向缠绕。目前常见的是链条式螺旋缠绕机,它由齿轮系、链轮、链条或丝杆来保证小车移动和芯模旋转的匹配。该机结构简单,操作调整比较方便,多用于湿法缠绕,也可进行干法缠绕。

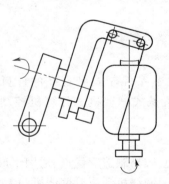
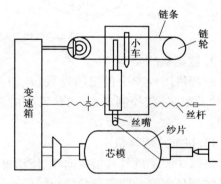

图 4-6　绕臂式缠绕机示意图　　　　图 4-7　螺旋缠绕机示意图

(5) 滚转式缠绕机。滚转式缠绕机(图 4-8)的运动特点是芯模装在一个旋转工作台的悬轴上,芯模绕自身轴线做慢速自动旋转(实现排线),旋转工作台带着芯模公转(实现缠绕),丝嘴位置固定不变。翻转一周,芯模自转与一纱片宽相应的角度。芯模可以一端或两端固定,在垂直或水平平面内滚转,而纤维用固定不动的伸臂来供给,环向缠绕由附加装置来实现。由于滚转的动作使制品的尺寸受到限制,所以应用不太广泛,它只适宜于小型容器的干法或湿法缠绕。

(6) 球形容器缠绕机。球形容器缠绕机(图 4-9)可使用无捻粗纱和玻璃布带,芯模轴可直立或横卧放置。这种机器广泛用于球形发动机壳体和压缩空气用的容器的缠绕。

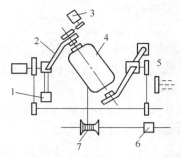

图 4-8　滚转式缠绕机示意图

1—平衡铁；2—摇臂；3—电机；4—芯模；5—制动器；6—离合器；7—纱团

球形芯模悬臂连接在摆臂上，既能摆动又能绕自身轴转动，绕丝头与浸胶装置均固定于转台上，转台装置纱架，胶量由计算泵控制。

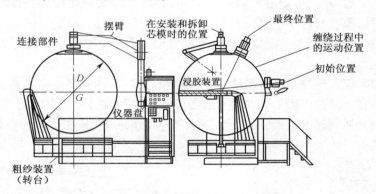

图 4-9　球形容器缠绕机示意图

除此之外，还有小车环链式缠绕机、行星式缠绕机、电缆机式纵环向缠绕机、斜缠绕机、离心成型缠绕机等多种结构的缠绕机，以适应不同缠绕线性或缠绕制品形状的要求。

2) 计算机控制缠绕机

与机械式缠绕机相比，计算机控制缠绕机的执行机构动力源均采用独立的伺服电机，各个机构（运动轴）间的运动关系不是由机械传动链确定的，而是由计算机控制的伺服系统实现，因此可以实现多轴缠绕。计算机控制缠绕机的执行机构多采用精密的传动器件，落纱准确、张力控制稳定。

计算机控制缠绕机除缠绕机主体外，还有控制和伺服传动两个系统。控制系统由控制介质及控制装置组成。控制介质用于记载整个加工工艺过程，以便为控制装置所接受。控制机构也就是整个设备的计算部分。伺服传动系统主要是经伺服机构（包括伺服放大及功率放大）后驱动执行机构，往往还有检测装置。

计算机控制缠绕机和机械式缠绕机相比，具有以下无可比拟的优点：它可以使缠绕工作变得更加科学，如对工艺参数的优化组合不需再进行常规实验，借助于计算机就可以直接完成，这就保证了整个缠绕工艺过程中，每一个对产品质量有影响的因素都被视为工艺参数。工艺参数可以在计算机上用示数法进行优化组合。优化组合工艺参数被作为指令输入计算机控制系统中付诸实施，这不仅减轻了过去反复实验、数据归纳、分析计算的工作量，也扩大了缠绕制品的应用领域。目前，已有机械手操纵的缠绕机，大大减轻了人的劳动强度,并向机械化、自动化方向发展。

3. 缠绕设备部件

缠绕机主要由机身、传动系统和控制系统等几部分组成,此外还包括浸胶装置、张力测控系统、纱架、芯模、加热器、预浸纱加热器及固化设备等辅助设备。

1) 机械系统

无论是机械式缠绕机还是计算机控制缠绕机,机械系统是相同的,它包括机架、动力系统、传动系统、运动系统和芯模夹持系统等。

(1) 机架。机架是缠绕机的主体和各个系统安装的基础,按主轴位置可以分为立式和卧式。卧式结构是最常见的结构形式,门架式和支座式是卧式结构的两种主要形式。

门架式系统是中小型缠绕机最常见的结构形式,又可分为单工位和多工位,其中多工位有并联和串联两种形式。如图4-10所示的门架式缠绕机具有以下优点:架整体性好,刚性大,运输、安装方便,可以有效地利用空间;芯模可以从下面推入,装卸方便,地面清洁;导轨倒悬挂,不容易污染。支座式系统主要适用于大型缠绕机,芯模尺寸大,重量大,采用支座式结构,配以天车可便捷地完成装卸芯模。由于主轴与小车控制系统分开,安装调试难度较大。

(2) 动力系统。缠绕机动力系统主要有两种方案:一种方案是主轴与其他系统均采用伺服电机,可以实现0°缠绕,但成本高,尤其是主轴系统功率较大时更突出;另一种方案是主轴采用普通调速电机,其他系统均采用交流伺服电机,以主轴运动参数为基准实施控制。

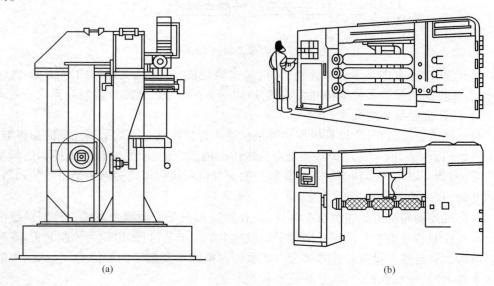

图4-10 门架式单工位及多工位缠绕机

(3) 传动系统。缠绕机的传动系统主要有齿轮-链条传动、齿轮-齿条传动、滚珠-丝杠传动和齿轮传动等。缠绕机传动系统的精度主要由传动精度控制,因此选择合适的传动系统相当重要。

(4) 运动系统。由于缠绕机运动系统速度较高,目前普遍采用滚动导轨和直线轴承,以提高精度,对于精度要求不高的系统,如普通管道缠绕机,考虑成本,也可以用普通导轨导轮系统。

(5) 芯模夹持系统。芯模夹持主要有卡盘-顶针式、卡盘-卡盘式、法兰-轴承支架式。卡盘-顶针式适用于中等尺寸的芯模，单端驱动，安装方便，为提高自动化程度，可以采用气动顶针。卡盘-卡盘式主要适用于细长杆缠绕，一方面可以采用双端驱动，避免由于扭矩使芯模产生扭角，另一方面可以安装气动/液压拉伸芯轴，缠绕时芯轴受拉，降低由于芯模重力引起的挠度。法兰-轴承支架式主要适用于大型芯模，驱动力矩大。

2) 运动控制系统

机械式缠绕机的运动控制系统较为简单，运动关系是由机械系统确定的。数控缠绕机运动控制系统是缠绕机的核心，靠其完成各轴间的运动关系，从而实现各种线型的缠绕，主要有以下两种方案。

(1) 采用通用数控系统。如 SIEMENS 810D(3 轴联动)、SIEMENS 840D(4 轴联动)等，采用通用数控系统的缠绕机，集成程度较高，维护方便，但成本高，运动轴数少，缠绕编程灵活性和机器拓展性差。

(2) 采用分布式专用数控系统。采用分布式专用数控系统即依据缠绕机的特点与具体需求，将多轴运动控制卡等集成为一个缠绕专用数控系统，如南京航空航天大学和上海万格复合材料技术有限责任公司共同开发的 FWP2000 系统(7 轴联动)等，具有成本低、运动轴数多、缠绕编程灵活等优点，但应用尚不够广泛。

3) 浸胶装置

纤维缠绕工艺中最常见的浸胶形式有三种：浸胶法、擦胶法和计量浸胶法，如图 4-11 所示。

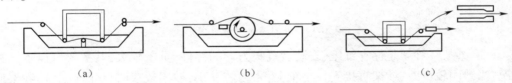

图 4-11 三种不同的浸胶形式
(a)浸胶法；(b)擦胶法；(c)计量浸胶法。

最简单的浸胶槽通常没有运动的部件，由浸胶辊、胶槽和压胶辊组成。多根纤维纱通过浸胶辊浸上树脂。然后通过第二次浸胶辊和压胶辊及分纱，最后缠绕到芯模上。在高速缠绕时，纤维束的浸润可以通过一个转动的辊使纤维束铺开以改善浸透性，在此基础上加装限胶孔有助于控制缠绕制件的树脂含量。

擦胶法适合于玻璃纤维和芳纶纤维缠绕，因为玻璃纤维和芳纶纤维损伤容限较大。擦胶法浸渍装置中，一个转动的圆筒和树脂槽内的树脂接触带起树脂，经过刮刀后在圆筒表面形成树脂薄层，纤维在圆筒上部经树脂薄层浸胶，由于纤维在低应力水平下浸渍，因此纤维不易损伤。擦胶法的缺点主要是纤维如有损伤，断裂的纤维会粘在转动圆筒的表面。越积越多，从而影响树脂的含量并增加纤维的损伤，必须随时注意并加以清洗。

计量浸胶法，即限胶法浸渍。将纤维和树脂引入一个一端开口大的通道，通道的另一端是一定宽度的机加孔，在通道内树脂充分浸渍纤维，经机加孔时多余的树脂被挤出。这一方法的优点是树脂含量可严格控制，缺点是纤维的接头不能通过，对于不同的树脂体系和含胶量都必须更换机加孔。

4) 张力控制装置

在纤维缠绕中纤维张力控制是获得优良性能复合材料的关键,缠绕张力的控制精度很大程度上决定了缠绕制品的质量。张力控制系统有机械式和电子式两种,均由张力传感器、张力控制器和张力测控系统组成。张力装置应具有以下功能:缠绕张力可变、可控;缠绕张力便于调整;张力器有绕紧功能,避免纤维松弛;随着纱管尺寸的变化张力可自动补偿,大多数高级增强材料采用纱管形式包装,因此张力器常常安装在纱管上,这样便于远距离控制张力,同时又便于在绕丝嘴运动中控制供纱系统的张力。最新一代的张力器装有传感装置,通过监控器监控纱束上的实际张力,实时调整缠绕张力,使其保持均衡。

5) 其他装置

(1) 纤维铺展装置。对于不同的树脂、纤维体系选用纤维铺展装置时应考虑尽量减少对纤维的损伤和浸胶纱带在芯模上的合理展开与铺叠。利用大而光滑的弧形绕丝嘴和导向环能减少纤维损伤,使陶瓷和表面镀铬能减少纤维和导向环相互之间的磨损。缠绕中纤维的覆盖状况取决于纤维束宽度,在纤维束宽度方面的变化能导致缠绕缝隙或不希望的纤维重叠。实际上,纤维宽度是利用不同的绕丝嘴来控制的,图4-12所示为几种常见的绕丝嘴。

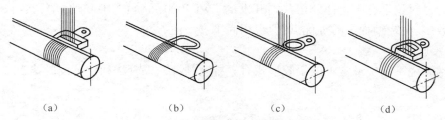

图4-12 几种常见的绕丝嘴形式

(2) 纱架。纱架是储存纤维、安装后置张力器的部件,重量较大,其主要有以下三种情况:当纱团较少时,纱架直接安在小车上,张力波动小;纱团较多时(6团以上),纱架质量大,直接装在小车上稳定性不好,因此纱架固定,但由于小车运动,会使张力波动。为减少由于纱架固定引起的张力波动,采用随动纱架,即纱架由另一套系统驱动,与小车同步。

(3) 加热装置。电加热或气加热烘箱是传统的固化设备,投资少,可做成不同的尺寸和形状。采用烘箱固化,所需固化压力由收缩带或空气袋提供。在许多情况下,例如对于缠绕管和另外一些圆形制件,在固化过程中这些制件保持转动以减少下垂和树脂滴落。因为不仅要加热制件,而且也包括周围的空气以及辅助设备(如芯模和支撑体)。烘箱的能耗花费较多,大的烘房也会占用较大的空间。

加热灯可提供一个最高在170℃左右的固化温度。在使用加热灯作为热源时,应注意尽量使制件各部分受热均匀。加热灯固化的缺点是树脂外首先形成一层表皮,而这层表皮阻止在固化过程中的进一步热传递。红外灯是复合材料固化常用的加热灯,常在使树脂从A阶段转变到B阶段的过程中使用。

而对于航空航天用的高质量制件而言,树脂基体往往采用高性能环氧树脂、双马来酰亚胺或聚酰亚胺,有必要采用真空袋/热压罐固化纤维缠绕件。热压罐固化能提供400℃的固化温度和3.5MPa的固化压力。热压罐固化的主要缺点是长的固化周期以及尺寸等方面的限制。

许多缠绕管材的厂家还使用蒸汽作为树脂固化的热源。当管道缠绕完毕后,热蒸汽经金属芯模端部接头通过管状芯模,使缠绕件快速固化。完全固化后,利用冷却水快速冷却。这样做既能方便操作、提高效率,也能提供足够的收缩以使脱模更容易。

此外,电子束、激光、射频、超声波、微波和诱导固化方法都在纤维缠绕工艺中被试用且有不同程度的成功。超声波可以使树脂体系快速固化,但这种固化不均匀。射频固化已得到许多研究,并被认为是一个有希望的加热固化方式。针对射频固化所展开的初步研究工作证明,它是一种有应用前景的加热固化方式。激光加热已基本被否定。微波固化炉初始投资高,固化效率高,能源利用率高,具有显著的节能效果,但是对于导电的碳纤维不能使用。

4.3 缠绕成型工艺

该任务重点阐述了缠绕成型规律,并对其进行分析。在此基础上,讲解了成型工艺的设计及成型工艺参数,介绍了缠绕制品的主要应用。

4.3.1 缠绕规律

1. 缠绕规律分类

缠绕制品的规格、形状、种类繁多,缠绕形式千变万化,但缠绕规律可以归结为三种:环向缠绕、纵向缠绕和螺旋缠绕。

1) 环向缠绕

环向缠绕是指沿容器圆周方向进行的缠绕。缠绕时芯模绕自身轴线做匀速运动,导丝头在平行于芯模轴线方向的筒身区间运动。芯模每旋转一周,导丝头移动一个纱片的距离。如此循环往复,直至纱片均匀布满芯模圆筒段表面位置,如图4-13所示。

环向缠绕的特点是缠绕只能在筒身段进行,不能缠到封头上去。邻近纱片之间相接但是不重叠。纤维的缠绕角通常是85°~90°。为了使纱片能够一片挨着一片地布满芯模表面,必须保证芯模和导丝头的平行,以保证两个运动的相互协调。

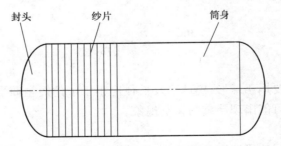

图4-13 环向缠绕示意图

2) 纵向缠绕(平面缠绕)

纵向缠绕又称平面缠绕,在进行缠绕时,导丝头在固定平面内做匀速圆周运动,芯模绕自身轴线慢速旋转。导丝头每转一周,芯模转过一个微小的角度,反映到芯模表面是一个纱片的宽度。纱片与芯模纵轴之间的交角为0°~25°,并与两端的极孔相切,依次连续缠绕到芯模上。平面缠绕的纱片排布是彼此间不发生纤维交叉的,纤维缠绕轨迹是一条单圆平面封闭曲线。平面缠绕的速比是指单位时间内芯模转数与导丝头旋转的转数比,纱片与纵向的交角称为缠绕角,一般用 α 表示。图 4-14 为平面缠绕示意图。

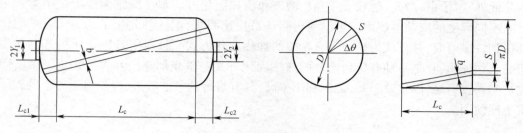

图 4-14 平面缠绕示意图

$$\tan\alpha = \frac{r_1 + r_2}{L_c + L_{e1} + L_{e2}} \tag{4-1}$$

式中　r_1、r_2——两封头的极孔平径;

　　　L_c——筒身段长度;

　　　L_{e1} 和 L_{e2}——两封头高度。

如果芯模两端的极孔相同,且封头具有相同的高度,则缠绕角计算公式为

$$\tan\alpha = \frac{2r}{L_c + 2L_e}$$

即

$$\alpha = \arctan\frac{2r}{L_c + L_e} \tag{4-2}$$

假设纱片宽度为 b,缠绕角为 α,则其在芯模圆周平行圆上所占的弧长为 $S = \frac{b}{\cos\alpha}$,与这个弧长对应的芯模转角 $\Delta\theta = \frac{s}{\pi D} \times 360°$。若导丝头旋转一周的时间为 t,则平面缠绕时速比 i 为

$$i = \frac{\frac{\Delta\theta}{360°} \times \frac{1}{t}}{\frac{1}{t}} = \frac{b}{\pi D \cos\alpha} \tag{4-3}$$

纵向缠绕规律主要用于球形、椭球形及长径比小于 1 的短粗筒形容器的缠绕。纵向缠绕时容器头部纤维可能出现严重的架空现象。

3) 螺旋缠绕

螺旋缠绕也称为测地线缠绕。在缠绕时芯模绕自身轴线做匀速运动,导丝头按特定速度沿芯模轴线方向做往复运动,从而实现在芯模筒身和封头上的螺旋缠绕。螺旋缠绕的缠绕角通常为 12°~70°,如图 4-15 所示。

在螺旋缠绕中,纤维缠绕不仅在圆筒段进行,而且也在封头上进行。其缠绕过程为:纤维从容器一端的极孔圆周上某一点出发,沿着封头曲面上与极孔圆相切的曲线绕过封头,并按螺旋线轨迹绕过圆筒段,进入另一端封头,然后再返回到圆筒段,最后绕回到开始

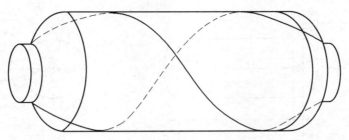

图 4-15 螺旋缠绕示意图

缠绕的封头,如此循环下去,直至芯模表面均匀布满纤维为止。由此可见,螺旋缠绕的轨迹由圆筒段的螺旋线和封头上与极孔相切的空间曲线所组成,即在缠绕过程中,纱片若以右旋螺纹缠到芯模上,返回时则以左旋螺纹缠到芯模上。

螺旋缠绕的特点是每束纤维都对应极孔圆周上的一个切点;相同方向邻近纱片之间相接而不相交,不同方向的纤维则相交。这样,当纤维均匀缠满芯模表面时,就构成了双层纤维层。相对于其他两种缠绕方式,螺旋缠绕的规律较为复杂,也是纤维缠绕技术研究的重点内容。

2. 螺旋缠绕规律分析

目前对于缠绕规律的研究主要采用以下两种方法:标准线法和切点法。标准线法的基本点就是通过容器表面的某一特征线——"标准线"来研究制品的结构尺寸与导丝头和芯模之间相对运动的规律。这种方法直观性强、易学易懂,但分析演算过程较为复杂,精确性也不太高。切点法是研究缠绕线型在极孔上对应切点的分布规律,研究纤维缠绕芯模转角与线型、速比之间的关系。该方法的理性较强,数学推导比较严密。这两种分析方法出发点虽不相同,但并无本质区别。下面就用这两种方法分析螺旋缠绕规律。

1) 相关术语解释

(1) 标准线。螺旋缠绕时芯模绕其轴线转动,导丝头平行芯模的轴线做往复运动,由导丝头引出的纤维从芯模上某点开始,经过几次往复运动后,纤维又绕回到原始点,这样在芯模上完成了第一次铺纱,这一过程中纤维的轨迹称为标准线。

标准线的排列形式不同,线型不同,缠绕规律也不同,因此,标准线是反映缠绕规律的基本线型。图 4-16 为 $n=4, k=1$ 时螺旋缠绕标准线展开图。

由图 4-16 可知纤维从 A 点开始缠绕,其走向是 $A \rightarrow B \rightarrow$ 极孔 $\mathrm{II} \rightarrow C \rightarrow D$(与 A 重合)$\rightarrow$ 极孔 $\mathrm{I} \rightarrow E \rightarrow C \rightarrow$ 极孔 $\mathrm{II} \rightarrow B \rightarrow E \rightarrow$ 极孔 $\mathrm{I} \rightarrow A$,这条布线称为标准线,螺旋缠绕始终是沿某一标准线进行,区别仅在于每缠绕完一个标准线后,纤维应错过一个纱片宽度,按此规律进行下去,直至芯模表面布满纤维为止,此时称为一个交叉缠绕循环,而显示在芯模上,则是两层交叉纤维。

(2) 交叉点。在标准线上互不平行的缠绕纤维的交点称为交叉点。同一结构尺寸的容器,采用不同缠绕规律时,其交叉点数目和位置也不相同。图 4-16 中 A、B、C、D(A)、E 各点即为交叉点。

(3) 交带。螺旋缠绕走过一个循环,由交叉点组成的迹线叫做交带。图 4-16 中 A、E、D 及 B、C 的连线即为交带,它是一条垂直于轴线的截面圆线。而在筒身两端,距筒身与封头交线某距离处,各存在一条重合于交带的截面圆线,称这条截面圆线为基准线。

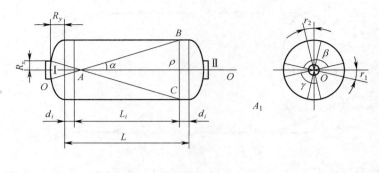

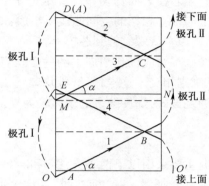

图 4-16　$n=4$、$k=1$ 时螺旋缠绕标准线展开图

(4) 常用符号:

L_c——容器内衬的筒身长度,cm;

D——内衬直径,cm;

R_x——封口处的极孔半径(封头曲线对 x 轴的坐标值),cm;

$β$——包角,表示纤维从筒体上的某一截面圆线起,进入封头经过极孔并与极孔相切,再绕出封头回到与该截圆线相交时芯模所转过的角度,(°);

$γ$——进角表示纤维自圆筒段一端绕到另一端时芯模所转过的角度,(°);

n——圆筒圆周等分数目;

L_i——筒身两端基准线间的距离,cm;

d_i——基准线至筒身和封头交界线间的距离,cm;

J——平面缠绕循环数;

K——纵向纤维利用系数($K=0.7~0.8$);

f——每束纤维的平均强度,9.8N/束;

$N_θ$、N_f——环向和平面缠绕纱片束数,束/条;

m、M——环向和平面缠绕纱片的密度,条/cm;

P——容器内部压力,10^{-1}MPa;

R——容器半径,cm。

2) 用标准线法分析螺旋缠绕规律

任何线型的缠绕工艺都要求芯模与导丝头做不同规律的相对运动,所以对缠绕规律的分析就是要找出产品结构尺寸与缠绕参数,如缠绕角、速比等之间的函数关系。

3) 用切点法分析螺旋缠绕规律

螺旋缠绕是一种连续的纤维缠绕过程,缠绕纤维的轨迹是由筒身部分的螺旋线和封头部分与极孔相切的空间曲线组成的。

螺旋缠绕的线型与切点的位置和数量有关,也就是说,与纤维在封头极孔圆周上切点的位置有关。因此,对于纤维在芯模表面上分布规律的研究,可以通过研究切点在极孔圆周围的分布及分布规律解决。这就是用切点法描述螺旋缠绕规律的基本思想。

(1) 线型。线型是连续纤维缠绕在芯模表面上的排布形式。用切点法描述螺旋缠绕的线型时,主要是将线型与切点数和分布规律联系起来进行研究。

在芯模上连续缠绕的纤维,由导丝头引入,从芯模上某点开始,导丝头经过若干次往返运动后,又缠回到原来的起始点上,这样的一次布线称为标准线。完成一个标准线缠绕或者说完成与初始切点重合的缠绕,称为一个完整循环。由此可以看出,要使纤维均匀缠满芯模表面,则需要若干条由连续缠绕纤维形成的标准线。换言之,需要进行若干个完整循环缠绕才能实现。标准线的排布形式,即缠绕花纹特征包括切点、交叉点、交带及其分布规律。它反映了全部缠绕的花纹特征。因此,标准线是反映缠绕规律的基本线型。

在极孔圆周上按时间顺序相继出现两个切点,称这两个切点为时序相邻。它们的相互位置只有两种情况:一是两切点之间密排而不再加入其他切点,称这两个切点为位置相邻;二是两切点之间还要加入其他切点,称这两个切点位置不相邻。但它们均表明的是切点位置及其出现的顺序。

完成一个完整循环缠绕有两种情况:第一种情况,与起始切点位置相邻的切点,时序上亦相邻,因此,在出现与起始切点位置相邻的切点之前,极孔圆周上只有一个切点,所以称为单切点;第二种情况,与起始切点位置相邻的点在时序上不相邻,也就是说,在出现与起始点位置相邻的切点以前,极孔圆周上已有两个以上切点,这种情况称为多切点(切点数 $n=2,3,4,\cdots$)。

由于芯模匀速转动,导丝头每次往返时间又相同,所以在极孔圆周上的几个切点等分圆周。单切点与两切点的排布顺序如图4-17所示。

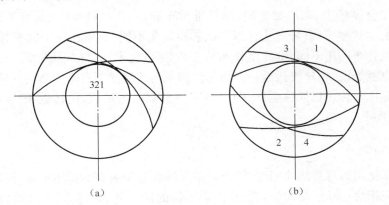

图4-17 封头极孔圆周上的切点线型
(a)单切点线型;(b)两切点线型。

下面再研究在一个完整循环内等分圆周的各切点位置排布顺序。显然,当 $n=1$ 与 $n=2$ 时,极孔圆周上切点排布顺序是固定的。当 $n=3$ 时,在与起始切点位置相邻的切点出现以前,在极孔圆周上已出现了 $n \geq 3$ 个切点,因而它们有不同的排布顺序。以 $n=3,4,$

5为例,其排布顺序如图4-18所示。由此可以看出,不同的线型其切点数及各切点的排列顺序不同。

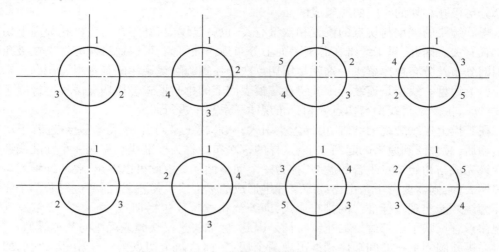

图4-18 $n=3,4,5$ 时初始切点的排布顺序

由于芯模上的每一束纱片,都对应极孔圆周上的一个切点。因此,只要满足了下列条件,就可实现在经过若干完整循环缠绕后,纱片能一片挨一片地均匀布满整个芯模,即表面纤维在芯模表面均匀布满的条件。

① 完成一个完整循环的诸切点等分芯模转过的角度,即诸切点均布在极孔圆周上。

② 相邻的两切点所对应的纱片在筒身段错开的距离等于一个纱片宽度,显然,由于条件①,其他陆续缠绕经过对应切点的纱片,在筒身上错开的距离也等于一个纱片宽度。

对于纤维缠绕均匀布满芯模表面的排布规律,就可以通过对一个完整循环缠绕纤维排布规律的研究来解决。而完成一个完整循环缠绕规律的线型,又可以通过诸切点在极孔圆周上的分布规律来分析。

在一个完整循环中,切点数不同,则纤维排布顺序、花纹特征(交叉点数、交带数、节点数等)不同,即线型不同,导丝头往返一次芯模转角不同;如果在一个完整循环中,切点数相同而切点排布顺序不同,则纤维排布特征(线型)也不同,导丝头往返一次的芯模转角也不同。也就是说,导丝头往返一次的芯模转角与缠绕线型有着严格的对应关系。

(2)转速比。转速比简称速比,即缠绕完一整个循环时,芯模转数 M 与导丝头往返次数 n 之比,即

$$i = \frac{M}{N} \tag{4-4}$$

线型与速比均属缠绕规律问题,线型是指纤维在芯模表面的排布规律,而转速比是指芯模和导丝头相对运动的规律。它们是完全不同的两个概念。但是正如前面所述,不同的线型严格对应着不同的转速比,所以定义线型在数值上等于转速比。

3. 缠绕工艺设计

1)选择缠绕规律的要求

(1)缠绕角 α 要求与测地线缠绕角相近,为更好地发挥玻璃纤维的强度,缠绕角 α 应接近于55°。

（2）为避免极孔附近纤维的架空，影响头部强度，所选缠绕规律在封头极孔处的相交次数不宜过多。

（3）头部包角 β 应接近180°为好，一般选用 $\beta = 160° \sim 180°$，否则会使纤维在头部引起打滑。

2）选择缠绕线型需注意的问题

（1）测地线缠绕纤维是实现等张力封头的条件。测地线缠绕角过大或过小对缠绕都是不利的。因此，缠绕角的选取应尽量等于或接近于测地线缠绕角。从封头强度的角度分析，若缠绕角过小，就破坏了等张力封头纤维受力的理想状态。从筒身段强度计算知道，缠绕角减小，则纵向缠绕的层数就要减少。轴向受力能力增强、环向受力能力减弱。如缠绕角过大，环向缠绕层数增加，不能全部利用封头环向强度，封头上纤维堆积、架空的现象严重，纤维强度得不到发挥。

（2）同一产品，宜采用多缠绕角进行缠绕，以免形成不稳定的纤维结构，在复杂应力作用下树脂受过大的应力。

（3）选择线型时应使纤维在封头极孔相切的次数（切点数）尽量减少。这是因为切点数目越多，纤维交叉次数越多，纤维强度的损失就越大，同时也使极孔附近区域的纤维堆积、架空的现象严重，出现不连续应力和不相等应变。

（4）封头缠绕包络圆直径应逐渐扩大，使纤维在封头分布均衡，减轻纤维在极孔附近的堆积现象，不会使封头外形曲线发生较大变化，有利于发挥封头处纤维的强度。

（5）对于湿法缠绕，实际缠绕角应控制在与测地线缠绕角的偏离值不超过 $\pm 10°$，以保证在封头曲面上纤维不发生滑移。

（6）在缠绕过程中，环向缠绕应与螺旋缠绕交替进行。

（7）使用环链式缠绕机时，如果缠绕角过小，将使链条长度增大，设备将变得大而笨重。同时由于链条超越长度增大，使纤维缠绕张力难以控制，影响纤维的强度。

4.3.2 缠绕成型工艺流程

缠绕成型工艺一般由胶液配制、纤维烘干及热处理、芯模或内衬制造、浸胶、缠绕、固化、检验、修正、成品等工序组成。干法和湿法缠绕的过程，主要在纱线处理的方法上有所不同，工艺流程可参考图 4-2。

1. 原材料准备

缠绕前，需按照相关成型工艺指导文件的具体要求对增强材料、树脂基体及其他辅助材料的名称、规格型号、生产厂家等进行复查。

纤维在使用前需进行烘干处理，根据其纱团大小一般在 $60 \sim 80 ℃$ 的烘箱内干燥 $24 \sim 48h$。芳纶纤维极易吸水，所以在使用过程中应采用密封、加热的方式，使之与湿气隔绝。

树脂基体在使用前通常应检查树脂种类、牌号、生产厂家等是否与工艺指导文件规定的一致，并依据作业指导文件对外观、黏度、生产日期等规定的指标进行复测。环氧树脂通常需复测的指标主要有环氧值、羟值、氯含量、黏度等。不饱和聚酯树脂通常需复测的指标主要有黏度、酸值、固体含量、羟值、反应活性、凝胶时间、80℃下树脂热稳定性等。树脂固化物的性能对复合材料制品的性能影响较大，通常需进行力学性能、热稳定性、浇铸体硬度、热变形温度等检测，确认满足性能指标要求后方可使用。

2. 胶液配制

根据工艺设计文件要求，首先选用合适量程的天平、台秤、磅秤、电子秤等进行各组分的称量。按照配方要求向树脂基体中依次加入溶剂、固化剂、促进剂或其他辅助材料，经人工或搅拌器充分搅拌均匀后方可使用。考虑到不同树脂体系适用期不同，一次配制的胶液数量不能过多，以免造成浪费。

应特别注意的是配制不饱和聚酯树脂体系前，需按照当时的环境温度情况调节固化剂、促进剂的用量，测试凝胶时间，使树脂具有较合适的使用期。不饱和聚酯树脂的固化剂和促进剂不能直接混合，以免发生危险。

3. 设备检验、调试和程序的输入

缠绕前需对缠绕机进行必要的检验、调试和程序输入等工作。

1）设备检验

对缠绕机进行空转，检查机械系统（缠绕机架、电机、传动系统等）、控制系统、辅助系统（纱架、胶槽、加热器等）、张力控制系统（传感器、控制器、测控系统）的运转情况。如发现异常情况应停止使用，并及时修理。

2）缠绕线型设计与调试

安装缠绕芯模，并将有关设计参数输入缠绕机。机械式缠绕机的缠绕线型主要由机械系统来控制，通过调节挂轮比、链条等获得需要的缠绕线型。数控缠绕机的缠绕线型通过数控系统来实现。缠绕时通过专用的缠绕软件，来进行线型设计。线型调试时，将芯模安装到缠绕机上，进行预定线型缠绕，保证不出现纱片离缝、滑线等现象。

3）辅助设备安装调试

对纱架、胶槽、绕丝嘴、加热器等辅助设备进行检验，确保运转正常，过纱路径光滑，不影响缠绕制品的质量。

4. 芯模的处理和安装

1）金属芯模的准备

（1）在缠绕前首先要清除金属表面的油污，用丙酮或乙酸乙酯清洗干净。如果有铁锈，先用砂纸打光芯模表面，而后再清洗干净。

（2）在清洗干净的芯模表面涂敷脱模剂。脱模剂的种类很多，如聚乙烯醇、有机硅类、醋酸纤维素、聚酯薄膜、玻璃纸等，应严格按照不同脱模剂的使用方法进行涂敷操作。初次使用的模具应反复涂敷几次。

2）石膏芯模的准备

将已做好的石膏芯模表面涂敷一层胶液，用树脂或油漆均可。主要是将里面的小气孔封闭，待固化后，然后再涂上一层或数层聚乙烯醇，充分凉置后待用。或者将已做好的石膏芯模表面糊上一层玻璃纸，赶出里面的气泡，待用。石膏芯模不适合固化温度高于150℃的产品。

3）水溶性芯模的准备

制作水溶性芯模常用的黏结剂主要有聚乙烯醇和硅酸钠。制品固化温度低（小于150℃）时，常用聚乙烯醇体系。固化温度较高（高于150℃）时，常用硅酸钠体系。水溶性芯模在使用前处理方法与石膏芯模类似。

5. 缠绕成型

(1) 缠绕前首先进行纤维张力的调节,用张力器测量纤维张力,并对张力控制机构进行调节,以达到工艺文件规定的张力精度。

(2) 将胶液倒入胶槽中,使纤维经过浸胶槽和挤胶辊,然后将已浸胶的多根纤维分成若干组,通过分纱装置后集束,引入绕丝嘴。

(3) 按设计要求进行设定线型的缠绕,并随时调节浸胶装置控制纤维带胶量。缠绕时随时将产品表面多余的胶液刮掉,并观察排纱状况,如遇纱片滑移、重叠或出现缝隙等情况,应及时停车处理。

(4) 缠绕中应不断调节张力,不断添加新胶液,清除胶辊上的纱毛和滴落在缠绕设备上的胶液,保持整个生产线的清洁卫生,做到文明生产。

(5) 当缠绕即将结束时,测其厚度,达到设计要求时即可停机。

(6) 将产品卸下,进入固化炉或放置室温下固化。

6. 固化

产品固化应严格按照工艺规定的固化制度进行。将产品放于烘箱、固化炉、真空罐或常温下固化。产品视其需要可采用水平放置、垂直放置或旋转放置的方式,按已确定的固化制度进行固化。在固化过程中要严格遵守操作规程,随时检查和调试温度,如遇温度过高、过低或升温过快等情况应停止固化,及时检修设备。固化结束后,通常自然冷却。严禁高温出炉,出炉温度过高会使产品收缩产生裂缝,影响产品质量。

7. 脱模

制品固化后要将其中的芯模脱除,根据芯模结构形式的不同,其脱模的方法也不相同。

(1) 金属芯模:一般采用机械脱模方式,如制作复合材料管道时,需通过脱模设备将金属芯模拔出。

(2) 组合模具:需先将模具拆散,然后小心的移除,注意不要碰伤产品。

(3) 水洗砂芯模:需先用水将砂芯模部分冲掉,然后脱除金属轴。有时为了脱模方便,常采用热水高压冲洗。

8. 产品加工与修整

复合材料制品一般都需要机械加工,基本上沿用了对金属材料的一套加工方法,如车、铣、刨、磨、钻等,可以在一般木材加工机床或金属切削机床上进行。由于复合材料的性质与金属不同,因此在机械加工上有其特殊性。

(1) 制品由硬度高的纤维增强材料和软质的树脂组成,切削加工时软硬相间、断续切削,每分钟可达百万次以上冲击,致使切削条件恶化,刀具磨损严重。

(2) 由于复合材料制品导热性差,在切削过程中金属刀具和复合材料摩擦产生的热无法及时传递出去,极易造成局部过热,致使刀具发生退火,硬度下降,加速刀具的磨损,缩短使用寿命,因此要求刀具耐热和耐磨性要好。

(3) 缠绕制品在加工时,由于其缠绕成型的特点和加工中的过热及震动,容易产生分层、起皮、撕裂等现象,所以要考虑切削力方向,选择适当的切削速度。

(4) 复合材料制品中的树脂不耐高温,高速切削时胶黏状碎屑遇冷又硬化,碎屑极易粘刀,所以切削速度不能太高。

(5) 制品在机械加工过程中,会产生大量粉尘,因此必须采取有效的除尘通风措施。

4.3.3 缠绕成型工艺参数

选择合理的缠绕工艺参数,是充分发挥原材料特性、制造高质量缠绕制品的重要条件。影响缠绕制品性能的主要工艺参数包括玻璃纤维的烘干和热处理、玻璃纤维浸胶、缠绕速度和环境温度等。这些因素彼此之间存在有机的联系,应将它们结合在一起进行研究。

1. 纤维的烘干和热处理

玻璃纤维表面含有水分,不仅影响树脂基体与玻璃纤维之间的黏结性能,同时将引起应力腐蚀,并使微裂纹等缺陷进一步扩展,从而使制品强度和耐老化性下降。因此,玻璃纤维在使用前最好经过烘干处理。在湿度较大的地区和季节烘干处理更为必要。纤维的烘干制度视含水量和纱锭大小而定。通常,无捻纱在60°~80°烘干24h即可。

当用石蜡型浸润剂的玻瑞纤维缠绕时,使用前应先除蜡,以便提高纤维与树脂基体之间的黏结性能。

2. 玻璃纤维浸胶含量分布

玻璃纤维含胶量的高低及其分布对缠绕制品性能影响很大,直接影响制品的重量及厚度。含胶量过高,制品的复合强度降低;含胶量过低,制品里的纤维空隙率增加,使制品的气密性、耐老化性及剪切强度下降,同时也影响纤维强度的发挥。此外,含胶过变化过大会引起应力分布不均匀,并在某区域引起破坏。因此,纤维浸胶过程必须严格控制,必须根据制品的具体要求决定含胶量。缠绕玻璃钢制品的含胶量一般为25%~30%。

纤维含胶量是在纤维浸胶过程中进行控制的。浸胶过程可分为两个阶段,首先是将树脂胶液涂覆在增强纤维表面,之后胶液向增强纤维内部扩散和渗透。这两个阶段常常是同时进行的。缠绕工艺的浸胶通常采用浸渍法和胶辊接触法,如图4-19所示。

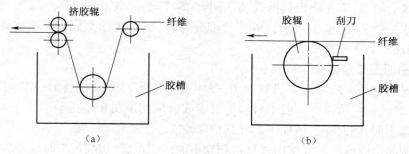

图4-19 浸胶方式示意图
a)浸渍法 b)胶辊接触法

浸渍法是通过胶辊压力大小来控制含胶量的。胶辊接触法是通过调节刮刀与胶棍的距离,以改变胶辊表面的胶层厚度来控制含胶量。在浸胶过程中,纤维含胶量的影响因素有很多,如纤维规格、胶液黏度、胶液浓度、缠绕张力、缠绕速度、刮胶机构、操作温度及胶槽面高度等。其中,胶液黏度、缠绕张力及刮胶机构影响最大。为保证玻璃纤维浸渍透彻,树脂含量必须均匀并使纱片中的气泡尽量逸出,要求树脂黏度低(0.35~0.80Pa·s)。加热和加入稀释剂可以有效控制胶液黏度。但此类措施都会带来一定的副作用,如提高树脂温度会缩短树脂胶液的使用期,而添加溶剂成型时制品中可能形成气泡,影响制品强度。

3. 缠绕张力

缠绕张力是缠绕工艺的重要参数。张力大小、各束纤维间张力的均匀性以及各缠绕层之间纤维张力的均匀性,对制品的质量影响极大。

1) 对制品机械性能的影响

研究结果表明,缠绕制品的强度和疲劳性能与缠绕张力有密切关系。张力过小,制品强度偏低,内衬所受压缩应力较小,因而内衬在充压时的变形较大,疲劳性能越低。张力过大,则纤维磨损大,使纤维和制品强度都下降。此外,过大的缠绕张力还可能造成内衬失稳。

各束纤维之间张力的均匀性对制品性能影响也很大。假如纤维张紧程度不同,当承受载荷时,纤维就不能同时承受力,导致各个击破,使纤维强度的发挥和利用大受影响。从表4-2的数据可以看出,各纤维束所受张力的不均匀性越大,制品强度越低。因此,在缠绕玻璃钢制品时,应尽量保持纤维束之间、束内纤维间的张力均匀。为此,应尽量采用低捻度、张力均匀的纤维,并尽量保持纱片内各束纤维的平行。

为了使制品里的各缠绕层不会由于缠绕张力作用导致产生内松外紧的现象,应有规律地使张力逐层递减,使内、外层纤维的初始应力都相同,容器充压后内、外层纤维能同时承受荷载。

表 4-2 缠绕张力的均匀性对环形试件弯曲强度的影响

性　　　能		弯曲强度/MPa
16 根纤维中	8 根均匀受力共 29N	567.8
	8 根均匀受力共 4.9N	
	8 根均匀受力共 1.5N	625.7
	8 根均匀受力共 4.9N	
	全部均匀受力共 7.8N	690.4

2) 对制品密实度的影响

缠绕在曲面上的玻璃纤维,在缠绕张力 T_0 的作用下,将产生垂直于芯模表面的法向力 N,在工艺上称为接触成型压力,可由下式计算:

$$N = \frac{T_0}{r}\sin\alpha \qquad (4-5)$$

式中 T_0——缠绕张力,9.8N/cm;

r——芯模半径,cm;

α——缠绕角,(°)。

由此可见,制品致密的成型压力与缠绕张力成正比,与制品曲率半径成反比。对于干法生产,为了生产密实的制品,必须控制缠绕张力。对于湿法缠绕,树脂黏度对所需预定密实度 H_0 的结构采用的成型压力有很大影响。黏度越小,所需成型压力就越小。或者说,在固定的成型压力 N 下,可使制品具有较高的密实度 H_0。另外,空隙率是影响制品性能的重要因素,是随着缠绕张力的变化而变化的,张力增大,空隙率降低。这也是增大缠绕张力可以提高制品强度的一个重要因素。

3) 对含胶量的影响

缠绕张力对纤维浸渍质量及制品含胶量的大小影响非常大,随着缠绕张力的增大,含胶量降低。在多层缠绕过程中,由于缠绕张力的径向分量(法向压力 N)的作用,外缠绕层将对内层施加压力。因此,胶液将由内层被挤向外层,从而出现胶液含量沿壁厚方向内低外高。采用分层固化或预浸材料缠绕可减轻或避免这种现象。

此外,如果在浸胶前施加张力,那么过大的张力使胶液向增强纤维内部空隙扩散渗透增加困难,使纤维浸渍质量下降。

最佳缠绕张力并非一成不变,它依芯模结构、增强纤维强度、胶液黏度及芯模是否加热等具体情况而定,一般取其极限值为 1.1~4.4N/股。

4) 对作用位置的影响

纤维张力可在纱轴或纱轴与芯模之间某一位置施加。前者比较简单,但在纱团上施加全部缠绕张力会带来困难。对于湿法缠绕来说,纤维的胶液浸渍情况不好;且在浸胶前施加张力,将使纤维磨损严重而降低其强度,张力越大,纤维强度降低越多。对于干法缠绕来说,如果预浸纱卷安装不够精确,施加张力后易使纱片勒进去。一般湿法缠绕宜在纤维浸胶后施加张力,而干法缠绕宜在纱团上施加张力。

在纤维通过张力器的时候,最好将各股纤维分开,以免打捻、发团、曲折和磨损。张力器直径太小会引起纤维磨损,降低纤维的机械强度,张力器最小直径为 50mm,张力器上的辊过多,纤维要多次弯曲,也会降低强度。

缠绕张力是指纤维缠到内衬上以前的实际张力,因此,张力器应安装在距内衬最近的地方。

4. 纱片宽度的变化和缠绕位置

纱片间隙是富树脂区,是结构上的薄弱环节。纱片宽度随着缠绕张力的变化而变化,因而很难精确控制,通常纱片宽度约为 15~30mm。

纱片的缠绕位置是缠绕机的精度与芯模的精度的函数。容器上最敏感的部位为封头部分及封头筒体连接处,对于测地线缠绕的等张力封头,由于普通环链式缠绕机精度不够,封头缠绕的纤维路径不是测地线,即使纤维不滑线也难于实现封头等张力缠绕。而对于其他形式的封头缠绕(如平面缠绕),则可能由于滑线,致使纤维偏离理论位置,进而破坏了封头的等张力缠绕状态。

如果纱片缠绕轨迹不是封头曲面的测地线,则纱带在缠绕张力作用下,一方面要被拉成曲面上两点间最短的线,一方面便要向测地线曲率不为零的方向滑动,这就是滑线的原因。为避免滑线,应增大曲面的摩擦力,如采用预浸纱缠绕,具有一定的黏性,可减少滑线的可能性。

5. 缠绕速度

缠绕速度通常是指纱线速度,应控制在一定范围。因为纱线速度过小,生产率低;而纱线速度过大,会受到限制。

湿法缠绕时,纱线速度受到纤维浸胶过程的限制。当纱线速度很大时,芯模转速很高,有出现树脂胶液在离心力作用下从缠绕结构中向外迁移和溅洒的可能。纱线速度最大不宜超过 0.90m/s。

干法缠绕时,纱线速度主要受限制的两个因素是,要保证预浸纤维用树脂通过加热装置后能熔融到所需黏度,且须避免杂质被吸入制品结构中。

此外,由纱线速度$V_{纱}$、芯模速度$V_{芯}$及小车速度$V_{车}$(导丝头装在小车上)所构成的速度矢量三角形中,小车速度$V_{车}=V_{纱}\cos\alpha$是有限制的。因为小车是往复运动的,小车在行程两端点处加速度最大,因而惯性冲击必定很大,特别在小车重量较大时更是如此。车速过大,运行不稳,易产生颠簸振动,影响缠绕质量。因此,小车速度最大不宜超过0.75m/s。

6. 固化制度

缠绕制品有常温固化和加热固化两种,这由树脂系统决定。固化制度是保证制品充分固化的重要条件,直接影响玻璃钢制品的物理性能及其他性能。加热固化制度包括加热的温度范围、升温速度、恒温温度及保温时间。

1) 加热固化

高分子物质随着聚合(固化)过程的进行,分子量增大,分子运动困难,位阻效应增大,活化能增高,因此需要加热到较高温度下才能反应。加热固化可使固化反应比较完全,因此加热固化比常温固化的制品强度至少可提高20%~25%。此外,加热固化可提高化学反应速度,缩短固化时间,缩短生产周期,提高生产率。

2) 保温

保温一段时间可使树脂充分固化,产品内部收缩均衡。保温时间的长短不仅与树脂系统的性质有关,而且还与制品质量、形状、尺寸及构造有关。一般制品热容量越大,保温时间越长。

3) 升温速度

升温阶段要平稳,升温速度不应太快,升温速度太快会导致化学反应激烈,使溶剂等低分子物质急剧逸出而形成大量气泡。

通常,当低分子变成高分子或液态转变成固态时体积都要收缩。对于玻璃钢,其热导率小,如果升温过快,各部位间的温差必然很大,因而各部位的固化速度和程度亦必然不一致,收缩不均衡,致使制品由于内应力作用变形或开裂,形状复杂的厚壁制品更是如此,通常采用的升温速度为0.5~1℃/min。

4) 降温冷却

降温冷却要缓慢均匀,由于玻璃钢结构中顺纤维方向与垂直纤维方向的线膨胀系数相差近4倍,制品若不缓慢冷却,各部位各方向收缩就不一致,特别是垂直纤维方向的树脂基体将承受拉应力,而玻璃钢垂直纤维方向的拉伸强度比纯树脂还低,当承受的拉应力大于玻璃钢强度时,就发生开裂破坏。

5) 固化制度的确定

一般来说,经树脂系统固化后,并不能全部转化为不溶不熔的固化产物,即不可能使制品达到100%的固化程度,通常固化程度超过85%以上就认为制品已经完全固化,可以满足力学性能的使用要求,但制品的耐老化性能、耐热性等尚未达到应有的指标。在此基础上,提高制品的固化程度,可以使其耐化学腐蚀性、热变形温度、电性能和表面硬度提高,但是冲击强度、弯曲强度和拉伸强度稍有下降。因此,对不同性能要求的玻璃钢制品,即使采用相同的树脂系统,固化制度也不完全一样。如要求高温使用的制品,就应有较高的固化度;要求高强度的制品,有适宜的固化度即可,固化程度太高,反而会使制品强度下降。考虑兼顾制品的其他性能(如耐腐蚀、耐老化等),固化度也不应太低。

不同树脂系统的固化制度不一样。如环氧树脂系统的固化温度随环氧树脂及固化剂的品种和类型不同而有很大差异。对各种树脂配方没有一个广泛适用的固化制度,只有根据不同树脂配方、制品的性能要求,并考虑到制品的形状、尺寸及构造情况,通过试验确定出合理的固化制度,才能得到高质量的制品。

6) 分层固化

较厚的玻璃钢层压板需采用分层固化工艺,其工艺过程如下:先固化内衬,然后在固化好的内衬上缠绕一定厚度的玻璃钢缠绕层,使其固化,冷却至室温后,再对表面打磨喷胶,缠绕第二次,依此类推,直至缠到设计所要求的强度及缠绕层数为止。

分层固化的优点有:

(1) 可以削去环向应力沿筒壁分布的高峰。从力学角度看,对于筒形容器,就好像把一个厚壁容器变成几个紧套在一起的薄壁容器组合体。由于缠绕张力使外筒壁出现环向拉应力,而内筒壁产生压应力,于是,在容器内壁上因内压荷载所产生的拉应力就可被套筒压缩产生的压应力抵消一部分。

(2) 提高纤维初始张力,避免容器体积变形率增大,纤维疲劳强度下降。根据缠绕张力制度,张力应逐层递减,如果容器壁较厚,则缠绕层数必然很多,这样,缠绕张力偏低,导致容器体积变形率增大,疲劳强度下降,采用分层固化就可避免此缺点。

(3) 可以保证容器内、外质量的均匀性。从工艺角度看,随着容器壁厚度的增加,制品内、外质量不均匀性增大。特别是湿法缠绕,由于缠绕张力的作用,胶液将由里向外迁移,因而使树脂含量沿壁厚方向不均匀,并且内层树脂系统中的溶剂向外挥发困难,形成大量气泡。采用分层固化,容器中纤维的位置能及时得到固定,不致使纤维发生皱褶和松散,树脂也不会在层间流失,从而减缓了树脂含量沿壁厚方向不均的现象,并有利于溶剂的挥发,保证了容器内、外质量的均匀性。

7. 环境温度

树脂系统的黏度随着温度的降低而增大。为了保证胶纱在制件上进一步浸渍,要求缠绕制品的周围温度高于15℃。用红外灯加热制品表面,使其温度在40℃左右,这样可有效提高产品质量。

4.3.4 缠绕成型的特点及应用

1. 缠绕制品的结构

缠绕工艺制造的管、罐等产品结构大体上分为三层:内衬层、结构层和外保护层。

1) 内衬层

内衬层是制品直接与介质接触的层,它的主要作用是防腐、防渗、耐温。因此,要求内衬材料具有优良的气密性、耐腐蚀性,并且耐一定温度等。

内衬材料有金属、橡胶、塑料、玻璃钢等不同材质,根据不同用途与生产工艺要求来选定,用作化工防腐时,玻璃钢内衬则是最佳选择。这样既可避免粗而重的金属制品,又可避免内衬层与结构层之间黏结的麻烦。并且这种玻璃钢内衬的适应性强,通过改变内衬材料的种类、配方,使之可以满足化工防腐上各种不同工艺的要求。根据容器内所储存介质的种类、浓度和温度等技术要求选择内衬材料。

2) 结构层

结构层即增强层,它的作用主要是保证产品在受力的情况下,具有足够的强度、刚度和稳定性。增强材料是主要的承载体,树脂只是对纤维起黏结作用,并在纤维之间起着分布和传递载荷的作用,因此选择高强度、高弹性的增强材料和性能良好的树脂是提高结构层承载能力的重要因素,这对航空及军用制品尤为重要。对于普通工业防腐及民用产品,在保证产品具有足够的承载能力的前提下,还需要从经济成本、工艺性能等因素综合考虑,选择增强纤维和树脂。

另外,结构层的承载能力还要受到纤维缠绕方向的影响,要求增强层在不同的方向上具有不同的强度。这时,可以通过结构计算确定缠绕角,例如,对内压容器,确定合适的缠绕角,使环向强度和轴向强度相比,近似等于内压载荷所引起环向应力和轴向应力之比。目前,采用最多的纤维铺设方式有螺旋缠绕和环向缠绕两种,有时可以将这两种铺设方式进行结合,使螺旋方向缠绕承受轴向应力,环向缠绕则主要承受环向应力。试验表明,对于内压圆筒形容器,组合缠绕型比单一螺旋缠绕更有效;而对于外压圆筒,加筋是加强层提高承载能力的一种结构形式。例如,地下管道、贮罐采用加筋形式会更有效地抵抗由土壤所产生的压力(外压力)所引起的形变和翘曲。

随着复合材料技术的不断发展,采用夹层结构(如夹砂层)纤维缠绕可有效提高玻璃钢管的刚度,夹层结构管材具有强度高、刚度大、重量轻、造价低、使用寿命长、耐腐蚀、无毒无味等特性,优于传统的钢管、预应力水泥管、铸造管等。随着夹层结构技术的发展,夹砂(石英砂)纤维缠绕玻璃钢管材正逐步取代传统的输水管材。

3) 外保护层

为了延长玻璃钢制品的使用寿命,不仅要求内衬防腐性能好、加强层具有足够的承载能力,而且要求产品外表面也应具有一定的防护功能。对于安装在室外的玻璃钢制品,间苯二酸或双酚 A 型树脂中加入石蜡,就足以保护制品 8~10 年。由于紫外线可损害聚酯树脂,所以当采用聚酯树脂时宜添加紫外线吸收剂,这样可以将紫外线转变成热能或次级辐射放出,大大降低产品变黄的速度,提高透光率,从而提高玻璃钢的耐候性。一般情况下,要严格限制这类材料的使用,必须使用时,要尽可能地使其价格和对聚酯树脂改变的性能减至最小。紫外线吸收剂的使用量(按树脂质量计)为 0.2%~0.5%。

2. 缠绕制品的应用

缠绕制品具有上述特点,因此在化工、食品制造、运输以及军工方面获得了比较广泛的使用。

1) 管道

纤维缠绕管道因其强度高、整体性好、综合性能优异、容易实现高效的工业化生产、综合运营成本较低而被广泛应用于炼油厂管道、石油化工防腐管道、输水管道、天然气管道和固体颗粒(如粉煤灰和矿物)输送管道等方面。

目前,美国各地用的纤维缠绕管道总长占整个运输工具的 1/3,所负担供应的能量(包括石油、天然气、煤、电)占全国需用量的 1/2 以上。在我国工业生产中,纤维缠绕管道同样已被大量采用,如图 4-20 所示。

2) 储罐

储运化工腐蚀液体,如碱类、盐类、酸类等,采用钢罐很容易腐蚀渗漏,使用期限很短。

(a) (b)

图 4-20 纤维缠绕管道制品

改用不锈钢成本很高,效果也不及复合材料。采用纤维缠绕工艺地下石油储罐,可防止石油泄漏,保护水源。用纤维缠绕工艺制成的双层壁复合材料储罐和管道,已在加油站获得广泛使用,如图 4-21 所示。

这类储罐和管道通常用 E 玻璃纤维-不饱和聚酯树脂制成,在制造过程中可通过加入石英砂或其他填料来提高刚度,降低制造成本。

(a) (b)

图 4-21 大型缠绕储罐

3. 压力制品

纤维缠绕工艺可用于制造承受压力(内压、外压或两者兼具)的压力容器(包括球形容器)和压力管道制品。缠绕压力容器多用于军工方面,如固体火箭发动机壳体、液体火箭发动机壳体、压力容器、深水外压壳体等,缠绕压力管道可充装液体和气体,在一定压力作用下不渗漏、不破坏,如海水淡化反渗管和火箭发射管等。先进复合材料的优异特性使纤维缠绕工艺制造的多种规格火箭发动机壳体和燃料储箱得到成功的应用,成为现在乃至将来发动机发展的主方向,它们包括小到直径只有几厘米的调姿发动机壳体,大到直径 3m 的大型运输火箭发动机壳体。

纤维缠绕复合材料压力容器已在航空航天、造船等领域获得了广泛的应用。用碳纤维和芳纶纤维缠绕的薄壁金属内衬高压容器以其高结构效率、高性价比成为航天飞机和人造地球卫星的首选。所用的内衬材料包括不锈钢、铁合金、铝合金和热塑性塑料等。容器充装的介质有氮气、氧气、氢气和氦气,形状多为环形、球形和扁球形,直径范围为

0.3~1.01m。

小型压力容器已在个人生命保障系统获得成功应用,属于这类用途的容器有消防员的供氧器、登山队员的供氧器等。这类容器大多用芳纶纤维-环氧树脂或玻璃纤维-环氧树脂制成,具有重量轻、便于携带、疲劳寿命高和可靠性高的综合特性。纤维缠绕工艺制造的压缩天然气(CNG)气瓶,已经成为标志性的新型能源载体。

4. 其他

在机械工程上有时需要轻质、高强的部件,如新型无梭纺织机上的箭杆,它是代替"梭子"穿线的,来回往复速度快,要求轻质、高强、刚度大,在此方面纤维缠绕工艺制备的碳纤维-环氧复合材料管具有其他材料无法比拟的优势。

复合材料传动轴是为宇航工业研制并得到应用的,主要用于直升机,如尾旋翼长套轴、主旋翼厚壁传动轴等。1986年,冷却塔工业开始采用复合材料传动轴,这种传动轴的主要优点为耐腐蚀、重量轻、振动小、寿命长。

电气设备中的开关装置、高压熔断器、回路断路器及高压绝缘体等均可采用纤维缠绕工艺制造,在这些制品中纤维缠绕复合材料爆破强度高、电绝缘性好的特点得到了充分发挥。此外,大型电机上的绑环和护环、车用飞轮转子等也是纤维缠绕复合材料制造的,其强度高、线膨胀系数小、蠕变率低、电绝缘性良好,非磁性和性价比远优于无磁钢。

纤维缠绕复合材料在电气工程上应用很广,可用纤维缠绕技术制造输配电电线杆、天线杆及工程车臂杆等。

纤维缠绕制品在体育器材方面的应用,会使竞技体育提高到一个新的水平,所以发达国家在这方面均有大量人力与资金的投入。如纤维缠绕高尔夫球杆、滑雪杖、冰球杆、羽毛球拍、猎枪管等均可采用碳纤维-环氧复合材料制造。

作 业 习 题

1. 什么是纤维缠绕成型?如何进行分类?
2. 影响选择缠绕成型方法的因素有哪些?
3. 什么是螺旋缠绕?
4. 什么是标准线缠绕?
5. 请区别"时序相邻"与"位置相邻"。
6. 螺旋缠绕中,纤维均匀布满芯模的充要条件是什么?
7. 举出几种纤维缠绕成型工艺的典型应用零件。

模块 5　热压罐成型工艺

热压罐成型技术是航空、航天领域等高科技领域重点发展的一项复合材料成型技术。复合材料热压罐成型工艺起始于 20 世纪 60 年代,是目前生产航空航天高质量的先进树脂基复合材料制件的主要方法。它将复合材料毛坯、蜂窝夹芯结构或胶接结构用真空袋密封在模具上,置于热压罐中,在真空(或非真空)状态下,经过升温、保温(中温或高温),降温和泄压过程,使其成为所需要的形状和质量的成型工艺方法。

5.1　热压罐成型工艺

5.1.1　热压罐成型工艺中的物理和化学过程

热压罐成型工艺是用真空袋密封复合材料坯件组合件放入热压罐中,在加热、加压的条件下进行固化成型制备复合材料制件的一种工艺方法。它是目前广泛应用的先进复合材料结构、蜂窝夹芯结构及金属或复合材料胶接结构的主要成型方法之一,其原理是利用热压罐提供的均匀的压力和温度,促使预浸料中的树脂流动和浸润纤维,并充分压实,排除材料中的孔隙,然后通过持续的温度使树脂固化制成复合材料。

热压罐是一个具有整体加热系统和加压系统的大型圆柱形金属容器,一般为卧式装置。常见的结构是一端封闭,另一端开门的圆柱体,利用热空气、蒸汽或内置加热元件对预浸料加热,并经过压缩空气(或氮气)加压到 0.2~2.5MPa 固化成型,为先进复合材料的压实和固化提供必要的热量和压力。

热压罐成型复合材料工艺中发生的主要物理和化学过程如下:

(1) 树脂的流动,使制件中的纤维被充分浸润。大多数预浸料中树脂的初始黏度较高。当材料被加热时,黏度急剧下降,并在某一温度下达到最低值。这一温度就是常说的热压罐成型周期中的"保温"温度,这可以确保增强材料完全浸透,并有效地将多余的树脂挤入吸胶材料中。这个温度也是树脂最容易形成孔隙的温度,这时加在树脂上的压力是非常重要的。持续的加热使树脂开始固化,树脂黏度不断增加直到树脂的固化成型。

(2) 纤维网络的压实,施加一定压力除去树脂基体中可能存在的孔隙,使复合材料中的纤维体积含量达到最大。在固化周期的低黏度点,如施加一定压力,树脂可能从复合材料中挤出。事实上,对于有吸胶材料的成型,吸胶层会诱导树脂从复合材料流入吸胶层,这一步骤既能确保树脂的浸润,也有利于排除复合材料中的孔隙,使复合材料中纤维的体积含量达到最大。在复合材料的压实与固化过程中,湿气的扩散可能使先前存在的孔隙进一步生长或被消除。在固化的过程中,升高温度有利于孔隙的生长,为了促使孔隙消除,必须保证预浸料上有足够的压力。

(3) 合理的热传递过程以保证树脂基体的充分固化。与热压罐成型工艺相关的热传递过程包括两个方面：包括各类铺层材料和模具在内的成型组合系统内部的热传递；热压罐内加热单元对制件和模具的加热。前者是必需的，而后者也很重要，因为它控制着对整个制件加热的均匀性，而且对复合材料的总固化时间也有重要的影响。现代化的热压罐设备中有循环鼓风机和通道等装置来保证热量的均匀分布，对于已给定的工件有两个主要的热传递方式：从循环介质中强制对流传热和热压罐内壁辐射传热。

5.1.2 热压罐成型的原材料

热压罐成型的主要原料有预浸料和工艺辅助材料。

1. 预浸料

预浸料是复合材料热压罐成型的主要原材料，它是复合材料制备过程中的一种半成品。预浸料通常为纤维（连续单向纤维和各种状态的织物等）浸渍某种树脂后形成的片状材料。预浸料是热压罐成型复合材料的基础材料，它的组成和质量决定着复合材料制件的力学、物理和化学性能。预浸料的主要成分是纤维和树脂体系，纤维包括碳纤维、玻璃纤维、有机纤维（如芳纶、涤纶纤维等）、陶瓷纤维、硼纤维等。树脂体系包括各种热固性或热塑性树脂，如不饱和聚酯树脂、环氧树脂、氰酸酯、聚酰亚胺等。表5-1列出国内常用的预浸料。

表5-1 国内常用的预浸料

生产厂家	牌号	标准号
北京航空制造工程研究所	HT3/QY8911	Q/9S 23
	HT3/QY8911-Ⅱ	Q/9S 22
北京航空材料研究院	3242/759	Q/6S 1018—92
	3242/823	Q/6S 1018—92
	5231/823	Q/6S 1018—92
	5231/759	Q/6S 1018—92
西安飞机工业公司	X98-14/EW-290	XYS2503

2. 工艺辅助材料

热压罐成型工艺常用到各种工艺辅助材料，它们在真空袋组合系统中分别起着不可替代的作用。

(1) 真空袋材料与密封胶条：它们共同构成密闭的真空袋系统。在100℃以下的真空袋材料可用聚乙烯薄膜，200℃以下可利用各种改性的尼龙薄膜，而对于更高温度下成型的复合材料所使用的真空袋材料需要用耐高温的聚酰亚胺薄膜。

(2) 有孔或无孔隔离薄膜：它们的作用是防止固化后的复合材料粘在其他材料上或者其他材料粘在模具上。且有孔隔离膜还有让气体通过而限制树脂流动的功能。通常采用聚四氟乙烯或者其他改性氟塑料薄膜作为隔离膜。

(3) 吸胶材料：其作用是吸收预浸料中多余的树脂，控制、调节成型复合材料制件的纤维体积含量，常用的吸胶材料有玻璃布、玻璃棉、滤纸、各种纤维非织布。

(4) 透气材料：透气材料的作用是疏导真空袋内的气体，排出真空袋系统，导入真空管路。透气材料通常采用较厚的涤纶非织造布或者玻璃布。

（5）脱模布：让预浸料中多余的树脂和空气及挥发分通过并进入吸胶层，同时防止复合材料制件和其他材料黏合在一起，通常采用0.1mm厚的聚四氟乙烯布作脱模布。

（6）周边挡条：阻止预浸料在固化成型过程中向边侧流散，通常应用一定厚度的硫化或未硫化的橡胶作为挡条。

5.1.3 热压罐成型的工艺流程

航空航天用热固性复合材料制件的生产全过程大体包括六个步骤：

（1）准备过程：包括工具和材料的准备、模具的清洗和预处理过程。

（2）材料的裁剪与铺叠：包括预浸料的裁剪和铺层。

（3）制袋：包括坯件装袋以及在某些情况下坯件的转移等。

（4）固化和脱模：包括坯件流动压实过程和化学固化反应过程以及固化后的脱模。

（5）检测和修整：包括目测、超声或X射线无损检测。通过抛光机、高速水切割机或铣床修整。

（6）装配：包括测量、垫片、装配。通常采用机械装配或胶接装配。

1. 准备过程

包括工具的准备和材料的准备，其中材料的准备包括主体材料和辅助材料的准备，数量、检查有效期以及各自的使用条件等。模具的准备包括模具清理和预先处理等。在模具上涂抹脱模剂，以保证固化后的制件能完好地从模具上脱下来。最常用的脱模剂是氟碳脱模剂，它通常溶于多种溶剂中以溶液形式存在，涂或喷在模具后，溶剂挥发使脱模剂在模具表面形成一层薄膜。有时也用有机硅化合物作脱模剂，但它常常会残留在固化复合材料的表面，从而影响制件的黏结、涂漆等。在高温成型的复合材料中，也可以在模具表面涂一层聚四氟乙烯或改性氟树脂。

2. 材料的裁剪与铺叠

材料的裁剪与铺叠过程将主要原材料按照设计要求以不同尺寸和铺层方式裁剪，可以使用样板，也可以使用自动切割机。如将不同的铺层尺寸输入到计算机中，通过图形分析软件（如AutoCAD等）和切割机及其相应的软件（如GER-BER的Cut-Works软件）将预浸料裁成相应的尺寸，再按照设计的铺层方式进行铺层，最后进行预压实处理。

裁剪后的铺层工序能通过许多途径完成，包括手工铺叠、机械辅助铺叠、全自动铺叠及纤维缠绕等。近年来，热压罐成型过程的许多工序都有很大进步，但许多航空复合材料零件还是通过手工铺层制造实现的。这是由于手工铺叠大的制件具有更大的灵活性，同时采用自动化设备生产小批量产品的经济性差。手工铺层可以制造几乎任何外形的复合材料制件。

1）人工铺叠

当前自动铺叠技术已经发展起来，但人工铺叠技术仍然大量应用于试验层压板的制备、典型件制造以及具有复杂形面制件的生产。人工铺叠技术既适用于织物预浸料，也适用于单向预浸料。单向预浸料可以相互以非常小的缝隙沿纤维方向相互叠接，而织物预浸料通常叠接时需要重叠大约13mm。

按复合材料的构件要求或试样大小要求裁剪预浸料。在铺叠前应清点铺叠的预浸料总数，并随铺叠的进行，随时检查铺放预浸料的层数和方向，以防止多铺、少铺预浸料或铺错预浸料的方向。

铺层后,需使铺好的预浸料紧贴在模具上并赶出层间的气泡,这一工艺过程叫压实或预成型。将预浸料在模具上铺到一定层数后在真空袋内抽真空,脱气泡并使坯件的表面平整。然后取出真空袋继续以同样的方式铺层、压实,如此反复直到设计要求。模具的型面和复杂状况决定压实的频率。对于简单型面的模具,每铺 3~10 层压实一次,对于复杂、圆筒或曲面的模具则要求更为频繁的压实。有时为了控制制件中的树脂含量(或纤维含量),需要从制件坯件中吸走多余的树脂,即需要在适当的温度下对制件进行预吸胶。

2) 机械辅助铺叠

利用机械替代手工铺层工作,即采用机械辅助铺层,可以提高工作效率,降低劳动力成本。它是介于手工铺层和自动化铺层之间的一种工艺方法。

机械裁切主要有两种方式,一是模切,二是计算机控制裁切。由于模切时必须沿着模板的边缘裁切,每一种形状的层都需要一个裁切模板,因此这种方法裁切的预浸料层形状的数量有限,但它一次裁切的量很大。计算机控制裁切系统是由计算机控制裁切刀的运动,因此它不受层的形状变化的影响。

机械化裁切的具体方法有激光、往复刀片、超声和高压水裁切等。激光法中通常采用二氧化碳激光源,裁切速度为 25~38m/s,这相当于 40 余个熟练工人人工裁切的速度。往复刀片裁切设备的裁切头由计算机控制,它可以同时裁切数层到数十层预浸料,且可以根据计算机的指令将预浸料裁切成各种形状。超声裁切具有效果高、成本低、精度高等优点,其裁切速度可达 40m/min、精度 0.125mm。

预浸料裁切后,需要进行分类存放。其中最简单的就是由裁切机的操作工人人工分类搬运,然后铺放在制件模具比。更为先进的分类分拣预浸料的方法是采用真空柔性吸附毯,用它分拣裁切好的预浸料能避免人工操作时预浸料皱折与松散。它由计算机控制通过机械手将预浸料搬运至指定位置,并按设计顺序和铺层方向将预浸料铺叠成制件毛坯,使用这种系统时,其铺叠精度为±1.16mm,非常适合于铺叠类似机翼蒙皮这样的大面积制件,其生产效率大大提高。该装置还配有吸尘设备,可以吸除裁切下料时产生的屑和粉尘。

3) 全自动铺叠

全自动铺叠也称自动铺带,即按照计算的纤维方向和顺序对一定宽度的连续预浸料进行机械化连续铺叠。在自动铺带过程中,铺带压辊对铺好的顶浸料可以施加一个合适、均匀的压力。这样使铺出的坯料规整、密实,并能驱赶出夹在层间的气泡,有利于提高固化制件的质量。

航空航天制件往往要由若干层不同形状、尺寸和不同铺层方向的层组合制造而成,不但形状、尺寸各不相同,而且方向通常包括 0°、+45°、-45°、90°,因此铺放层的形状、铺放方向和铺放速度之间的关系也是复合材料自动铺带技术的主要技术参数。

影响铺带机效率的另一个参数是铺带头在每片预浸料铺放末端的运动状况。一些铺带机在此需用长达 20s 的时间来完成铺带头的四个运动(上举、旋转、定位、放下铺带头),但如果将旋转 180°和定位在 1~2s 内同时完成,且铺带头上举与下放的时间都降到 1s 以内,则完成这四个运动的时间就可以缩减到 4s 左右。如果采用双铺带头,将大大缩短铺带时间。

3. 制袋工艺

制袋包括制件装袋、辅助材料的裁切、铺放等。在某些特殊情况下，铺层和固化为不同的模具，因此该操作也包括从铺贴模具将完成铺贴的制件转移到固化模具中。通常固化准备工作包括制件、模具、真空袋和辅助材料的准备工作等。

在模具上按照图5-1所示热压罐成型的真空袋封装的材料及次序、顺序，将制件预浸料坯件和各种辅助材料进行组合并装袋。在组合过程中，各种辅助材料必须铺放平整，否则可能会使制件出现压痕。在装袋过程中，要确认真空袋与周边密封胶条不漏气后方可关闭热压罐门等待升温。同时，真空袋的尺寸不宜过小，以防在抽真空和加压过程中顶破真空袋，必要时还将在密封周边做若干只真空袋"耳朵"，使真空袋更为舒展。在封装真空袋时，同时将热电偶装入袋内靠近制件的位置。在大型制件中还将同时放置多个热电偶，以监测制件温度分布，控制升温程序。

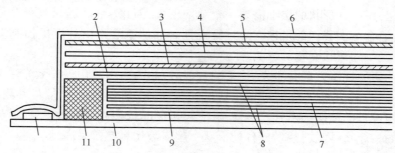

图5-1 热压罐成型的真空袋封装
1—真空密封带；2—有孔隔离膜；3—吸胶毡；4—均压板；5—透气毡；6—真空袋；
7—部件；8—可剥离保护层；9—无孔隔离膜；10—模具；11—挡条。

4. 固化和脱模

固化是复合材料生产的必经步骤，包括加热、加压和固化。待复合材料坯件组合装袋完后，接好真空管路、锁紧热压罐门，即可升温加压固化。一般情况下，体系从一开始就需要抽真空，一是使坯件等在模具上定位，二是抽出坯件中的空气和挥发分，但加压长则需升温至某一阶段之后才实施。在给制件加压后即可停止抽真空，但这也要根据具体的树脂体系和工艺条件而定。各种树脂体系的固化工艺因各种树脂的化学反应特性和物理特性不同而各不相同。

热固性树脂在一定的固化工艺条件下进行反应，最后形成三维网状结构。对于热固性复合材料，这一步是不可逆的。热压罐成型过程主要发生树脂流动、预压实、热传递和树脂固化等物理和化学过程，因此压力和温度是两个主要控制的工艺参数，需要根据先进复合材料的固化特性、构件的结构特性和工艺装备的工作特性，合理选择固化工艺，否则会导致固化周期长，复合材料的质量性能较差。在高性能热固性树脂基复合材料的加热固化过程中，树脂的黏度开始将急剧下降，并在一定的温度下达到最低值，此时对其施加压力，既可确保树脂完全浸透增强纤维并有效地将多余的树脂挤入吸胶材料中，又可抽走预浸料中含有的低分子挥发物和夹杂在预浸料中的气体，排除基体中可能存在的孔隙，通过压实作用使复合材料中增强纤维的体积含量达到最大。不过，如果压力施加过早，将会使大量树脂流失；而压力施加过晚，树脂已经从黏流态转变为高弹态，其内部将会夹杂大量的气泡和孔隙并难以排除。树脂经历从黏流态、高弹态,到玻璃态等阶段的化学变化,黏度急剧提高,固化度不断增加,固化物的孔隙率和内部残余热应力将与固化温度和热传递过程紧密相关,升温、降温速度控制不当,将会引起构件局部体积收缩不一致,导致制件有较大的残余应力。

固化结束之后以较小的降温速度(通常应小于 2℃/min)降至接近室温后取出制件,以防降温速度过快而导致制件有较大的残余应力。

5. 检测和修整

检测包括目测、超声或 X 射线无损检测。将固化后的复合材料进行质量检测,首先,目测外表,可以观察到未浸润的干斑、缺胶和积胶等外观缺陷,而内部质量检验的通常方法是无损检测法(NDT),主要是用超声 C-扫描法,根据超声波声信号的衰减程度可以检测到复合材料内部的缺陷,一般主要指密集空隙和分层。而使用 X 射线法检测可以根据不同的增强材料的密度,来显示不同的增强材料的存在形态。例如为了检测在热压罐成型过程中纤维的压缩变化或移动,可以观察示踪丝(相对于增强材料来讲,一种密度较大、经 X 射线无损检测其亮色较亮的纤维)的影像来检测纤维的压缩变化或移动。

修整是通过抛光机、高速水切割机或铣床修整。对于固化后的复合材料可能有一定的飞边或毛刺等,可以通过抛光机或铣床进行修整,以达到设计的要求。

6. 装配

对于某些复合材料制件需要进行热压罐二次成型,进行共胶接或共固化,最后制备具有复杂形状的复合材料制件。如果采用热固性胶黏剂的固化或层间热塑性胶黏剂的熔融和固结工艺进行复合材料制件的装配,则也需要进行热压罐二次成型。胶接装配工艺很大程度上增加了热压罐的负荷,导致很多复合材料制件的热压罐成型过程要经历两倍于常规工艺周期的加热和冷却时间。为提高热压罐成型的效率,这类复合材料制件的成型应尽可能采用共固化工艺。共固化工艺能一次固化成型一个完整的复合材料结构件,这种工艺同时需要复杂的固化模具,但它消除了垫片和装配。

5.2 热压罐成型设备认识与安全运行

5.2.1 热压罐结构与技术参数

热压罐是热压罐成型的主要设备,也是控制热压罐成型产品工艺参数、制品质量的最重要设备,热压罐的使用和操作直接影响产品的最终成型的效果。

1. 热压罐设备结构及辅助系统

热压罐主要由罐体系统、管路系统、空气增压和储存系统、水源系统、辅助系统和控制系统共六部分组成。以国内西安龙德科技发展有限公司生产的规格为 $\phi1500\times3000$ 的热压罐为例,如图 5-2 所示,介绍设备结构及辅助系统组成。

1)罐体

罐体包括压力容器壳体、罐门开关锁紧系统、罐口密封装置、安全装置、内保温、导风罩、罐内冷却器、电加热器、搅拌风机及其他附件等。

(1)压力容器壳体。热压罐有效使用内径为 1500mm,有效使用长度为 3000mm,则

(a)   (b)

图 5-2 φ1500×3000 的热压罐

根据规格设计压力容器壳体内径取为 1900mm，直线段长度为 4600mm。罐门法兰为整体相连的齿啮式快开门结构，开门方式为电机减速机驱动侧开门。罐体按承内压、受热容器标准模数设计，罐口法兰一般整体锻制或旋压后再行粗、精加工。罐门封头为球冠形封头，尾部为椭圆形封头，罐门法兰与球冠形封头对接焊接连接。罐体所有接头进行 100% 无损检测，焊后进行整体热处理。罐体上设计有各种工艺进出口接管、密封专用变频电机接缘、测温测压接口、电加热器接线柱等。

（2）罐门开关及锁紧系统。罐门的旋开和旋关采用电机驱动，罐门打开后旋转到罐体的一侧，罐门的开关、锁紧和解锁到位均设置有到位限位开关，罐门开关和锁紧/解锁时均设计有声、光警示信号。

（3）罐口密封结构。罐口法兰密封采用双 V 形氟橡胶密封圈，通过密封圈槽底部充气弹起密封圈且使之变形达到密封效果罐盖旋转时与密封圈不接触、无磨擦。

（4）安全联锁装置。高温热压罐为快开门式压力容器，应设置安全联锁装置，符合《固定式压力容器安全技术监察规程》的规定。当热压罐内表压等于零时，罐门才能打开。罐门在未完全锁紧时热压罐不能进行加压和升温。另外，罐体上设置有超压泄放装置安全阀，当罐内压力超过安全阀设置的启跳压力时，安全阀打开释放罐内压力，使罐体在允许的压力范围内工作。

（5）保温层。罐体采用内保温结构形式，隔热材料采用厚度 150mm 的硅酸铝纤维毯，在保温材料内表面喷涂一层耐温 1000℃ 的表面涂料，使保温层表面固化，防止保温棉絮被吹（或吸）到罐内，再用不锈钢护板保护隔热材料，且不锈钢护板边缘相互重叠可使隔热效果更佳。

（6）导风罩。导风罩内有效工作内径不小于 1500mm，有效工作长度不小于 3000mm。导风罩采用不锈钢材料制作，为了维护方便，导风罩制成可拆卸式。另外，导风罩尾部固定，罩身浮动，可消除导风罩因热膨胀产生的热应力附加在罐体上。

（7）罐内热交换器和电加热器。热压罐装备有带翅片管的不锈钢热交换器，基管材料为不锈钢，外绕不锈钢翅片以增大热交换面积，整体焊接后与循环冷却水管道连接。该热交换器有较大的热交换面积，确保长期运行污染后仍有足够的换热效率，满足降温速率的要求。

电加热器由若干个 U 形换热管集装而成，循环风垂直穿过电加热管，集中加热循环风,各电热管之间用不锈钢排连接。电加热器功率按最大升温速率,根据罐内附件质量计算所得。

电加热器与不锈钢热交换器并排安装,电加热器安装在热交换器后面且连为一体,组合安装在热压罐内导风罩尾部、离心叶轮前,底部装有轮系,可沿轨道移动,在维修时可拆卸。在热压罐内部的进出水连接管采取 U 形结构以消除其因热膨胀产生热应力附加在罐体上。

（8）搅拌风机及其他附件。罐尾风机电机采用静密封耐压变频电机,风机为离心式,与电机直联。风机循环风量是根据罐体散热损失及罐内气氛温度的均匀度来计算的。电机轴功率是根据风机全压和额定风量、风机转速确定,以满足不同压力下保温阶段的温度均匀度的要求。风机电机安装在罐体尾部封头的接缘上,电机冷却采用循环冷却水冷却。

2）管路系统

管路系统包括加压和泄压调节阀组、冷却调节阀组,真空抽测控制阀组及真空泵、真空罐、仪表管路阀组等。

（1）罐内空气加压、泄压管路调节阀组。包括气源切断阀、加压及泄压管路调节阀组、压力表、密封圈充(排)气阀组等部分。

罐内加压和泄压通过气动调节阀,根据设定的加压、泄压速率自动控制加压和泄压气量,调节阀的规格根据加压和泄压速率经计算确定。加压和泄压的气动调节阀均设计有切断阀和旁通阀,以备紧急状态和调节阀维修时使用。为降低排气噪声,在排气口处(车间外)设有消声器,降低泄压时对环境的噪声污染。

密封圈的充(排)气阀采用手动阀,手动控制其开关。

（2）冷却系统。循环冷却进水采用气动调节阀控制,根据设定的冷却速率自动控制调节阀开度的大小调节冷却水量。冷却水排空采用常开的气动角阀,升温阶段和闲置时打开,降温时关闭,静密封耐压电机、罐口密封圈和其他需冷却的部件均采用手动阀控制开关,热压罐工作时常开。

热压罐的冷却水排放:主冷却管在排放管路上设置有 U 形水封,冷却器产生的水蒸汽直接排入大气中,冷却回水去冷却水塔经冷却后再回到循环水池。

（3）真空系统。真空系统包括真空泵 2 台(1 用 1 备)、真空压力表、真空变送器、真空过滤器、真空软管真空管路、真空储罐等。两路真空管路具有单独工作的相对独立性,当任何一路真空管路发生故障时,该路真空管路可切断,减轻对整个真空系统和其他真空管路的影响,并发出声光报警,以便于根据实际情况采取相应的措施,确保真空系统的稳定和安全。并备有耐压真空过滤器吸收酸性废气和固体粉尘。

3）空气压缩机和储存系统

空气压缩机和储存系统包括空气压缩机、空气储罐、管道阀组等。

4）水源系统

包括循环水泵、冷却水池、阀组等。

热压罐的冷却回水管路上设置有 U 形水封,冷却器产生的蒸汽直排接入大气中,冷却回水去冷却水塔经冷却后再回到循环水池,冷却水循环使用,节约成本。静密封耐压变频电机的却却回水直接回流到蓄水池中循环使用。

5）辅助系统

辅助系统包括进罐小车、罐外小车等。

（1）进罐小车。进罐小车采用型钢制作，框架焊接结构，承载能力不小于1000kg，小车底部设计四个滚轮，滚轮设计有耐高温的SKF轴承，推拉轻松。轨道采用角钢制作，与支柱螺栓连接，重量轻，变形小，拆装方便。

（2）运送小车。运送小车采用型钢制作，小车上表面有与罐内轨道等宽等高的轨道，与罐内轨道对接，运送产品。

6）控制系统

控制系统是对压力、温度、真空、开关门等手动和自动化控制。

控制系统由PLC及其扩展模块、工控机、UPS、力控组态软件、混合有纸记录仪、温度调节仪、压力调节仪、触摸屏、超温和超压报警器、变频器等组成。该控制系统有1台工业计算机和力控组态软件组成的上位控制系统。在操作过程中，可通过计算机对固化周期的参数进行修改。控制系统能实现以下功能：①数据连续采集；②实时工艺曲线；③历史数据和曲线；④报警；⑤曲线打印；⑥同时兼顾自动控制和手动控制；⑦冗余控制功能。

2. 压力容器的分类

压力容器的形式、种类繁多，有许多分类方法，常用的有以下几种：

1）按容器承受的压力分类

按所承受压力的高低，压力容器可分为低压、中压、高压、超高压四个等级。具体划分如下：

（1）低压容器(代号L)，$0.1\text{MPa} \leqslant p < 1.6\text{MPa}$。

（2）中压容器(代号M)，$1.6\text{MPa} \leqslant p < 10\text{MPa}$。

（3）高压容器(代号H)，$10\text{MPa} \leqslant p < 100\text{MPa}$。

（4）超高压容器(代号U)，$p \geqslant 100\text{MPa}$。

热压罐和其附带的储气罐、真空罐等一般都属于低压容器或中压容器。

2）按壳体承压方式分类

按壳体承压方式不同，压力容器可分为内压(壳体内部承受介质压力)容器和外压(壳体外部承受介质压力)容器两大类。热压罐和其附带的储气罐一般都属于内压容器，而真空罐属于外压容器。

3）按设计温度分类

按设计温度(t)的高低，压力容器可分为低温容器($t \leqslant -20℃$)、常温容器($-20℃ < t < 450℃$)和高温容器($t \geqslant 450℃$)。

热压罐一般都属于常温容器，但部分需要氮气保护环境下使用的热压罐，其氮气储气罐属于低温容器。

4）按安置形式分类

按安置形式分类，压力容器可分为固定式容器和移动式容器两大类，热压罐一般都属于固定式容器。

固定式容器是指有固定的安装和使用地点，工艺条件和操作人员也比较固定，一般不是单独装设，而是用管道与其他设备相连接的容器，如合成塔、蒸球、球罐、管壳式余热锅炉、热交换器、分离器等。

5）按生产工艺过程中的作用原理分类

按生产工艺过程的作用原理，压力容器可分为反应容器、换热容器、分离容器和储运容器。

（1）反应容器（代号R）。主要用来完成介质的物理变化、化学反应的容器。预浸料中的树脂就是在热压罐中进行固化反应，因此热压罐属于反应容器。反应容器还包括反应器、反应釜、发生器、分解锅、硫化罐、分解塔、聚合釜、高压釜、合成塔、变换炉、蒸煮锅、蒸压釜、蒸球等。

（2）换热容器（代号E）。主要用来完成介质热量交换的容器，如管壳式废热锅炉、热交换器、冷却器、冷凝器、蒸发锅、加热器、硫化锅、消毒锅、蒸煮器、染色器等。

（3）分离容器（代号S）。主要用来完成介质的流体压力平衡缓冲和气体净化分离等的容器，如分离器、过滤器、集油器、缓冲器、储能器、洗涤器、吸收器、铜洗塔、干燥塔等。

（4）储存容器（代号C，其中球形储罐代号B）。主要用来储存、盛装气体、液体、液化气体等的容器，如各种形式的储罐。热压罐系统中的储气罐和真空罐就属于储存容器。

在一种容器中，如同时具有两个以上的工艺作用原理时，应按工艺过程中的主要作用来划分。

6）其他分类方法

（1）按容器的壁厚分，有薄壁容器（壁厚不大于容器内径的1/10）和厚壁容器（壁厚大于容器内径的1/10）。

（2）按壳体的几何形状分，有球形容器、圆筒形容器、异形容器（如锥圆形、箱形、轮胎形等）。

（3）按制造方法分，有板焊容器、锻焊容器、铸造容器、包扎式容器、绕带式容器等。

（4）按容器的安置形式分，有立式容器、卧式容器等。

（5）按容器的壳体材料分，有金属容器（如钢制容器、铝制容器、钛制容器）、非金属容器（如石墨制容器、玻璃钢制容器、全塑料制容器、移动式非金属容器）。

3. 热压罐的基本要求

热压罐属于压力容器，热压罐的生产（含设计、制造、安装、改造维修）和使用，必须最大限度地满足工艺生产和安全规范的要求。也就是说，热压罐必须具备工艺要求的使用性能，安全可靠；制造与安装简单，结构先进；维修操作方便，经济合理。

1）强度

强度是指容器在确定的压力或其他外部载荷作用下，抵抗破坏的能力。如热压罐筒体的强度设计不足，在压力作用下，将产生过量塑性变形，以致直径增大，壁厚减薄，最后导致破裂失效。

2）刚度

容器或容器的受压部件虽然不会因刚度不足而发生破裂和过量的塑性变形，但弹性变形量过大也会使其丧失正常的工作能力。如压力容器设备法兰和接管法兰会因为刚度不足而导致密封泄漏，使密封结构失效。

3）稳定性

稳定性失效是指容器外载荷达到某一极限而形状突然发生改变，使容器丧失工作能力。如薄壁圆筒容器在外部载荷作用下的突然压瘪或断裂。

4）耐久性

耐久性是容器使用寿命的表征。它与强度、刚度及稳定性一样，是容器性能的重要指标。一般压力容器的设计使用年限为10~20年,对重要的容器可按20年考虑。当然,容器的设计使用年限与容器的实际使用年限是不同的,如果容器维护保养得当,实际使用年限可以比设计使用年限长得多。压力容器的使用年限取决于容器的疲劳寿命和腐蚀速率等。

5) 密封性

压力容器的密封不仅指可拆连接处的密封,而且也包括焊接连接处的密封。对于盛装易燃、有毒介质的压力容器,容器的密封性必须从严要求。盛装这类介质的容器不但需采用可靠的密封结构,而且其制造和定期检验都要提出气密性实验等更高要求。

4. 压力容器的主要技术参数

热压罐的技术参数是由工艺确定的。它是压力容器设计、制造、检验、使用的重要依据。压力容器主要技术参数为压力、温度、介质、容积和壁厚。

1) 压力

压力是压力容器内壁单位面积所承受的与表面垂直的作用力。又称为压力强度,简称压强,习惯用符号"p"表示,单位为帕(Pa),即牛顿每平方米(N/m^2),常用倍数单位为兆帕($1MPa=10^6Pa$)。

(1) 大气压力。大气压力是地球表面大气层受地心的吸引所产生的重力,即所谓大气压。我们将海平面上,相当于760约定毫米汞柱(mmHg)的大气压力称为1标准大气压(atm),用0.1MPa表示。为计算方便,工程上规定1kg的力垂直作用在1平方厘米的单位面积上所产生的压力称为1工程大气压(at),其大小为0.098MPa。它与标准大气压之间的换算关系为

$$1\text{工程大气压} = 0.968\text{标准大气压} = 735.6\text{mmHg}$$

(2) 绝对压力。绝对压力是流体相对于真空的自身实际压力,与大气压无关。

(3) 表压力。压力表测得的压力数值,实际上是容器内部压力与大气压的差值,通常称为表压。当容器内介质的压力等于大气压时,压力表的指针指在零位,称表压为零。绝对压力、表压力之间的关系为

$$\text{绝对压力} = \text{表压力} + \text{大气压力}$$

(4) 最高工作压力。最高工作压力是指在正常操作情况下,容器顶部可能出现的最高压力(即不包括液体的静压力)。

(5) 设计压力。设计压力是指在相应设计温度下,用以确定容器壳体厚度的压力,亦即标注在铭牌上的容器设计压力,其值略高于最高工作压力。

外压容器的设计压力,应取不小于正常操作情况下可能出现的最大内外压力差。

2) 温度

(1) 介质温度。指容器内工作介质的温度,可以用测量仪表测得。

(2) 设计温度。压力容器的设计温度不同于其内部介质可能达到的温度,是指容器在正常工作过程中,在相应设计压力下,器壁或元件金属可能达到的最高或最低温度。

3) 介质

介质是指压力容器内盛装的物料,有液态、气态或气液混合态。压力容器的安全性与其内部盛装的介质密切相关,介质性质不同,对容器的材料、制造和使用的要求也不同。介质易燃、易爆、有腐蚀性和毒性的容器,危险性较大,因此,在使用维护中应特别注意。

热压罐中的介质主要以空气或氮气为主,并含有一定的水蒸气或其他挥发物。但热压罐使用中内部放有工装,使用时应注意真空袋、透气毡、隔离膜、预浸料等原材料的耐高温性能和燃烧温度,还要注意水蒸气和各种挥发物对罐体的腐蚀性。

4) 容积

压力容器主要是为不同生产工艺提供承压空间。容积取决于生产工艺的需要。决定容积大小的主要参数是直径与长度。筒体的厚度与直径有关而与长度无关。长度与刚度有关。在满足生产工艺的情况下,直径小可节省材料。但是对于热压罐而言,还要考虑放置工装的空间,如果直径过小,则大型工装将无法放置。压力容器通常以其内直径为基准。为适应容器标准化、系列化的需要,一般采用公称直径。

5) 壁厚

表示容器壁厚的参数常见的有名义厚度、厚度附加量、计算厚度、设计厚度、有效厚度等。厚度的单位为毫米(mm)。

(1) 名义厚度是将设计厚度向上圆整至钢材标准规格的厚度,即是图样上标注的厚度。

(2) 厚度附加量指钢材的厚度负偏差和腐蚀余量之和。

(3) 计算厚度指按各计算公式计算所得的厚度(不包括厚度附加量)。

(4) 设计厚度指计算厚度与厚度附加量之和。

(5) 有效厚度指名义厚度减去厚度附加量。

5.2.2 热压罐设备操作与安全运行

热压罐已经广泛应用于各种复合材料的制造,数量在日益增加,并逐渐趋向容量大型化和结构复杂化。为了适应工程上的需要,近年来,压力容器的设备制造不断采用新材料、新工艺和新技术。因此,热压罐的安全可靠性问题就显得更为重要,更需要人们密切关注。

热压罐压力系统中的热压罐罐体、储气罐及压力管道内都会存在高压空气,部分在保护性气氛中工作的热压罐还需要配备低温液氮罐,热压罐内也是加压氮气;同时,真空系统中的真空罐和真空管路中也是真空环境。这些高压罐体、低温罐体和真空罐体如果设备操作保养不当,都会造成安全隐患,因此热压罐属于压力容器,是一种特种设备,对热压罐的安全使用和规范管理都有严格要求。

热压罐是一种可能引起爆炸等危害性较大事故的特种设备,当设备发生破坏或爆炸时,设备内的介质迅速膨胀、释放出极大的内能,这些能量不仅会使设备本身遭到破坏,瞬间释放的巨大能量还将产生冲击波,使周围的设施和建筑物遭到破坏,危及人民生命安全。如果设备内盛装易燃或有毒介质,一旦突然发生爆炸或泄漏,将会造成恶性的连锁反应,后果不堪设想。它比一般通用机械设备事故率都高,所以要有更高的安全要求。

我国把热压罐等压力容器作为一种特种设备,由国家质量监督检验检疫总局对其安全进行监督管理。国务院颁布了《特种设备安全监察条例》,对压力容器生产(含设计、制造、安装、改造、维修)、使用、检验检测及其监督检查等环节都做出了具体规定。特种设备使用单位必须使用符合安全技术规范的特种设备,建立特种设备技术档案,向特种设备安全监督管理部门登记,按规定进行定期检验,持证使用;对于特种设备作业人员(含相关管理人员和操作人员），则必须经专门的技术培训和考核，持证上岗，以确保热压罐安全运行。

1. 热压罐设备安全操作要求

正确合理地操作和使用热压罐，是保证容器安全运行的一项重要措施。热压罐在投入使用后，往往会因工作条件的苛刻、操作不当、修理不利等原因，引起材质劣化、设备故障而降低其使用性能甚至发生灾害事故。因此，压力容器的安全问题与容器使用者关系极大。容器的使用单位除应设置专门管理机构和专职管理人员对容器进行安全技术管理，建立和健全安全管理制度外，还应对容器的操作人员提出具体要求，并在容器运行过程中从使用条件、环境条件和维修条件等方面采取控制措施，以保证压力容器安全运行。压力容器的操作人员要求如下：

（1）压力容器操作人员必须取得当地质量技术监督部门颁发的《特种设备作业人员证》后，方可独立承担压力容器的操作。

（2）压力容器操作人员要熟悉本岗位的工艺流程，熟悉容器的结构、类别、主要技术参数和技术性能。严格按照操作规程操作，掌握处理一般事故的方法，认真填写有关记录。

（3）压力容器要平稳操作。容器开始加载时，速度不宜过快，特别是承受压力较高的容器，加压时需分阶段进行，并在各阶段保持一定时间后再继续增加压力，直至规定压力。高温容器或工作温度较低的容器，加热或冷却时都应缓慢进行，以减小容器壳体温差应力。另外，对于有衬里的容器，若降温、降压速度过快，有可能造成衬里鼓包；对固定板管式热交换器，温度大幅度急剧变化，会导致管子与管板的连接部位受到损伤。

（4）严格控制工艺参数。严禁容器超温、超压运行。为防止操作失误而造成容器超温、超压，可实行安全操作挂牌制度或装设联锁装置。随时检查容器安全附件的运行情况，保证其灵敏可靠。

（5）严禁带压拆卸压紧螺栓。

（6）坚持容器运行期间的巡回检查，及时发现操作中或设备上出现的不正常状态，并采取相应的措施进行调整或消除。

（7）能够正确处理紧急情况。

2. 热压罐设备安全运行

1）压力容器投用前的准备工作

压力容器在投入使用前必须进行全面检查验收工作，并写好压力容器及装置的运行方案，呈请有关部门批准。操作人员在操作前应做好以下准备工作：

（1）操作人员在上岗操作前，必须按规定着装，带齐操作工具，特别是应随身携带专用的操作工具。

（2）操作人员上岗操作前，必须按规定认真检查本岗位或本工段的压力容器、机泵及工艺流程中的进出口管线、阀门、电气设备、安全阀、压力表、温度计、液位计等各种设备及仪表附件的完善情况，检查岗位或工段的清洁卫生情况。

（3）操作人员在确认压力容器及设备能投入正常运行后，才能使系统投入运行。

2）压力容器及其装置运行

压力容器运行过程中，要严格按工艺卡片的要求和操作规程操作。

（1）压力容器及其装置进料前要关闭所有的放空阀门,然后按规定的工艺流程检查确认无误后,才能启动设备。在操作过程中,操作人员要沿工艺流程线路跟随物料进程进行检查,应特别注意泄漏问题,防止物料泄漏或走错流向。

（2）操作人员在操作调整工况阶段,应注意检查阀门的开启度是否合适。操作人员应密切注意运行的细微变化,严格执行工艺操作规程,做到精心、平稳地操作,使压力容器及其装置的运行逐步走向正常。

3）运行中工艺参数的控制

压力容器从设计、制造、运行到服役期满的全过程中,运行是其主要环节。运行中对工艺参数的安全控制,是压力容器安全操作的主要内容。工艺参数主要是指温度、压力、流量、液位及物料配比等。防止超温、超压和介质泄漏是防止事故发生的根本措施。

温度是热压罐的主要控制参数之一。温度过高可能导致剧烈反应而使压力突增,造成冲料或容器爆炸或反应物的分解着火等。同时,过高的温度还会使容器材料的机械性能(如高温强度)减弱,承载能力下降,容器变形。温度过低则有可能造成反应速度减慢或停滞,当回升到正常反应温度时,往往会因待反应物料过多反应剧烈而引起爆炸。温度过低还会使某些物料冻结,造成管路堵塞或破裂,致使易燃物泄漏而发生火灾和爆炸。

容器运行期间,还应尽量避免压力、温度的频繁和大幅度波动。压力、温度的频繁波动,会造成容器的疲劳破坏。尽管设计上要求容器结构连续,但接管、转角、开孔、支承部位、焊缝等处是不连续的。这些区域在交变载荷作用下产生的局部峰值应力往往超过材料的屈服极限,产生塑性变形。尽管一次的变形量极小,但在交变载荷作用下,会萌生裂纹或使原有裂纹扩展,最终导致疲劳破裂。

为严格控制温度,应从以下方面采取有力措施。

（1）保证罐体内温度均匀性。热压罐中加热设备一般在罐体一端,通过风机使气体在热压罐中循环,从而使温度均匀,因此在使用过程中应注意罐体内温度的均匀性,防止温度过高。

（2）加强保温措施。合理的保温对工艺参数的控制、减少波动、稳定生产都有好处,同时,也可防止高温设备和管道对周围易燃易爆物构成着火爆炸的威胁。进行保温时,宜选用防漏防渗的金属薄板做外壳,减少外界易燃物质泄漏或渗入保温层中积存而产生危险。

为了防止容器发生疲劳破坏,在容器使用过程中,应当尽量避免不必要的频繁加压、卸压和过分的压力波动及过大的温度变化。

3. 压力容器的运行检查

热压罐操作人员在运行期间,应经常检查热压罐,以便及时发现操作中或设备上所出现的不正常状态,采取相应的措施进行调整或消除,防止异常情况的扩大和延续,保证压力容器正常运行。对运行中压力容器的检测,包括工艺条件、设备状况以及安全装置等。

（1）检查操作工艺条件包括检查操作压力、温度、液位是否在操作规程规定的范围内。检查工作介质的化学成分,特别是那些影响容器安全(如产生腐蚀,使压力、温度升高等)的成分是否符合要求。

（2）检查设备状况方面主要包括:检查压力容器各连接部位有无泄漏现象;压力容器有无明显变形;基础和支座是否松动和磨损;压力容器的表面腐蚀以及其他缺陷或可疑

现象。

（3）安全装置方面主要检查压力容器的安全泄压装置以及与安全有关的计量器具（如温度计、压力表、计量用的衡器及流量计）是否保持完好状态。主要检查压力表的取压管有无泄漏和堵塞现象，旋塞手柄是否处在全开位置；检查弹簧式安全阀的弹簧是否锈蚀；检查安全装置和计量器具是否在规定的使用期限内，其精度是否符合要求。

4. 压力容器的紧急停止

当热压罐及其设备发生破裂、鼓包、变形、大量泄漏，或由于突然停电、停水、停气，迫使压力容器不能正常运转，或容器周围发生火灾和其他天灾等非正常原因时，应紧急停止运行。

对关键性的热压罐和设备，为防止因突然停电而发生事故，应配置双电源与联锁自控装置。如因线路发生故障，生产车间全部停电时，要及时汇报和联系，查明停电原因。同时应重点检查压力容器及设备的温度压力的变化，尽量保持物料畅通。发现因停电而造成冷却系统停机需要停水时，可根据生产工艺情况进行减量或维持生产。大面积停水时，则应立即停止生产进料，注意温度、压力变化。压力超过正常值时，可采取放空降压措施。

停电、停风会使所有电动或气动的仪表、阀门都不能动作，故此时应立即改为手动操作，某些充气防爆电器和仪表也处于不安全状态，必须加强厂房内通风换气，以防止可燃气体进入电器和仪表内部。

5.2.3 压力容器定期检验

压力容器的定期检验是压力容器监察工作中的一个重要环节，压力容器必须定期进行检验，以防止事故发生，确保安全经济运行。

压力容器定期检验是指在容器设计使用期限内，每隔一定时间，即采用适当有效的方法，对它的承压构件和安全装置进行检查或必要的试验和法定强制性检验。实行定期检验，是及早发现缺陷、消除隐患、保证压力容器安全运行的一项行之有效的措施。因此，为了防止事故的发生，确保压力容器安全经济运行，压力容器的使用单位除了加强对压力容器的日常使用管理和维护保养外，还要由国家质检总局核准的检验机构持证的压力容器检验人员定期对压力容器进行全面的技术检验，对压力容器的技术状况做出科学的判断以确定压力容器能否继续使用到下一个检验周期。

1. 压力容器定期检验分类及检验周期

《压力容器定期检验规则》中对压力容器定期检验的分类及检验周期都做出了具体规定。热压罐中的各种压力容器一般都属于固定式压力容器，根据《压力容器定期检验规则》等规定，固定式压力容器的定期检验分为年度检查、全面检验和耐压试验三类。

（1）年度检查：是指压力容器运行中的定期在线检查，每年至少一次。

（2）全面检验：是指压力容器停机时的检验。其检验周期分为：安全状况等级为1、2级的，一般每6年至少一次；安全状况等级为3级的，一般3~6年一次；安全状况等级为4级的，其检验周期由检验机构确定。新投用的压力容器应当投用满3年时，进行首次全面检验。

（3）耐压试验：是指压力容器全面检验后所进行的超过最高工作压力的液压试验或气压试验。对固定式压力容器，每两次全面检验期间内，至少进行一次耐压试验；超高压容器每10年至少进行一次耐压试验。

当年度检查、全面检验和耐压试验同期进行时,应依次进行全面检验、耐压试验和年度检查,其中重复检验的项目只做一次。

年度检查和全面检验工作完成后,检验人员根据实际检验情况出具检验报告。检验报告中应给出检验结论,以便使用单位按照给定的检验结论,做出具体处理,制定相应的使用管理要求和措施,以确保其继续安全运行或做报废等。不同的压力容器,根据相应的检验规程、规则,检验结论的种类也不同。

压力容器定期检验结论,根据《压力容器定期检验规则》等规定分为1~5级(5个安全状况等级)。其中,安全状况为4级的压力容器,其积累监控使用的时间不超过一个检验周期,在监控使用期间,可对缺陷进行处理,提高安全等级,否则不得继续使用;安全状况为5级的,即判废。

2. 固定式压力容器检验内容

《压力容器定期检验规则》将压力容器的定期检验分为年度检查、全面检验和耐压试验三种。检验周期应根据容器的技术状况、使用条件和有关规定来确定。

1) 年度检查

年度检查包括使用单位压力容器安全管理情况检查、压力容器本体及运行情况检查和压力容器安全附件检查等,每年至少检查一次。年度检查以宏观检查为主,必要时再进行侧厚、壁温检查和腐蚀性介质含量测定、真空度测试等项目检查。当发现危及安全的现象及缺陷时,应立即停车,做进一步检查。

外部检查的主要内容包括:容器的防腐层、保温层及设备铭牌是否完好;容器外表面有无裂纹、变形、局部过热等不正常现象;容器的接管焊缝、受压元件等有无泄漏;安全附件是否齐全、灵敏、可靠;紧固螺栓是否完好,基础有无下沉、倾斜等异常现象。

2) 全面检验

全面检验是指在用压力容器停机时的检验。全面检验除了检验年度检查的全部内容外,还包括:结构检查、几何尺寸检查、表面缺陷情况检查、壁厚测定、材质检查;对有保温层、涂层、堆焊层、金属衬里等覆盖层的压力容器检查;对焊缝埋藏缺陷、安全附件和紧固件检查。

3) 耐压试验

耐压试验是指压力容器全面检验合格后,所进行的超过最高工作压力的液压试验或气压试验。

5.2.4 压力容器的维护保养

压力容器维护保养的目的在于提高设备的完好率,使压力容器能保持在完好状态下运行,提高使用效率,延长使用寿命,保证运行安全。其内容包括日常维修、大修、停用期间的维修保养等。维护保养的对象不仅包括压力容器本体,也应包括各种附属装置、仪器仪表,以及支座基础、连接的管道阀门等。本节重点介绍容器本体的日常维护保养。

1. 热压罐运行期间的维护保养

热压罐运行期间的维护保养的工作重点,是防腐、防漏、防露、防振,及仪器仪表、阀门、安全装置的日常维护。

1）保持完好的防腐层

工作介质对材料有腐蚀性的容器,应根据工作介质对器壁材料的腐蚀作用,采取适当的防腐措施。通常采用防腐层来防止介质对器壁的腐蚀,如涂层、搪瓷、衬里等。这些防腐层一旦损坏,工作介质将直接接触器壁,局部加速腐蚀,产生严重的后果。所以,必须使防腐涂层或衬里保持完好。这就要求在容器使用过程中注意以下几点:

（1）经常检查防腐层有无自行脱落,检查衬里是否开裂或焊缝处是否有渗漏现象。发现防腐层损坏时,即使是局部的,也应该经过修补等妥善处理后才能继续使用。

（2）装入固体物料或安装内部附件时,应注意避免刮落或碰坏防腐层。带搅拌器的容器应防止搅拌器叶片与器壁碰撞。

（3）内装填料的容器,填料环应布放均匀,防止流体介质运动的偏流磨损。

2）消除容器的"跑""冒""滴""漏"

由于磨损、连接不良或密封面损坏,压力容器的连接部位及密封部位经常会产生"跑""冒""滴""漏"现象。这不仅浪费原料和能源,污染环境,还常常引起器壁穿孔或局部腐蚀加速,导致容器破坏事故。因此,要加强巡回检查,注意观察,消灭"跑""冒""滴""漏"现象,保持良好的工作环境。

3）保护好保温层

对于有保温层的压力容器要检查保温层是否完好,防止容器壁裸露。因为保温层一旦脱落或局部损坏,不但会浪费能源,影响容器效率,而且容器局部温差变化较大,产生温差应力,引起局部变形,影响正常运行。

4）减小或消除容器的振动

容器的振动对其正常使用影响也是很大的。振动不但会使容器上的紧固螺钉松动,影响连接效果,或者由于振动的方向性,使得容器接管根部产生附加应力,引起应力集中,而且当振动频率与容器的固有频率相同时,会发生共振现象,造成容器的倒塌。因此,当发现容器存在较大振动时,应采取适当的措施,如隔断振源、加强支撑装置等,以消除或减轻容器的振动。

5）维护保养好安全装置

容器的安全装置是防止其发生超压事故的重要装置,应使它们始终处于灵敏准确、使用可靠状态。因此,必须在容器运行过程中加强维护保养。安全装置和计量仪表应定期进行检查、试验和校正,发现不准确或不灵敏时,应及时检修和更换。容器上的安全装置不得任意拆卸或封闭不用。没有按规定装设安全装置的容器不得使用。

2. 热压罐停用期间的维护保养

对于长期停用或临时停用的压力容器,也应加强维护保养工作。可以说,停用期间保养不善的容器甚至比正常使用的容器损坏得更快,有些容器恰恰是忽略了停用期间的维护而造成了日后的事故。

停止运行的容器尤其是长期停用的容器,一定要将内部介质排放干净,清楚内壁的污垢、附着物和腐蚀产物。对于腐蚀性介质,排放后还需经过置换、清洗、吹干等技术处理,使容器内部干燥和洁净。要注意防止容器的"死角"内积有腐蚀性介质。

要经常保持容器的干燥和洁净。为了减轻大气对停用容器外表面的腐蚀,应保持容器表面清洁,经常把散落在上面的尘土、灰渣及其他污垢擦洗干净,并保持容器及周围环境的干燥。另外,要保持容器外表面的防腐蚀油漆等完好无损,发现油漆脱落或刮落时要及时补涂。有保温层的容器,还要注意保温层下的防腐蚀和支座处的防腐蚀。

5.2.5 热压罐典型事故与预防

热压罐的结构并不复杂,但在载荷作用下,应力的分布却比较复杂。例如,开孔处的应力分布要比不开孔处复杂得多。尤其是在高温、高压、低温、腐蚀等恶劣的运行条件下,如果管理不当,就容易发生事故。容器一旦破坏,不但会造成设备、财产的损失,还会造成人员伤亡。

1. 热压罐的爆炸事故与预防

热压罐的爆炸事故指热压罐在使用中或压力试验时,受压部件发生破坏,设备中介质积蓄的能量迅速释放,内压瞬间降至外界大气压的事故。

预防的措施如下:

(1) 防止超温超压运行。应严格按照生产工艺规定的工艺参数和核定的最高工作压力、最高(低)工作温度范围运行。对充装液化气体的压力容器严禁过量充装;特别是对其中有化学反应发生的压力容器,更应严格控制反应速度。

(2) 严格遵守劳动纪律和工艺安全操作规程,容器操作人员应经技术培训,做到持证上岗独立操作。

(3) 认真做好压力容器的选购、安装或组焊质量的验收工作,防止先天性缺陷。

(4) 加强容器的维护保养,积极开展容器的定期检验(包括每年至少一次的外部检查),及时发现缺陷,及时处理。

(5) 确保安全附件齐全、灵敏、可靠,实行定期检查与校验。减压装置的管道,应定期检查减压装置是否完好,防止压力容器超压。

2. 裂纹事故及预防

裂纹事故指的是这样的情况:压力容器受压部件在使用中由于各种原因产生了裂纹而且裂纹需要得到处理。裂纹是压力容器最危险的缺陷,又是导致容器发生脆性破裂事故的主要因素。压力容器产生裂纹,应引起高度重视。裂纹的扩展速率很快,不及时采取有效措施,会导致容器严重损坏或爆炸事故的发生。

预防的措施如下:

(1) 选用设计制造符合规范的压力容器,并保证安装或组焊质量,防止因先天性缺陷造成应力集中而产生裂纹。

(2) 尽量减少压力容器开停次数,并保证平稳操作,防止疲劳裂纹的产生。

(3) 采取有效的防腐蚀措施,防止应力腐蚀裂纹的产生。

(4) 保证容器主要受压部件的技术改造、修理质量,防止补焊后产生裂纹。

(5) 做好压力容器的检查、检验工作,一旦发现裂纹及时处理,防止裂纹事故的发生。

3. 鼓包变形事故

热压罐的受压部件在使用中由于各种原因产生鼓包、变形,需进行修理的称为鼓包变形事故。热压罐产生鼓包、变形时,必须引起重视,如处理不当,随着鼓包、变形程度的发展,也会造成压力容器被迫停运或发生压力容器爆炸事故。

预防措施如下:

（1）热压罐选材必须适当，并应严格把好容器出厂质量关，防止先天性缺陷。

（2）对有腐蚀性介质的容器应采取防腐和防止介质冲刷的措施，防止容器器壁腐蚀减薄。

（3）严格执行工艺操作规程，防止由于超温、超压或局部过热等原因造成鼓包变形。

（4）认真做好压力容器检查和检验及维护保养工作。当容器的主要受压部位发生鼓包变形且危及设备安全运行时，则应停车修理。

4. 泄漏事故

压力容器受压部件等部位在使用中由于各种原因造成的介质泄漏需进行修理的称泄漏事故。由于容器内的介质不同，如果发生泄漏，轻则造成资源、能源浪费和环境的污染，重则造成压力容器被迫停运或燃烧爆炸事故。预防措施如下：

1）保持密封面不泄漏

保持密封面不泄漏的预防措施主要有：①更换失效的填料；②更换或修复变质或损伤的密封垫；③对不平整的法兰面，应进行加工修整或更新法兰；④对称均匀拧紧连接螺栓。

2）防止胀接管口和焊接管口泄漏

胀接的管口若泄漏，可采用复胀、加衬套临时堵胀管口、焊接口或更换管子等方法进行修理。焊接的管口若泄漏，可采取补焊等方法进行修理。

3）防止介质腐蚀穿孔泄漏

对有腐蚀性介质的容器，必须采取防腐措施，或采用不锈钢材料。

4）及时检修阀门防止阀门泄漏

在运行中应经常检查并处理阀门故障，防止阀门泄漏。常见的阀门泄漏故障主要有以下几种：

（1）阀盖接合面泄漏。其原因是：螺栓紧力不够或紧固不匀；阀盖垫片损坏；接合面不平。

（2）阀瓣（闸板）与阀座密封面的泄漏。其原因是：关闭不严；研磨质量差，阀瓣与阀杆间隙过大，造成阀瓣下垂或接触不好；密封圈材料不良或被杂质卡住。

（3）阀座与阀壳间泄漏。其原因是：装配太松；有砂眼。

（4）填料盒泄漏。其原因是：填料的材质选择不当；填料压盖未压紧或压偏；加装填料的方法不当；阀杆表面粗糙度值大或变成椭圆。

（5）认真做好热压罐的检验、检查及维护保养工作。

5. 爆管事故

热压罐范围内的承压管道由于各种原因造成的穿孔、破裂导致压力容器被迫停止运行必须修理的事故，称爆管事故。这种事故是热压罐运行中较常见的事故。

预防措施如下：

（1）对有腐蚀性介质的管道采取防腐措施，或采用不锈钢等耐蚀材料的管材。

（2）防止传热管道（或废热锅炉）因水质不好积垢，防止因介质循环不好，而造成爆管。

（3）制定正确的操作规程，做到平稳操作。

（4）采取有效措施，防止介质冲刷或流速过大而造成磨损。

（5）认真搞好压力容器检查、检验，发现问题及时解决。

5.2.6 热压罐事故的应急预案

热压罐等压力容器是事故发生率相对较高的特殊设备,在做好防范事故措施。尽力避免事故发生的同时,还应根据事故发生的可能性和可能造成的危害制定事故应急预案,以便在事故发生时,立即启动应急预案,使事故能得到及时、有效的控制,防止事故的扩大,减少人员伤亡和财产损失,把事故造成的危害减少到最低限度。

制定压力容器事故应急预案时,应预想容器可能发生怎样的事故与事故发生的过程将会如何,及其可能产生的后果,有针对性地制定应急对策,以最大限度地保护人的生命为第一原则。在此基础上,根据现场生产设施、生产工艺状况、关联设备管线、岗位厂房现场环境等,制定事故发生后现场人员该怎样自救逃生,进入现场控制事故、抢救受伤人员时怎样自我保护,应注意些什么问题,应怎样进入现场等。其主要内容如下。

1. 现场人员自救逃生预案

一旦压力容器发生爆炸,现场人员应立即伏地或钻入桌底或躲到预定的安全角落,以避免受到冲击波、碎片和继发事故的伤害;保持镇静,大声呼救,待事态相对稳定后,按预定的逃生方法逃生,包括防护用品在何处、怎样使用,并留意是否还有倒塌物伤害的潜在威胁,是否还会引发火灾等;采用预定的自救方法以及预定的逃生路线和逃生姿势等逃生。因此,事故的应急预案显得非常必要,它可以提高现场人员逃生的成功率。

2. 控制事故的发展扩大和人员抢救预案

压力容器事故应急预案应预想事故发生后可能造成的恶果和可能会发展扩大所造成的危害;应预定现场人员特别是无关人员的紧急疏散,如谁指挥、怎样逃生等。对压力容器的压力来自系统其他设备,容器发生事故时,必须及时切断压力源,系统紧急停车,以控制事故的进一步发展扩大。因此,应当预定处理程序,包括预定防护用品种类及其放置位置、使用方法,预定处理方法和步骤及其使用的工具等。

对有人员受伤、中毒的,除了及时报"120"急救外,还应按预定的抢救方案,针对伤员不同的受伤程度和中毒情况,进行抢救以赢得宝贵的抢救时间和抢救机会。对事故后有可能发生火灾事故的,还要制定灭火和应急疏散预案。

3. 压力容器事故应急指挥协调预案

为使事故现场的抢险救灾能忙而不乱,分工有序,有条不紊,需要制定事故应急指挥、协调预案。抢险工作主要包括事故报告程序和方法。此外,事故应急预案还应包含现场设备设施布置和逃生、疏散通道等示意图,让参与救灾的人员能一目了然,使抢险更迅速、更有针对性、更有效。

4. 压力容器事故的善后处理预案

事故应急预案还应包括事故发生后预定的现场保护、人员安置、家属安抚和组织事故调查或协助调查、处理等程序方案。

检验应急预案是否符合所预想的紧急情况的要求,必须进行预演,特别是现场演练,同时应组织他们参加有关的联合演练。演练有助于查隐患,演练过程中发现的与应急预案发生冲突的不良习惯和现象及安全隐患等应立即进行整改。

防止压力容器事故的应急预案,必须紧密结合本单位的具体情况(包括生产工艺状况、作业场所的环境条件、介质的特性等),并对周边及可能波及的区域,当地的医疗、公安、消防系统的具体情况有全面考虑,力求尽量减少事故造成的危害,特别是减少人员的伤亡,并做好事故的善后处理等补救工作。

5.3 热压罐成型的特点和应用

5.3.1 热压罐成型的主要优点

与其他工艺相比,热压罐成型工艺具有许多无可比拟的优点,主要有以下方面。

1. 罐内温度场和压力场均匀

因为用压缩空气或惰性气体(N_2、CO_2)向热压罐中的充气增压,作用在真空袋表面各点法线上的压力相同。同时热压罐内装有大功率的风扇和导风套,加热(或冷却)气体在罐内高速循环,罐内各点的气体温度基本一样,在模具尺寸合理的前提下,可保证密封在模具上的构件升降温过程中各点温差不大。因此,在成型过程中,可使真空带内的构件在均匀的压力场和温度场下成形,制件均匀固化。

2. 适用范围较广

热压罐成型可适用于多种先进复合材料的生产,只要是固化周期、压力和温度在热压罐的极限范围之内的复合材料都能生产,它的温度和压力条件几乎能满足所有的聚合物基复合材料的成型工艺要求。并且可适合制造多种大面积、复杂型面结构的蒙皮、壁板和壳体,以及适用于具有层合结构、夹芯结构、胶接结构、缝纫结构等多种结构的整体成型。

3. 成型模具简单

模具相对比较简单,效率高,适合于大面积复杂型面的蒙皮、壁板和壳体的成型。可以成型或胶接各种飞机的构件。若热压罐尺寸大,则一次可放置多层模具,同时成型或胶接各种较复杂的结构及不同尺寸的构件。

4. 成型工艺可靠

由于热压罐的压力和温度均匀,可保证成型或胶接构件的质量稳定。一般热压罐成型工艺制件的孔隙率较低,树脂含量均匀,纤维体积含量较高,相比于其他成型工艺,成型的构件力学性能稳定、可靠;能保证成型或胶接的构件性能稳定和质量可靠。迄今为止,要求高承载的绝大多数复合材料都采用热压罐成型工艺。

5. 加压方式灵活多样

对先进复合材料构件加压方式灵活多样,既可抽真空又可加压,从而一方面有利于抽取预浸料中含有的低分子挥发物和夹杂在预浸料中的气体,另一方面有利于压实预浸料,获得结构致密的制件。

5.3.2 热压罐成型的主要缺点

1. 设备投资大

热压罐成型的最大缺点是设备成本高,能源利用率较低,热压罐设备体积大,结构复杂,且是压力容器。因此建设投资费用高。并且每次固化时都需要制备真空密封系统,将耗费大量价格昂贵的辅助材料,提高了制造成本。

2. 制件尺寸受限制

热压罐成型法还存在制件尺寸受热压罐尺寸限制,超大容积热压罐内部加热和加压速度缓慢,以及温度和压力相应迟缓等问题。

5.3.3 热压罐成型的应用

热压罐成型法主要用于大尺寸、结构复杂、尺寸精度要求高的复合材料的航空航天构件的制造,如蒙皮件、肋、框、壁板件、整流罩等。早在20世纪70年代初,波音公司就已经采用热压罐成型法制造波音737飞机的扰流板。在此之后,此方法成型的复合材料制件在多种军用和民用航空航天构件上得到广泛应用,制件有次承力制件,也有主承力结构件。图5-3所示为空客A380飞机中热压罐成型的GLARE复合材料机身。

图5-3 空客A380飞机热压罐成型的GLARE复合材料机身

我国"长征"四号运载火箭的卫星整流罩和仪器舱就是采用热压罐法成型,其中整流罩球头部分为酚醛玻璃钢模压件,截锥体部分为蒙皮桁条金属薄壁结构,中间设有加强框;而呈截圆锥形的仪器舱整体采用碳纤维面板-铝蜂窝夹层结构,并采取三步法热压罐固化工艺及软模技术,保证了面层密实度的要求。各种飞行器雷达罩及卫星整流罩等也采用了热压罐成型,见图5-4和图5-5。

图5-4 各种飞行器雷达罩

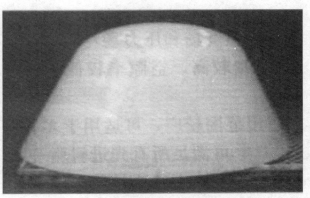

图5-5 卫星整流罩端头的热压罐成型实例

此外，热压罐成型技术已从最初的铺叠、剪裁主要依靠手工发展到和预浸料激光定位铺叠、自动剪裁、自动铺放等自动化、数字化技术相结合，并且开发出热压罐-VARTM 组合成型、热压罐共固化成型等新型工艺技术，从而热压罐成型先进复合材料已经从航空航天和军工武器领域拓宽到应用于体育、医疗、交通、能源等诸多民用领域。

作业习题

1. 什么是预浸料？对预浸料有哪些要求？
2. 试简述热压罐成型的生产过程分为哪几个步骤。
3. 热压罐成型有哪些优缺点？请举例说明热压罐成型的应用。
4. 热压罐等压力容器的基本要求是什么？
5. 压力容器的主要技术参数有哪些？
6. 热压罐运行中的典型事故有哪些？如何预防？

模块6 拉挤成型工艺

拉挤成型是树脂基复合材料成型方法中自动化程度最高、产品质量最稳定、原材料利用率最高的先进制造工艺。拉挤制品不但具有树脂基复合材料的共性,而且具有其独特的轴向性能和连续性能。

拉挤成型技术于1948年发端于美国,20世纪60年代初约有20家厂商,主要在美国。如今美国、西欧、日本拉挤成型工艺厂商已逾90家。国外拉挤复合材料型材的年市场规模在25万~30万t,其中美国约为10万t。2013年,我国拉挤制品产量约达28万t,约占全球产量的50%。拉挤型材广泛用于电气/器、建筑、运输、军事及消费品领域。

6.1 拉挤成型概述

拉挤成型是一种自动化连续生产复合材料的生产方法,它是将玻璃纤维粗纱或其织物在外力牵引(外力拉拔和挤压模塑)下,经过浸胶、挤压成型、加热固化、定长切割,连续生产长度不限的玻璃钢线型制品的一种方法。这种工艺最适于生产各种断面形状的型材,如棒、管、实体型(工字形、槽形、方形型材)和空腹型材(门窗型材、叶片)等。

6.1.1 拉挤成型工艺的发展

第一个拉挤成型工艺技术专利于1951年在美国注册,直到20世纪60年代,其应用也十分有限,主要制作实芯的钓鱼杆和电气绝缘材料等。60年代中期,由于化学工业对轻质高强、耐腐蚀和低成本的迫切需要,促进了拉挤工业的发展,特别是连续纤维毡的问世,解决了拉挤型材横向强度问题。70年代起,拉挤制品开始步入结构材料领域,并以每年20%左右的速度增长,成为美国复合材料工业十分重要的一种成型技术。从此,拉挤成型工艺也随之进入了一个高速发展和广泛应用的阶段。与此同时,国内也开始关注起拉挤成型工艺这一新型技术。从1985年引入第一套拉挤机开始,我国的技术水平已明显提高,直到90年代随着拉挤专用树脂技术的引进生产才进入快速发展时期。1997年,我国承建的伊朗德黑兰地铁工程,其接触轨保护罩就采用了拉挤成型工艺,产品各项性能指标都达到设计要求。我国发展拉挤与欧美形式相似,先开发形状简单的棒材,然后随着化工防腐、电力、采矿等行业的发展与需求,开发了型材制品,目前这些技术已经比较成熟。

随着拉挤产品应用领域的不断拓展,人们对拉挤工艺有了全新的认识,从20世纪80年代起,秦皇岛玻璃钢厂、西安绝缘材料厂、哈尔滨玻璃钢研究所、北京玻璃钢研究设计院、武汉工业大学先后从英国PUITREX公司、美国PTI公司引进拉挤成型工艺设备。此外,河北冀县中意玻璃钢有限公司从意大利TOP Glass公司引进5条拉挤生产线,其中一条是我国首家引进的光缆增强芯拉挤设备,其拉挤速度可达 15~35m/min。

在借鉴国外先进技术的基础上,业内人员不断研究新工艺,开发新产品,从而有力地推动了国内拉挤成型工业,目前这一技术正在向高速度、大直径、高厚度、复杂截面及复合成型的工艺方向发展。

6.1.2 拉挤成型工艺特点及分类

1. 拉挤成型的特点

复合材料拉挤成型技术是制造高性能、高纤维体积含量、低成本复合材料的一种重要方法。拉挤成型的最大特点是连续成型,典型拉挤速度 0.5~2m/min,效率高,适于批量生产,制造长尺寸制品;拉挤成型主要用无捻粗纱增强材料,原材料成本低,材料利用率在 95%以上,废品率低;拉挤制品中纤维含量可高达 80%,多种增强材料组合使用,制品纵、横向强度可任意调整,能充分发挥连续纤维的力学性能,产品强度高。

拉挤成型的缺点是不能利用非连续增强材料;产品形状单调,只能生产线形型材(非变截面制品),横向强度不高;模具费用较高;一般限于生产恒定横截面的制品。

2. 拉挤成型工艺的分类

拉挤成型工艺,根据所用设备的结构形式可分为卧式和立式两大类。而卧式拉挤成型工艺由于模塑牵引方法不同,又可分为间歇式牵引和连续式牵引两种。

1) 间歇式拉挤成型工艺

间歇式,就是牵引机构间断工作,浸胶的纤维在热模中固化定型,然后牵引出模,下一段浸胶纤维进入热模中固化定型后,再牵引出模。如此间歇牵引,而制品是连续不断的,制品按要求的长度定长切割。

间歇式牵引法的主要特点是:成型物在模具中加热固化,固化时间不受限制,所用树脂的范围较广,但生产效率低,制品表面易出现间断分界线。若采用整体模具时,仅适用于生产棒材和管材类制品;采用组合模具时,可配有压机同时使用,而且制品表面可以装饰,成型不同类型的花纹。但模制型材时,其形状受到限制,而且模具成本较高。

2) 连续式拉挤成型工艺

连续式,就是制品在拉挤成型过程中,牵引机构连续工作。

连续式拉挤工艺的主要特点是:牵引和模塑过程是连续进行的,生产效率高。在生产过程中控制凝胶时间和固化程度、模具速度和牵引速度的调节是保证制品质量的关键。此法所生产的制品不须二次加工,表面性能良好,可生产大型构件,包括空心型材等制品。

3) 立式拉挤成型工艺

此法是采用熔融或液体金属槽代替钢制的热成型模具。这就克服了卧式拉挤成型中钢制模具价格较高的缺点。除此之外,其余工艺过程与卧式拉挤完全相同。立式拉挤成型主要用于生产空腹型材,因为生产空腹型材时,芯模只有一端支撑,采用此法可避免卧式拉挤芯模悬臂下垂所造成的空腹型材壁厚不均等缺陷。

值得注意的是,由于熔融金属液面与空气接触而产生氧化,并易附着在制品表面而影响制品表观质量。为此,需在槽内金属液面上浇注乙二醇等醇类有机化合物作保护层。

以上三种拉挤成型法,中卧式连续拉挤设备比立式拉挤设备简单,便于操作,故使用最多,应用最广。目前,国内引进的拉挤技术及设备均属此种工艺方法。

6.2 拉挤成型工艺原材料及模具

拉挤成型工艺中使用的原材料包括树脂基体、增强材料、辅助材料等。拉挤成型工艺要求所用的树脂基材黏度低、对增强材料的浸渍快、黏结性好、存放期长、固化快、具有一定的柔韧性、成型制品不易产生裂纹。增强材料是玻璃钢制品的支撑骨架，它基本上决定了拉挤制品的力学性能，增强材料的使用对减少制品收缩、提高热变形温度和低温冲击强度也有一定的作用。拉挤成型常用的辅助材料包括交联剂、固化剂、促进剂、助促进剂、脱模剂、阻燃剂、填料、色料等。

在玻璃钢型材的拉挤成型过程中，模具是各种工艺参数作用的交汇点，是拉挤成型工艺的核心之一。

6.2.1 拉挤成型的原材料

1. 拉挤成型工艺所用树脂基体

拉挤成型工艺使用的树脂主要有不饱和聚酯树脂、环氧树脂、乙烯基酯树脂、酚醛树脂等。其中，不饱和聚酯树脂应用最多，技术也最成熟，约占总用量的90%。在实际应用中，应根据拉挤成型工艺的特点和最终产品的使用要求来设计树脂配方。目前国内外树脂厂家均开发出拉挤制品专用的不饱和聚酯树脂，拉挤专用环氧树脂和酚醛树脂也已面世。

除热固性树脂外，热塑性树脂也被应用于拉挤工艺。热塑性树脂用作拉挤玻璃钢制品的黏结剂，可提高制品的耐热性和韧性，降低成本。热塑性树脂拉挤工艺是一个新的发展方向。

1) 基体材料的选用原则

每种产品都有设计性能指标，以保证产品使用的安全性。因此，在选择基体材料时首先要考虑产品的技术要求，例如，产品是否为结构件、是否要求耐腐蚀、电性能和光学性能有无特殊要求、有无卫生标准等，需根据产品的具体技术要求来确定选用何种树脂。从拉挤工艺要求出发，要求配方设计既能满足产品的设计和使用要求，又要有较长的凝胶时间（即一般要求使用期在8h以上）和较快的固化速度，以达到连续拉挤、快速固化的要求。因此，选择树脂基体应具有如下特点：

（1）黏度较低（最好在2Pa·s以下），树脂具有良好的流动性和浸润性，便于对增强材料的浸渍。

（2）固化收缩率较低，可在树脂配方中引入填料，既可降低产品固化收缩率，改善制品的性能，又可降低成本。

（3）凝胶时间较长，固化时间较短。

（4）黏结好。

（5）具有一定的柔韧性，成型时制品不易产生裂纹。

（6）在选择树脂时，除考虑制品的技术要求、工艺要求外，还应考虑经济性。在几种适合的树脂中选用成本较低的，以提高产品的市场竞争力。

常用拉挤工艺用树脂如表6-1所示。

表 6-1 拉挤工艺用树脂

类型	商品牌号	生产厂家	性能与应用
不饱和聚酯树脂	Dion 8200	Koppers	通过缓和升温引起的收缩反应,可解决热裂纹问题在 148.9℃下连续使用,用作抽油杆
	Dion EP 34456	Koppers Ashland	反应型增韧剂与通用树脂混合使用可减缓升温,减少裂纹并能增加拉挤线速度
	Hetron 197A	Ashland	耐酸,但不耐碱和次氯酸盐
	Polylite 31-020	Reichold	高活性间苯聚酯,可增加小直径杆与型材的拉挤速度
溴化聚酯	Hetron 613	Ashland	阻燃级树脂
乙烯基酯聚酯	Hetron 922	Ashland	耐碱和次氯酸盐
	Hetron 980	Ashland	高温下有良好的物理性能保持率,用作抽油杆
	Derakane 411-35, 470-25	Dow	阻燃剂含量低,拉挤线速度高,苯乙烯含量低,黏度高,用作抽油杆,低填料量时有良好的物理性能和耐高温性
环氧树脂	EPON 9102,9302	Shell	可提高拉挤速度,可用高频加热固化,黏度与收缩率类似聚酯
	EPON 9310	Shell	推荐用于拉挤工艺
	TACTIX	Dow	用于航天与航空结构件
	TETRAD-C.X	三菱瓦斯化学会社	可提高耐热性,用于制造飞机零部件

2) 不饱和聚酯树脂

拉挤制品中不饱和聚酯树脂应用最多。目前,国内外树脂厂家均开发出拉挤专用的不饱和聚酯树脂,适用于建筑、交通等领域的新型阻燃、耐热不饱和聚酯树脂也陆续面世。最常用的拉挤树脂是邻苯型、间苯型聚酯树脂,间苯型树脂有较好的力学性能、坚韧性、耐热性和耐腐蚀性能。目前国内使用较多的是邻苯型,因其价格较间苯型有优势。典型拉挤用不饱和聚酯树脂配方如下:

树脂 196   100 份
填料(轻质碳酸钙)   5~15 份
脱模剂(硬脂酸锌)   3~5 份
固化剂(过氧化物)   1~3 份
低收缩剂(PVC 树脂)   5~15 份
颜料   0.1~1 份

美国用于拉挤工艺专用的不饱和聚酯树脂有五种:

(1) 硬质高反应性间苯型不饱和聚酯树脂。它与低收缩性填料相容性好,与传统聚酯树脂相比,拉挤速度可提高 5 倍(如 Polylite 31-20 树脂)。

(2) 中反应性间苯型不饱和聚酯。特别适用于制造直径为 25mm 以上型材,且具有良好的耐腐蚀性(如 Polylite 92-310 树脂)。

(3) 硬质高反应性间苯型不饱和聚酯。特别适用于制造耐水和韧性制品(如 Polylite 92-311 树脂)。

(4) 中反应性间苯型不饱和聚酯树脂。它适用于制造耐腐蚀性制品(如 Polylite 92-312 树脂)。

(5) 硬质高反应性不饱和聚酯。配方中含有 DAP 等组分(如 Polylite 92-313 树脂)。

3) 环氧树脂

用于拉挤成型工艺的环氧树脂,主要是双酚 A 型环氧树脂,其黏度在 0.4Pa·s 以上。环氧树脂的黏度偏高,为降低黏度常常加入活性稀释剂,如二缩水甘油醚、环氧丙烷丁基醚等。一般不用丙酮、苯乙烯、苯二甲酸二辛酯等非活性稀释剂,因为它们不参与树脂固化反应,仅达到机械混合、降低黏度的作用,而且用量多时会影响制品的性能。

环氧树脂的固化体系对拉挤制品的性能有较大影响。常用环氧树脂的固化剂按化学结构主要分为胺类和酸酐类。拉挤工艺常用的环氧树脂固化剂是溶解度高和熔点高的二元酸酐或芳香族胺类固化剂,如间苯二胺(MPPA)、邻苯二甲酸酐(PA)、四氢邻苯二甲酸酐(THPA)、甲基内次甲基四氢邻苯二甲酸酐(MNA)等。在工业生产中,咪唑、2-甲基咪唑也是常用的固化剂。典型拉挤用环氧树脂配方如下:

环氧树脂 E-55	100 份
脱模剂(硬脂酸锌)	3~5 份
固化剂 (590#)	15~20 份
增韧剂	10~15 份
稀释剂	适量

近年来,对于拉挤制品的力学性能、耐热性和疲劳寿命、电性能等要求越来越严格,拉挤工艺专用环氧树脂的研究进展很快。美国 Shell 公司开发了两种新型环氧树脂体系,牌号为 9102、9302,它们的各种性能都相当好,已成功地用于复合材料汽车板簧和抽油杆。

4) 乙烯基酯树脂

乙烯基酯树脂是由环氧树脂与甲基丙烯酸通过开环加成化学反应而制得的,实际为丙烯酸改性的环氧树脂,主链是环氧树脂,仅在末端含有酯基。由于酯键少,不易被介质侵蚀,即使两端酯键被破坏,分子链也不易断裂,因此乙烯基酯树脂的耐腐蚀性优异,同时兼具环氧树脂和不饱和聚酯树脂的工艺特性,故自 20 世纪 60 年代以来,获得了迅速发展,已经在食品、化工、海洋勘探等领域得到广泛应用。美国壳牌、Dow 化学、Ashland 化学、日本昭和等厂家先后推出了适合不同环境要求的乙烯基酯树脂品牌,国内各厂家也已研发出自己的乙烯基酯树脂。

5) 酚醛树脂

用酚醛树脂作为拉挤成型的基材是近几年新开发的。采用酚醛树脂为基体树脂,除了具有聚酯类和环氧类的优点外,在耐热性、耐摩耗性、耐燃烧性、电性能以及成本方面的优势尤其突出。但是,其缺点是固化速度慢,成型周期长,而且固化时有副产物水生成(缩聚反应)。水在高温下迅速蒸发而在制品中留下气泡、空穴,从而影响了酚醛树脂拉挤制品的力学性能。

尽管酚醛树脂具有许多优点,但其脆性大、耐碱性差,实际应用中多使用改性酚醛树脂。酚醛树脂的弱点主要是其结构中存在酚羟基的苯环所致,因此,酚醛树脂改性的途径主要是封锁酚羟基,引进其他组分。工业上应用较多的改性酚醛有聚乙烯醇改性酚醛、环氧改性酚醛、有机硅改性酚醛、硅酚醛及二甲基改性酚醛树脂等。

拉挤用酚醛树脂应进行适当的处理,以提高它的交联程度,使拉挤时既提高固化速度,又大大减少固化过程中释放出来的水,使得型材里的水分子在拉挤过程中就被驱赶掉而不致使制品产生气泡或空穴。一般拉挤用酚醛树脂配方中用对甲基苯磺酸、苯酚磺酸或磷酸作为固化剂,用聚丙烯醇或多价醇类作为改性剂,滑石粉、二氧化硅等作为填料。

酚醛树脂拉挤制品固化后还需进行合适的后固化处理,这样可显著地改善制品的性能。

6) 热塑性树脂

热塑性树脂是指具有线型或分枝型结构的有机高分子化合物。这类树脂的特点是遇热软化或熔融而处于可塑性状态,冷却后又变坚硬,而且这一过程可以反复进行。热塑性树脂用于拉挤的主要优点有:①制品的耐腐蚀性、韧性更好;②成本较低;③拉挤速度快,可达 15m/min,而一般热固性树脂速度在 0.5~1m/min 或者更低;④制品具有可回收性,这是热固性拉挤工艺无法比拟的优点。

典型的热塑性树脂如聚氯乙烯、聚乙烯、聚丙烯、聚苯乙烯及其共聚物(如 AS、ABS)、聚酰胺、聚碳酸酯、聚甲醛、聚酰亚胺等。聚苯硫醚、聚醚醚酮(PEEK)是当前最受关注的两种高性能热塑性基材,主要用于航空和航天工业。

2. 拉挤成型工艺所用增强材料

在玻璃钢产品设计中,增强材料的选用应充分考虑产品的成型工艺,因为增强材料的种类、铺设方式、含量对玻璃钢制品的性能影响较大,它们基本上决定了玻璃钢制品的机械强度和弹性模量,采用不同增强材料的拉挤制品的性能也有所不同。此外,在满足成型工艺产品性能要求的同时,还应考虑成本,应尽量选择便宜的增强材料。拉挤成型所用增强材料绝大部分是玻璃纤维,在宇航、航空领域、造船和运动器材领域,也使用芳纶纤维、碳纤维等高性能材料。而玻璃纤维中,应用最多的是无捻粗纱。所用玻璃纤维增强材料都采用增强型浸润剂。表 6-2 为拉挤成型工艺用增强材料。

表 6-2 拉挤成型工艺用增强材料

类型	商品牌号	制造厂家	性能与应用
聚酯粗砂		Allied	低模量,低性能,低成本
玻璃粗纱	E-玻璃	Owens-Corning	通用品级
	S-2 玻璃 463		适用于环氧树脂,可改善剪切性能,降低成本
	S-2 玻璃 449		高性能,适用于军品
	S-2 玻璃 425		常用 56 股和 113 股粗纱,低悬垂度,分散性好,工艺性好
	S-2 玻璃 424,30 型		浸润性好,无悬垂度,常用 113 股和 256 股粗纱;分散性和拉伸性能好,仅适用于聚酯,加工条件苛刻时易断
	E-玻璃	PPG	通用品级
有机纤维	Kevlar-49	Du Pont	轻质,用于航空、航天材料和军用材料,中等成本
石墨布带	AS	Hercules	轻质,成本高于 Kevlar 纤维和玻璃纤维,用于刚性要求高的场合
	T300	Union Carbide	与 AS 相同

1）无捻玻璃纤维粗纱

用于拉挤成型的无捻玻璃纤维粗纱的性能要求如下：①不产生悬垂现象；②纤维张力均匀；③成束性好；④耐磨性好；⑤断头少，不易起毛；⑥浸润性好，树脂浸渍速度快；⑦强度和刚度大。

无捻玻璃纤维粗纱可分为合股原丝、直接无捻粗纱及膨体无捻粗纱三种。合股原丝由于张力不均匀，易产生悬垂现象，使得在拉挤设备进料端形成松弛的圈结，影响作业顺利进行。直接无捻粗纱具有集束性、树脂浸透速度快、制品力学性能优良等特点，所以目前大多趋向于应用直接无捻粗纱。膨体无捻粗纱有利于提高制品的横向强度，如卷曲无捻粗纱和空气变形无捻粗纱等。膨体无捻粗纱兼有连续长纤维的高强度和短纤维的蓬松性，是一种耐高温、低热导率、耐腐蚀、高容空量、高过滤效率的材料，膨体无捻粗纱中有部分纤维蓬松成单丝状态，所以还能改善拉挤成型制品的表面质量。目前膨体无捻粗纱在国内外已得到广泛使用，用于装饰或工业用编织物的经纱和纬纱，也可以用于生产摩擦、绝缘、防护或密封材料。

2）玻璃纤维毡

拉挤成型工艺对玻璃纤维毡的要求如下：①具有较高的机械强度；②对于化学黏结的短切原丝毡，黏结剂必须能耐浸胶及预成型时的化学和热作用，以保证成型过程中仍有足够的强度；③浸润性好；④起毛少，断头少。

为了使拉挤成型玻璃钢制品具有足够的横向强度，必须使用短切原丝毡、连续原丝毡、组合毡、无捻粗纱织物等增强材料。连续原丝毡是目前应用最普遍的玻璃纤维横向增强材料之一，为提高产品外观效果，有时也用表面毡。

3）聚酯纤维表面毡

聚酯纤维表面毡是拉挤工业新兴的一种增强纤维材料。美国有一种商品名叫Nexus，广泛用于拉挤制品，取代玻璃纤维表面毡，效果很好，成本也较低。

采用聚酯纤维表面毡的优点如下：①可改善制品的抗冲击、耐腐蚀及耐大气老化性能；②可改善制品的表面状态，使制品表面更加光滑；③聚酯纤维表面毡的贴覆性能与拉伸性能都比C玻璃纤维表面毡好得多，拉挤过程中不易产生断头，减少停车事故；④可提高拉挤速度；⑤可减轻模具磨损，提高模具的使用寿命。

4）玻璃布带

在一些特殊拉挤制品中，为满足一些特殊的性能要求，采用了定宽度且厚度小于0.2mm的玻璃布，其拉伸强度、横向强度都非常好。

5）二维织物、三维织物的应用

拉挤成型的复合材料制品的横向力学性能较差。采用双向编织物有效地提高了拉挤制品的强度和刚度。这种编织物的经向与纬向纤维不是相互交织，而是用另外一种编织材料使其相互缠绕，因而与传统的玻璃布完全不同，每个方向的纤维都处于准直状态，不形成任何弯曲，从而拉位挤制品的强度和刚度都比连续毡构成的复合材料高得多。

目前，三维编织技术已成为复合材料工业中最有吸引力、最活跃的技术开发领域。根据载荷要求直接把增强纤维编织成具有三维结构，而形状与它所构成的复合材料制品的形状相同的结构物，三维织物用于拉挤工艺可克服传统增强纤维拉挤成型制品层间剪切强度低、易于分层等缺点，其层间性能相当理想。

3. 拉挤成型工艺所用辅助材料

1) 脱模剂

在拉挤成型工艺中,脱模剂是必需的,一般使用内脱模剂,有液体、糊状、膏状、粉状内脱模剂。通常用的内脱模剂是金属皂类、脂肪酸酯及聚烯烃蜡类等。内脱模剂最基本的要求是内脱模剂与树脂基体相容,对复合材料制品物理性能的影响较小。内脱模剂这种相容能力取决于内脱模剂的熔点和分子结构,也与物理混合程度有关。

脱模剂的用量很小,一般用量为 0.5%~3%,但起的作用大。脱模效果的好坏直接影响产品质量。用量过大,将对制品强度产生不利影响,且使表面粗糙。因此,应根据不同树脂配方、模具状况选择最佳内脱模剂用量。拉挤成型工艺用内脱模剂如表 6-3 所示。

表 6-3 拉挤成型工艺用内脱模剂

商品牌号	生产厂家	性能与应用
Orth 162	Du Pont	用于乙烯基酯树脂
Mold Wiz PS-125	Axel Plastics Research Lab	用于乙烯基酯树脂、不饱和聚酯树脂
Mold Wiz INT-54 INT-EQ-6 MW INT-1847		用于乙烯基酯树脂、不饱和聚酯树脂
Mold Wiz INT-33P/A		高分子缩聚产品,用于乙烯基酯树脂
Mold Wiz INT-EQ-6		高分子缩聚产品,用于乙烯基酯树脂、不饱和聚酯树脂
MW INT-1846		液体,用于环氧树脂
Synpron 1301	Synthetic Products	液体,用于乙烯基酯树脂、不饱和聚酯树脂
FX-9	Special Products	用于乙烯基酯树脂
Zelec NE	Du Pont	糊料,用于不饱和聚酯树脂
Zelec VN		用于环氧树脂
Zelec UN		液体,用于不饱和聚酯树脂
Zelec NK		糊料,用于环氧树脂

2) 阻燃剂

以树脂为基体的复合材料含有大量的有机化合物,具有一定的可燃性。当拉挤制品具有阻燃要求时,阻燃剂的选用必不可少。阻燃剂是一类能阻止聚合物材料引燃或抑制火焰蔓延的添加剂,通常是磷、溴、氯、锑和铝的化合物,其中氢氧化铝是使用广泛的阻燃剂之一。

阻燃剂根据使用方法可分为添加型和反应型两大类。添加型阻燃剂主要包括磷酸酯、卤代烃、氢氧化铝及氧化锑等,它们是在复合材料加工过程中掺和进去的,使用方便,使用量大,对复合材料的性能有一定影响。反应型阻燃剂是在聚合物制备过程中作为一种原料单体加入聚合体系中,使之通过化学反应复合到聚合物分子链上,因此对复合材料的性能影响较小,且阻燃性持久。反应型阻燃剂主要包括含磷多元醇及卤代酸酐等。

3) 填料

加入填料的目的在于改善树脂的工艺性、改善制品的性能和降低成本。填料的种类繁多,性能各异。通常情况下,大部分无机填料可以提高机械强度和硬度,减少制品收缩率,增加耐热性、自熄性,增加树脂的黏度和降低流动性,而耐水性和耐化学腐蚀性有可能下降。通常用的填料都是粉状填料,其粒度约为 150~1200 目。

常用的拉挤工艺用无机填料如表 6-4 所示。

表 6-4 拉挤工艺用无机填料

硅酸盐类	碳酸盐类	硫酸盐类	氧化物类
瓷土、高岭土、黏土、滑石粉、珍珠岩粉、云母粉	碳酸钙	硫酸钡 硫酸钙	水合氧化铝 氧化铝 二氧化硅 石英粉

4) 色料

为了使玻璃钢产品外表美观,通常往物料里添加色料。着色方法有内着色和外着色两种。拉挤工艺中在树脂体系内混入色料(通常为无机颜色,用量为 0.5%~5%),一般不使用外着色方法。

为了使玻璃钢制品的色彩均匀,使用色料时,一般是将色料先溶或混在交联剂中,配制成一定浓度的溶液或糊状物。使用时,按要求在树脂中定量加入该种色料,即可达到理想的效果。

5) 低收缩添加剂

在拉挤工艺中,不饱和聚酯在复合材料制品的生产中应用最为普遍。其缺点是在固化时会产生较大的体积收缩并放出大量的热,使制品易发生翘曲和开裂,要使产品达到较高的表面平整度和光洁度要求,低收缩添加剂的选择尤为重要。

低收缩添加剂是一种热塑性材料,是将饱和树脂溶解于苯乙烯中制作而成的,一般作为不饱和聚酯树脂和乙烯基酯树脂的非反应活性添加剂。常见的低收缩添加剂包括聚醋酸乙烯酯(PVAC)、聚甲基丙烯酸甲酯(PMMA)、聚苯乙烯(PS)、热塑性聚氨酯和聚酯。

正确地选择低收缩添加剂,可以有效降低拉挤制品在成型过程中由于热收缩而引起的各种缺陷,如翘曲变形、表面波纹、局部裂纹、玻璃纤维痕迹、表面无光泽、尺寸不稳定等。同时,低收缩添加剂的加入,也需要考虑与基体树脂的匹配及对制品固化时间的影响。

6) 分散剂

分散剂是一种表面活性剂,是提高和改善填料、色浆、低收缩添加剂在胶液中分散性能的助剂,由一个或多个颜/填料的基团和类似树脂的链状结构组成。它可以增进颜/填料粒子的润湿,同时稳定分散体,防止胶液絮凝。

分散剂应具备以下特性:①有较强的分散性,能有效防止填料粒子之间的聚集;②与树脂、填料有适当的相容性;③有较好的热稳定性;④有较好的流动性;⑤不易引起颜色漂移;⑥不影响制品的性能;⑦无毒。

润湿分散剂在使用时,应先于颜/填料加入树脂中,加入量一般是以颜/填料为基准的 0.5%~1.5%,为了使润湿分散剂发挥出最佳效果,在配制胶液时,应采用高速搅拌机进行搅拌,增加剪切应力作用。

7) 引发剂

引发剂是拉挤工艺配方中最基本也最重要的成分。引发剂的存在,能使基体树脂或交联剂中含有的双键活化,使之发生连锁聚合反应,成为具有网状结构的体型分子。通过合理选择引发剂的种类,并调整引发剂的用量,可以有效地控制反应速率,使产品满足固化工艺要求,得到质量稳定的产品。

在拉挤工艺中一般使用中高温固化系统的引发剂,使用较为普遍的是 BPO、MEKP、

TBPB、BPPD等。在实际拉挤生产中,采用高温引发剂和较大活性的低温引发剂混合,组成两种或两种以上的复合引发体系在拉挤工艺中已得到普遍应用。引发剂的合理搭配,可使不饱和聚酯树脂胶液既具有较长的适用期,又能快速凝胶和固化。

引发剂是易燃、易爆危险品,并对人体的呼吸道、皮肤、眼睛等有刺激作用,在生产、储存及使用过程中应严格遵守安全规则。

6.2.2 拉挤成型模具

拉挤成型模具的设计和制造具有十分重要的意义,它不仅关系着拉挤成型工艺的成败,决定着拉挤制品的质量和产量,同时也影响拉挤模具的使用寿命。

从工艺角度讲,拉挤模具一般由预成型模具和成型模具两部分组成。

1. 预成型模具

在拉挤成型过程中,增强材料浸渍树脂后(或被浸渍的同时),在进入成型模具前,必须经过由一组导纱元件组成的预成型模具,预成型模具的作用是使浸渍后增强材料进一步除去多余的树脂,排出气泡,逐步形成近似成型模腔形状和尺寸,然后进入模具。通过预成型,增强材料逐渐达到所要求的形状,并使增强材料在制品断面的分布符合设计要求。预成型模具如图6-1所示。

图 6-1 预成型模具

2. 成型模具

成型模具横截面面积与产品横截面面积之比一般应大于10,以保证模具有足够的强度和刚度、加热后热量分布均匀和稳定。拉挤模具长度是根据成型过程中牵引速度和树脂凝胶固化速度决定,以保证制品拉出时达到脱模固化程度,如图6-2所示。

图 6-2 拉挤模具

拉挤模具的模腔表面要求光洁、耐磨,以减少拉挤成型时的摩擦阻力,提高模具的使用寿命。模具材料的选择直接影响拉挤模具的性能,模具材料要求具备以下性能。

(1) 较高的强度、耐腐蚀性、耐疲劳性和耐磨性。
(2) 较高的耐热性和较低的热变形性。
(3) 良好的切削性和表面抛光性。
(4) 摩擦系数低,阻力小,尺寸稳定性好。

合金模具钢面光滑致密,硬度高,易于脱模,清理模具时不易损坏,便于渗氮处理和型腔表面镀硬铬,所以拉挤模具一般选用合金模具钢。经过粗加工后再精加工,表面镀硬铬或者渗氮、渗碳处理,使模腔内表面的硬度达到50~70HRC(洛氏硬度),最后用抛光工具抛光,使型面达到很高的光洁度,表面粗糙度达到 0.2μm 的水平,能够非常好地满足上述要求。这样不仅可减小摩擦系数,延长模具的使用期,而且也会改善对树脂的防黏特性。

在国内拉挤模具制作,使用较多的是 40Cr、38CrMoAl、42CrMo、5CrNiMo 等调质钢,使用效果较好,但与国外加工水平相比,还存在不小的差距。

从整个拉挤工业来看,电镀拉挤模具仍占主导地位,非电镀拉挤模具仍处于发展阶段。我国拉挤厂家使用经过表面渗氮处理的拉挤模具,其氮化层厚度为 0.2~0.3mm,硬度不小于 60HRC,但仍存在腐蚀问题,摩擦阻力也略大于镀铬模具。

3. 拉挤模具的设计

拉挤模具通常由若干个单独制造的模具组件装配而成。组件数及分型面的选择,取决于拉挤制品截面构造、模具加工工艺及使用要求。为保证模具分型面或合模缝所对应的拉挤制品外观质量好,不形成飞刺,在满足模具制造的前提下,尽量减少分型面,保证合模缝严密。

玻璃纤维浸胶后进入成型模时,纤维束是在成型机牵引作用下进入模具的。由于模具进口处纤维束十分松散,往往在入口处积聚缠绕、造成断纤。另外模具在长时间使用过程中,由于积聚缠绕的影响,往往造成入口磨损严重,影响产品质量。为解决这一问题,在模具入口处周边应倒一椭圆截面圆角,同时入口采用锥形,角度以 5°~8° 为宜,长度以 50~100mm 为宜,可大大减少断纤现象发生,提高拉挤制品的质量,如图 6-3 所示。

图 6-3 拉挤模具入口设计

在设计模具时,模具长度的确定要考虑所用原材料和产品的截面形状。目前国内模具长度一般设计为 900~1200mm,模具型腔尺寸取决于制品的尺寸及所选用树脂的收缩率。一般情况下,不饱和聚酯产品的收缩率为 2%~4%,环氧树脂为 0.5%~2%。对于中空制品,芯棒的设计要特别注意,一般芯棒的有效长度为模具长度的 2/3~3/4,而在拉挤工艺过程中要考虑芯棒固定、调整的方便性,此外较大的芯棒还要考虑配重及加热的问题,以保持水平方向的平衡和受热均匀。综合考虑对于模具长度在 900mm 左右的模具,芯棒的长度可设计为 1500mm 左右。

4. 拉挤模具的保养与维修

闲置模具在通常情况下,需进行清理后,进行必要的防护,避免水、粉尘的腐蚀。芯棒闲置时应挂起,防止由重力引起的形变。

电镀拉挤模具使用一段时间后,可能会发生局部铬层掉落的现象,若面积不大,可通过打磨处理继续使用。打磨处理方法如下:首先选用600目的水砂纸打磨,待打磨到一定程度时,改用较细砂纸。打磨顺序如下:600目→800目→1000目→1200目→1500目。在打磨过程中,必须不断用航空煤油冲洗模具,把砂纸磨下来的微粒冲掉,以免划伤模具。待水砂纸打磨到1500目以后,改用专用电动抛光机和羊毛抛光盘进行抛光。抛光开始时选用稍粗磨粒的抛光剂,同时羊毛抛光盘选用稍硬一点的,抛2~3次。用煤油冲洗模具,把抛出的微粒冲洗干净,再换用一个稍软的羊毛抛光盘,抛光模具。在抛光过程中,抛光机向一个方向移动,不可停在一处不动,以免模具表面发热,烧坏模具。此过程进行2~3遍,抛光后的模具型腔十分光亮,达到镜面效果,可以继续使用。

6.3 拉挤成型工艺

拉挤成型是指玻璃纤维等增强材料在外力的牵引下,经过浸胶、挤压成型、加热固化、定长切割等一系列工序,连续生产复合材料线型制品的一种方法。增强材料从纱架引出后,经过排纱器进入浸胶槽,浸透树脂胶液后,进入预成型模,将多余的树脂和气泡排出,最后进入成型模凝胶、固化。固化后的制品由牵引机连续不断地从模具拔出,由切断机定长切断。它区别于其他成型工艺的地方是需要外力牵引和挤压模塑,故称为拉挤成型工艺。

6.3.1 拉挤成型工艺过程

拉挤成型工艺过程如下:增强材料(纤维及毡材等)排布→浸胶→预成型→挤压模塑及固化→牵引→切割→制品。工艺流程如图6-4所示。

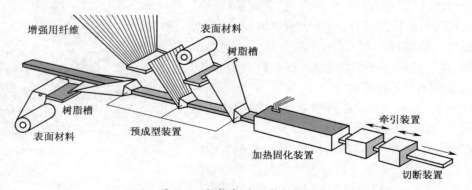

图6-4 拉挤成型工艺流程图

在拉挤成型工艺中有六个关键因素:①增强材料传送系统,如纱架、过纱装置、毡架以及输送装置;②树脂浸渍系统;③预成型系统;④模具;⑤牵引装置;⑥切割装置。

1. 纤维区

拉挤成型的纤维类型以E玻纤为主,也有一些较高性能的S玻纤及碳纤维。纤维的形态主要有粗纱、短切毡、表面毡、平面织物等。

排纱是将安装在纱架上的增强材料从纱筒上引出并均匀整齐排布的过程。排纱系统包括纱架、毡铺展装置、缠绕机或编织机等。纤维的引出方式有两种：内抽和外引。增强材料输送排纱时，为了排纱平整，一般采用旋转芯轴，纤维从纱筒外壁引出，这样可避免扭转现象。如采用纤维从纱筒内壁引出，纱筒固定会使纱发生扭曲，不利于玻璃纤维的整齐排布。图6-5所示为排纱架。

图6-5　排纱架

2. 浸渍区

浸渍是将排布整齐的增强纤维均匀浸渍上已配制好的树脂胶液的过程。一般有三种形式：压纱浸渍；直槽浸渍；辊筒浸渍。其中前两种方法最为常用。压纱浸渍法简单易行，主要通过纱夹、纱孔、压纱杆等工具，将增强材料压入胶槽浸渍，其不足之处在于对增强材料存在一定的磨损，同时影响增强材料的定位和走向。随着拉挤产品结构的日益复杂，直槽浸渍法(图6-6)的应用越来越普遍，通过真空泵系统，实现胶液的不断回流，既保证了增强材料的良好浸渍，也能够使得纤维和毡排列整齐、流畅，更容易实现预想的排布。

图6-6　直槽浸渍法的应用

浸胶装置一般包括导向辊、树脂槽、压辊、分纱栅板、挤胶辊等。胶槽长度根据浸胶时间长短和玻璃纤维运行速度而定。胶槽中的胶液应连续不断地循环更新，以防止因胶液中溶剂挥发造成树脂黏度加大。胶槽一般采用夹层结构，通过调控夹套中的水温来保持胶液的温度。挤胶辊的作用是使树脂进一步浸渍增强材料,同时起到控制含胶量和排气的作用。分栅板的作用是将浸渍树脂后的玻璃纤维无捻粗纱分开,确保增强材料在拉挤制品中按设计的要求合理分布,也是确保制品质量的关键环节,特别是对截面形状复杂的制品尤为重要。

浸胶时间是指无捻粗纱及其织物通过浸胶槽所用的时间。时间长短应以玻璃纤维被浸透为宜,它与胶液的黏度和组分有关,一般对不饱和聚酯树脂的浸胶时间控制在15~20s为宜。浸渍模型如图6-7所示。

图6-7　浸渍模型

3. 预成型区

浸渍过的增强材料在经过预成型后,进入模具。根据产品结构的不同,拉挤工艺的预成型体系形式多样而丰富,其主要目的在于使增强材料按照预先设计的铺层结构,从发散状态自然、流畅地过渡到与产品截面相似,完成最终定位,顺利进入模腔。预成型的制作多用摩擦阻力较小的塑料板,在其上打孔实现导向。结构复杂产品的纤维定位,也可以搭配定位管,将纤维直接引入模具入口。与纤维的预成型相比,毡材的导向则需要制作者具备更高超的技巧,将毡材从单一的平面状态转变为与模腔伏贴的立体形态。

预成型可以通过框架和模具以及模具托台固定在一起,也可以根据增强材料的铺层结构,设计在浸渍区域的上方或下方。拉挤成型管材时,一般使用圆环状预成型模;制造空心型材时,通常使用带有芯模的预成型模;生产异型材时,大都使用形状与型材截面形状接近的金属预成型模具。在预成型模中,材料被逐渐地成型到所要求的形状,使增强材料在制品断面的分布符合设计要求。图6-8所示为圆管预成型模具。

4. 固化区

成为型材形状的浸胶增强材料进入模具并在模具中固化成型。一般把模具分为三段,即加热区、胶凝区和固化区。在模具上使用三组加热板来加热,并严格控制温度。模具的温度主要根据树脂在固化中的放热曲线及物料与模具的摩擦性能而设定。温度低,树脂不能固化;温度过高,坯料一入模就固化,使成型、牵引困难,严重时会产生废品甚至损坏设备。模腔分布温度应两端高、中间低。树脂在加热过程中,温度逐渐升高,黏度降低。通过加热区后,树脂体系开始胶凝、固化,这时产品与模具界面处的黏滞阻力增加,壁面上零速度的边界条件被打破,基本固化的型材以均匀的速度在模具表面摩擦运动,在离开模具后基本固化,型材在烘道中受热继续固化,以保证进入牵引机时有足够的固化度。

图 6-8　圆管预成型模具

5. 牵引拉拔区

牵引拉拔区提供工件拉挤时所需的拉拔力与速度控制,拉挤速度对树脂浸润、拉挤产品性能有着重要的影响。牵引的方式主要有两种,履带式(图6-9)及往覆式(图6-10)。履带式牵引机构由上、下两个对置的不断转动的传动带组成,相对运动的上、下传动带紧紧夹住型材,并拖曳向前。这种牵引系统价格低廉,但通用性略差,对于复杂形状的产品,需要重新加工相应的夹持胶块,包覆在上、下履带上。往覆式牵引机构克服了履带式的缺点,采用气压式或者液压式设计,通过两对夹持胶块的循环往复运动,实现生产的连续。当一对胶块夹持住产品并向前运行时,另一对胶块松开产品,同时后退复位,等待下一次夹持。这种系统便于更换牵引夹具,操作方便,在产品种类较多的情况下具有广泛的适用性。

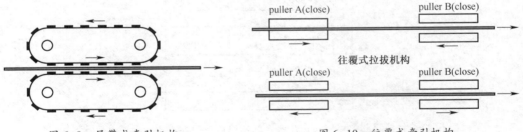

图 6-9　履带式牵引机构　　　　　图 6-10　往覆式牵引机构

牵引设备是将固化的型材从成型模具拉出的装置,它要根据拉挤制品种类来选择牵引力的大小和夹紧方式。牵引机分为液压机械式和履带式两种。牵引力一般为50~100kN。牵引速度通常采用无级调速,可以根据制品加工工艺要求而定,通常为0.1~3 m/min,若采用快速固化配方,牵引速度可大幅度提高。

张力是指拉挤过程中玻璃纤维粗纱张紧的力,可使浸胶后的玻璃纤维粗纱不松散,其大小与胶槽中的调胶辊到模具的入口之间距离有关,也与拉挤制品的形状、树脂含量要求有关。一般情况下要根据具体制品的几何形状、尺寸,通过实验确定。牵引力的变化反映了产品在模具中的反应状态,它与许多因素如纤维含量、制品的几何形状与尺寸、脱模剂、模具的温度、拉挤速度等有关系。牵引速度是平衡固化程度和生产速度的参数,在保证固化度的前提下应尽可能提高牵引速度。

6. 切割区

型材由一个自动同步移动的切割锯按需要的长度切割。切割是在连续生产过程中进行的。当制品长度达到要求时,制品端部到达控制长度的位置,控制器接通切割电机电路,切割装置便开始工作。首先是装有橡皮垫的夹具,将制品抱紧,然后用合金刀具进行切割。切割过程由两种运动完成,即纵向运动和横向运动。纵向运动是切割装置跟随制品同步向前移动。横向运动是切割刀具的进给运动。

切割过程中,刀具的磨耗非常严重,因此选择刀具材料很重要。实践证明,用厚度不大的砂轮取代钢制圆锯来切割玻璃钢制品效果较好。如果将砂轮两面做成带有网状般的突出物并用金属薄膜覆盖,其效果更为理想。另外,金刚石砂轮锯切玻璃钢制品比碳化硅砂轮具有更显著的效果,它具有生产效率高、成本低、加工质量好、安全可靠、可减轻劳动强度和改善工作条件等优点。

6.3.2 拉挤成型工艺参数

拉挤成型工艺参数是一个互相牵制而又庞大精密的体系,包括成型温度、牵引速度、配方设计、填充量等。拉挤工艺参数的精确、稳定和相互匹配性是拉挤工艺成败的关键。

1. 成型温度

在拉挤成型过程中,材料在穿过模具时发生的变化是最关键的,也是研究拉挤工艺的重点。一般认为玻璃纤维浸胶后通过加热的金属模具,按其在模具中的不同状态,把模具分为三部分,如图 6-11 所示。

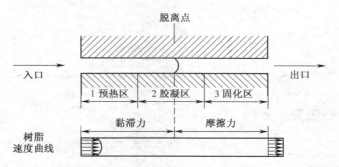

图 6-11 拉挤模具内树脂的速度曲线及不同区域的黏滞力和摩擦力示意图

图 6-11 表示了材料穿过模具时的主要特征。尽管增强材料必须以同样的速度穿过模具,但在某些区域内,树脂和纤维有相对流动。图中绘出了模具入口和出口附近区域的树脂速度分布图,在模具入口区,树脂的行为像牛顿流体,壁面速度的边界条件意味着为零。离模具壁面一小段距离处,树脂的流动速度增加到与增强材料相当的水平。在模具内壁表面上,树脂产生黏滞阻力。

在三段式模具中,连续拉挤过程可分为预热区、胶凝区和固化区。在模具上使用三对加热板来加热,并用计算机来控制温度。脱离点是指树脂脱离模具的点。树脂在加热过程中,温度逐渐升高,黏度降低。通过预热区后,树脂体系开始胶凝、固化,这时产品和模具界面处的黏滞阻力增加,壁面上零速度的边界条件被打破,在脱离点处树脂出现速度突变,树脂和增强材料一起以相同的速度均匀移动,在固化区内产品受热继续固化,以保证出模时有足够的固化度。

模具的加热条件是根据树脂体系来确定的。以聚酯树脂配方为例,首先对树脂体系进行差示扫描式量热计动态扫描,得到放热峰曲线。一般来讲,模具温度应高于树脂的放热峰值,温度上限为树脂的降解温度。同时做树脂的胶凝试验,温度、胶凝时间、拉挤速度应当匹配。预热区温度可以较低,胶凝区与固化区温度相似。温度分布应使产品固化放热峰出现在模具中部靠后,胶凝固化分离点应控制在模具中部。一般三段温差控制在20~30℃,温度梯度不宜过大。

浸渍树脂的纤维一旦进入模具里,它的热量就从模具壁上向型材内传递,贴近模具的树脂比型材中心的树脂先被加热,产生胶凝;固化后,反应放热会引起中心温度高于模具壁的温度。固化后由于体积收缩,树脂会因收缩而脱离模具壁。

加热器的配置对型芯内的温度和模具温度影响很大。在模具周围保温和降低空气的热传递系数的影响是相同的。当热传递系数降低时。模具后半部分温度升高,整个模具的热量分布更均匀。因为大多数树脂固化发生在靠近加热器的位置,保温对型芯温度的影响较小,当放热峰远离加热带时,模具最好选择保温。

2. 拉挤速度

拉挤模具的长度一般为 0.6~1.2m,由树脂体系的固化放热曲线确定模具温度,该温度还必须充分考虑使产品在模具中部胶凝固化,也即脱离点在中部并尽量靠前。如果拉挤速度过快,制品固化不良或者不能固化,直接影响产品质量,产品表层会有稠状富树脂层;如果拉挤速度过慢,型材在模具中停留时间过长,制品固化过度,并且降低生产效率。

一般的试验拉挤速度在 300mm/min 左右。拉挤工艺开始时,速度应放慢,然后逐渐提高到正常拉挤速度。一般拉挤速度为 300~500mm/min,现代拉挤技术的发展方向之一就是高速化。

3. 牵引力

牵引力是保证制品顺利出模的关键,牵引力的大小由产品与模具之间界面上的剪切应力来确定。通过测量浸渍树脂的增强纤维被牵引穿过模其的一段短距离的牵引力就可测量上述界面上的剪切应力,并绘出其特性曲线。图 6-12 表示了三种不同牵引速度通过模具时平均剪切应力的变化。

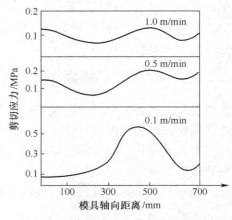

图 6-12 牵引速度与剪切应力的关系

从图 6-12 中可以看到,在模具中剪切应力曲线是随拉挤速度的变化而变化的。暂时忽略拉挤速度的影响,可以发现在模其的不同位置,剪切应力是不同的。整个模具中曲线出现 3 个峰,下面分别加以讨论。

模具入口处的剪切应力峰,此峰值与模具壁附近树脂的黏滞阻力相一致。通过升温,在模具预热区内,树脂黏度随温度升高而降低,剪切应力也开始下降。初始峰值的变化由树脂黏性流体的性质决定。另外,填料含量和模具入口温度也对初始剪切应力影响很大。

由于树脂发生固化反应,它的黏度增加而产生第二个剪切应力峰。该值对应于树脂与模具壁面的脱离点,并与拉挤速度关系很大,当牵引速度增加时,这个点的剪切应力大大减小。

最后,第三个区域也即模具出口处,出现连续的剪切应力,这是由于产品在固化区中与模具壁摩擦引起的,这个摩擦力较小。

牵引力在工艺控制中很重要。成型中若想使制品表面光洁,要求产品在脱离点的剪切应力较小,并且尽早脱离模具。

4. 各拉挤工艺变量的相关性

1) 温度参数、拉挤速度、牵引力三者的关系

温度参数、拉挤速度、牵引力三个工艺参数中,热参数是由树脂系统的特性来确定的,是拉挤工艺中应当解决的首要因素。通过树脂固化体系的DSC曲线的峰值和有关条件,确定模具加热的各段温度值。拉挤速度确定的原则是:在给定的模内温度下的胶凝时间,保证制品在模具中部胶凝、固化。牵引力的制约因素较多,如它与模具温度关系很大,并受到拉挤速度的控制。从前面的分析可以看到,拉挤速度的增加直接影响剪切应力的第二个峰值,即脱离点处的剪切应力;脱模剂的影响也是不容忽视的因素。

2) 工艺参数的优化

由树脂体系固化的放热峰曲线确定的模具温度分布是确定其他工艺参数的前提。由此选择的拉挤速度必须与温度匹配,模具温度高,牵引速度应增加。树脂的胶凝点可以通过调整模具温度和牵引速度来确定,模具温度太高或反应速率太快时,将引起产品热开裂。因此,利用分区加热模具,把加热区分为预热区、胶凝区和固化反应区,可以优化拉挤工艺,减少产品热开裂。

为了提高生产效率,一般尽可能提高拉挤速度。这样可提高模具剪切应力,以及制品表面质量。对于较厚的制品,应选择较低拉挤速度或使用较长的模具,升高模具温度,其目的在于使产品能较好地固化,从而提高制品的性能。

为了降低牵引力,使产品顺利脱模。采用良好的脱模剂是十分必要的,有时这在成型工艺中起到决定性的作用。

6.3.3 拉挤制品缺陷类型分析

拉挤制品产生缺陷的原因大致有三类:材料组成、工艺参数和工艺方法。材料组成是指由树脂配方、粗纱、玻璃纤维毡等质量因素引起的缺陷;工艺参数是指模具温度、拉挤速度等引起的缺陷;工艺方法是指与树脂浸渍方法、导纱机构、预成型模具、成型模具和拉挤设备相关联的缺陷。

拉挤制品常见缺陷及其原因分析如下。

1. 鸟巢

增强纤维在模具入口处相互缠绕,导致产品在模具内破坏。

原因分析:①纤维断了;②纤维悬垂的影响;③树脂黏度高;④纤维附着的树脂太多;⑤牵引速度过高;⑥模具入口的设计不合理。

2. 固化不稳定性

在模具内黏附力突然增加,可引起产品在模具内破坏。

原因分析：①牵引速度过高；②由预固化引起的热树脂突然回流。

3. 粘模

部分产品与模具黏附，使产品拉伸破坏。

原因分析：①纤维体积分数小，填料加入量少；②内脱模剂效果不好或用量太少。

4. 起鳞

表面光洁度差。

原因分析：①脱离点应力太高，产生爬行蠕动；②脱离点太超前于固化点。

5. 未完全固化

苯乙烯单体的蒸气压力太高或冷凝物太多，苯乙烯闪蒸时使产品产生裂纹。

原因分析：①速度太快；②温度太低；③模具太短。

6. 局部固化

由于型材的内部固化远滞后于型材表面固化，而引起产品出现内部裂纹。

原因分析：产品太厚。

7. 白粉

产品出模后，制品表面附着白粉状物。

原因分析：①模具内表面光洁度差；②脱模时，产品粘模，导致制品表面损伤。

8. 产品表面有液滴

产品出模后表层有一层黏稠液体。

原因分析：①制品固化不完全，温度过低或拉速过高；②纤维含量少，收缩大，未固化树脂喷出；③温度过高，使产品表层的树脂降解。

9. 沟痕，不平

产品的平面部分不平整，局部有沟状痕迹。

原因分析：①纤维含量低，局部的纤维纱过少；②模具粘制品、划伤制品。

10. 白斑

含有表面毡、连续毡的产品的表层常常出现局部发白或露有白纱现象。

原因分析：①纱毡浸渍树脂不完全，毡层过厚，或毡的本身性能不好；②有杂质混入，在毡层间形成气泡；③产品表面留树脂层过薄。

11. 裂纹

制品表面有微小裂纹。

原因分析：①裂纹只在表层，树脂层过厚产生表层裂纹；②树脂固化不均匀引起热应力集中，形成应力开裂，此裂纹较深。

12. 表面起毛

纤维露出制品表面。

原因分析：①纤维过多；②树脂与纤维不能充分黏结，偶联剂效果不好。

13. 表面起皮、破碎

原因分析：①留树脂层过厚；②成型内压力不够；③纤维含量太少。

14. 制品弯曲、扭曲变形

原因分析：①制品固化不均匀，非同步，产生固化应力；②制品出模后压力降低，在应力作用下变形；③制品里的材料不均匀，导致固化收缩程度不同；④出模时产品未完全固化,在外来牵引力作用下产生变形。

15. 制品缺角、少边

原因分析:①纤维含量不足;②上、下模之间的配合精度差或已划伤,造成在合模线上有固化物料结聚、积聚,致使制品缺角、少边。

6.4 拉挤成型工艺应用

拉挤成型工艺主要用来生产复合材料产品,是复合材料业中应用最广泛的一项工艺。拉挤成型产品主要有格栅、建筑用型材、窗户型材、梯栏杆、电绝缘体、工具手柄、电线杆等。

1. 电子/电气市场

电子/电气方面的应用是最早的拉挤制品市场,近几年不断开发出新产品,推陈出新,是发展的重点之一。典型的拉挤制品有电线杆、电工用脚手架、绝缘板、熔丝管、汇流线管、导线管、无线电天线杆、光学纤维电缆、绝缘子、电线杆塔、电缆桥架、保险丝管和其他各种电气元器件。图 6-13 所示为用拉挤型材制作的绝缘梯。

图 6-13 拉挤型材制作的绝缘梯

2. 石油化工市场

石油化工市场是拉挤制品的一个重要领域。拉挤工艺特别适用于制造角形、工字形、槽形等标准型材及各种截面形状的管子。同一制品截面上的厚度是可变的,制品长度不受限制。在化工厂或有腐蚀性介质的工厂中,典型产品有管网支撑结构、结构型材、格栅地板、栏杆、天桥和工作平台、抽油杆、井下压力管道、滑动导轮、梯子、楼梯、排雾器叶片、罐类制品内外支撑结构、废气、废水处理的各种管、罐、塔、槽和过滤栅、海上平台等制品。图 6-14 所示为拉挤型材制作的栏杆。

3. 建筑、机械制造市场

在各种建筑、机械制造中,用拉挤制品来代替结构钢、铝合金、优质木材等材料,可以制造汽车保险杠、车辆和机床驱动轴、车身骨架、板簧、运输储罐、包装箱、垫木、行李架等,尤其适合于制造飞机、车船的地板、顶梁、支柱、框架等。在这些场合,它既提供了足够的强度,又减轻了结构的重量,达到了减少能量消耗和增加运输能力的双重目的。此外,由于它的抗振性能优于传统的结构材料,它还能延长这些运动构件的使用寿命。由于它同

图 6-14　拉挤型材制作的栏杆

时具有强度高、耐腐蚀性好和自润滑的特性,它成为制造农机具的极佳材料。现代楼房、桥梁建筑中也要求结构材料强度高、抗振性能好、耐大气腐蚀,拉挤成型制品满足这些要求,是理想的建筑材料,如图 6-15 所示。

4. 装饰、制造业市场

在医疗行业中,用它制作的手术床、夹板、拐杖、药品橱、仪器车和各种器具支架既结实又轻便。利用染色的自熄性树脂生产的拉挤制品制作住宅围栏、楼道栏杆、门窗框、窗帘框、落地扇杆、各种工具握把和家具,既结实美观又防火,而且不用涂漆。拉挤成型制品制作的单杠、双杠、球拍、球杆、钓鱼竿等是当今上乘的体育用品。此外,拉挤制品还可用于建造大型游乐设施,如水上乐园、游乐场(图 6-16)等。

图 6-15　拉挤型材制作的窗框、栏杆

图 6-16　拉挤制品在游乐场中的应用

5. 军用品市场

拉挤成型制品在军用品上也有广泛的用途,除在各种军用飞机、车辆、舰船上用作结构材料外,也可用于坦克、装甲车的复合装甲、枪炮部件、支架、弹药包装箱、伪装器材天线、防弹板、舰艇栏杆等。由于它的强度高、重量轻、抗振抗腐蚀性能好,可减少维修保养,提高部队的机动能力。用它制作导弹、火箭弹外壳,可减轻弹体重量,提高射程。

作 业 习 题

1. 什么是拉挤成型?拉挤成型工艺有哪些特点?

2. 根据所用设备的结构形式，拉挤成型工艺可分为几类？
3. 简述拉挤成型工艺所用树脂基体的选用原则。
4. 简述拉挤成型工艺过程。
5. 拉挤制品产生缺陷的原因有哪些？
6. 简述拉挤制品常见缺陷及其解决措施。

模块7　夹层结构成型工艺

夹层结构是由高强度面板和轻质芯材料所构成的一种结构形式,如图7-1所示。

夹层结构在第二次世界大战时产生,最初在航空工业中得到应用。近年来,在飞机、船舶、车辆、建筑等方面使用量逐步增加,并已成为雷达罩生产专用结构材料。以碳纤维、硼纤维复合材料做面板的铝蜂窝夹芯材料已大量出现在航空、宇航工业中。在建筑工业中,玻璃钢夹层结构可用于制造墙板、屋面板和隔墙板等,能大幅度改善使用功能和减轻质量。透明玻璃钢夹层结构板材已广泛用于工业厂房的屋顶和温室采光材料。在造船、交通等领域中,玻璃钢夹层结构应用也越来越广泛,如玻璃钢潜水艇、玻璃钢扫雷艇、玻璃钢游艇等许多构件均采用玻璃钢夹层结构。我国自行设计的大型过街人行立交桥、保温的冷藏车、火车的地板及壳体等均采用夹层结构形式,既减轻了质量,又具有良好的保温效果。

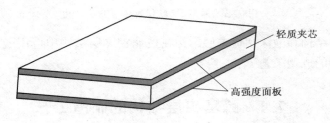

图7-1　夹层结构示意图

玻璃钢夹层结构是指蒙皮为玻璃钢,芯材为玻璃布蜂窝或泡沫塑料等所组成的结构材料。玻璃钢夹层结构按其所用夹芯材料的种类和形式不同,通常可分为泡沫塑料夹层结构、蜂窝夹层结构、梯形板夹层结构、矩形板夹层结构和圆环形夹层结构。

1. 泡沫塑料夹层结构

泡沫塑料夹层结构采用玻璃钢板材做蒙皮,泡沫塑料做夹芯材料,如图7-2(a)所示。泡沫塑料夹层结构的最大特点是质量轻、刚度大,保温、隔热性能好。泡沫塑料夹层结构适用于刚度要求高,受力不大和保温隔热性能要求高的部件,如飞机尾翼、保温通风管道等。

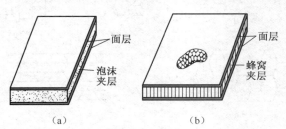

图7-2　泡沫塑料夹层结构和蜂窝夹层结构

2. 蜂窝夹层结构

蜂窝夹层结构的蒙皮采用玻璃钢板材,而夹芯层采用蜂窝材料(如玻璃布蜂窝、纸蜂窝、棉布蜂窝等),如图7-2(b)所示。蜂窝夹层结构根据使用要求合理设计可获得较高的强度和刚度,多用于结构尺寸较大、强度要求较高的部件。如玻璃钢桥的承受钢板、球形屋顶结构、雷达罩、反射面、冷藏汽车、火车地板及箱体结构等。

3. 梯形板夹层结构、矩形板夹层结构和圆环形夹层结构

这类夹层结构的蒙皮采用玻璃钢板,而夹心层是玻璃钢梯形板、矩形板和玻璃钢圆环,如图7-3(a)(b)(c)所示。梯形板夹层结构和矩形板夹层结构方向强,仅适于做高强度平板,不宜做曲面形状的制品。圆环形夹层结构的特点是芯材耗量少,强度比较高,平板受力无方向性,最适宜做采光用的透明玻璃钢夹层结构板材,并且具有遮挡少、透光率高优点。

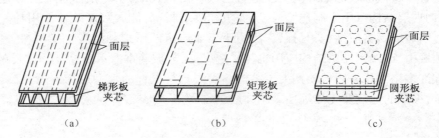

图7-3 梯形、矩形和圆环形夹层结构

因蜂窝夹层结构和泡沫塑料夹层结构在玻璃钢夹层结构中应用最多,本章主要讨论这两种夹层结构的成型工艺。

7.1 蜂窝夹层结构的制造工艺

蜂窝夹层结构是夹层结构中性能较好、应用比较广泛的一种,在原材料的选择和工艺成型方面都比较成熟。蜂窝夹芯根据平面投影几何形状,可分为正六边形、菱形、矩形、正弦曲线形和有加强带六边形等,蜂窝形式如图7-4所示。在这些蜂窝夹芯材料中,强度以加强带六边形最高,正方形蜂窝次之。由于正六边形蜂窝制造简单,用料省,强度也较高,故应用最广。

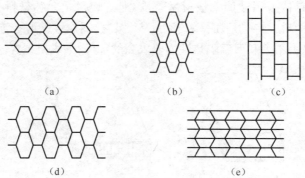

图7-4 蜂窝形式
(a)正六边形;(b)菱形;(c)矩形;(d)正弦曲线形;(e)有加强带六边形。

常用的正六边形蜂窝格子的边长有 2mm、2.5mm、3mm、3.5mm、4mm、4.5mm、5mm、6mm、8mm、10mm、12mm、14mm、15mm、18mm 等几种。蜂窝格子的边长和蜂窝的高度有一定的配合尺寸。蜂窝芯子尺寸大小的选择是根据性能要求和成型工艺的可能性,通过试验确定的。蜂窝根据所用的材料不同,可以分为纸蜂窝、玻璃布蜂窝、棉布蜂窝、铝蜂窝等。

本教材主要介绍用于航空、航天工程上高性能蜂窝夹层结构的制造方法。

7.1.1 蜂窝夹层结构用原材料

1. 玻璃布

玻璃钢夹层结构中所用玻璃布分蒙皮布和芯材布两种。蒙皮应选用增强型浸润剂处理的玻璃布,其规格通常为 0.1~0.2mm 的无碱或低碱平纹玻璃布。但对曲面制品通常采用斜纹玻璃布,因斜纹布容易变形,有利于制品的成型加工。用于制造蜂窝芯子的玻璃布要选用未脱蜡的无碱平纹布,因为含蜡玻璃布可防止树脂渗透到玻璃布的背面产生粘连现象,有利于蜂窝成孔拉伸。另外,无碱平纹布不易变形,可提高芯材的挤压强度。玻璃布蜂窝芯子用布规格参见表 7-1。

表 7-1 常用玻璃布蜂窝芯用布规格

名称	厚度/mm	密度/(根/cm)		公称号数(Tex)	
		经向	纬向	经向	纬向
无碱平纹布	0.1	28	26	12.5	12.5
无碱平纹布	0.12	28	24	5.5	12.5
无碱平纹布	0.16	30	26	25	25
无碱平纹布	0.2	30	16	12.5	25

2. 金属箔

金属箔主要用来制备金属蜂窝芯,所用的材料有铝箔、不锈钢箔和钛合金箔,其中以铝箔使用最多。常用的铝箔蜂窝芯材的性能见表 7-2。

表 7-2 铝箔蜂窝芯材的性能

孔边间距/mm	铝箔厚度/mm	密度/(g·m^{-3})	弹性模量/MPa		剪切模量/MPa	
			拉伸	压缩	纵向	横向
6.4	0.038	0.0371	1058	240	83	48
9.5	0.063	0.046	1145	340	111	61
12.7	0.063	0.0325	1045	140	78	49

3. 芳纶纸

芳纶纸是由聚芳脂胺纤维素制成的纸,用制造玻璃布蜂窝芯的工艺方法成型蜂窝芯。最早的芳纶纸是由美国杜邦公司推出的 NOMEX,这种纸制成的蜂窝芯密度小,有足够的抗压强度、较高的抗剪强度和良好的疲劳强度,与复合材料蒙皮的协调性好;同时,还有良好的介电性能、透波性能以及阻燃性能,但目前价格较高,仅用于飞机的机载雷达罩及必要的夹层构件。

4. 黏剂(树脂)

黏结剂是蜂窝夹层结构复合材料制造中的重要材料,黏结剂的性能稳定性、综合力学性能、工艺性能等对蜂窝夹层结构复合材料的力学性能和制造工艺性能有一定影响。蜂窝夹层结构用的树脂分蒙皮用树脂、蜂窝用树脂和蜂窝与蒙皮黏结用树脂,可根据制造蜂窝夹层结构时的工艺条件和浸胶时使用的数值种类而选择黏结剂的种类。目前常用的蜂窝黏结剂有以下几种:

(1) 环氧树脂。在手工制造玻璃布蜂窝芯子中,多采用环氧树脂,牌号有 E-51、E-44、E-42 等。一般采用丙酮作为稀释剂,室温条件下用二乙烯三胺、三乙烯四胺等为固化剂。

(2) 聚乙酸乙烯酯胶(俗称木胶水)。无毒,价格便宜,可以室温固化,加热到 80℃,经过 2~4h,可加速固化。它既可用机械涂胶,也适用于手工涂胶。此胶易于溶解在苯乙烯中,故用聚乙酸乙烯酯制作的蜂窝夹芯,不能浸聚酯树脂胶液,以免蜂窝开裂。

(3) 聚乙烯醇缩丁醛胶。此胶需要在加热、加压的条件下固化。一般是在 120℃下加压 0.2~0.3MPa,固化时间为 2~4h,它只适用于机械制造蜂窝芯子。

7.1.2 蜂窝夹芯的制造方法

若蒙皮采用金属材料(如铝、钢钛合金等),而芯材也采用金属材料(如铝合金蜂窝)时,便构成金属夹层结构,若蒙皮采用玻璃钢板、胶合板和石棉板等材料,而芯材采用纸蜂窝、棉布蜂窝和玻璃布蜂窝及泡沫塑料等材料时,便构成非金属夹层结构。目前,以玻璃钢板做蒙皮,玻璃布蜂窝做芯材的夹层结构材料应用最为广泛。下面以玻璃布蜂窝芯为例叙述其制造工艺。

玻璃布蜂窝芯的制造主要采用胶接拉伸法。其工艺过程是先在制造蜂窝芯材的玻璃布上涂胶条,然后重叠黏结成蜂窝叠块,如图 7-5(a)所示;固化后按需要蜂窝高度切成蜂窝条,

经拉伸成型蜂窝芯材,如图 7-5(b)所示。制造蜂窝夹芯叠块的胶条上胶法根据涂胶方式的不同,分为手工涂胶法和机械涂胶法两种。

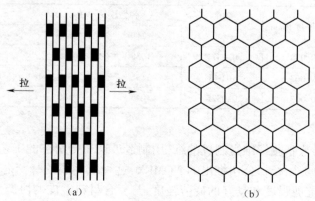

图 7-5 胶接拉伸法制造蜂窝芯子
(a)蜂窝芯胶条;(b)拉伸成型蜂窝芯。

1. 手工涂胶法

手工涂胶是制作玻璃布蜂窝的最原始方法,所用的设备简单,仅适用于少量特殊规格的蜂窝芯子的制造。以正六边形蜂窝夹芯为例说明制造蜂窝夹芯的工艺过程。

(1) 胶条纸板制作。胶条纸板可用薄铝板、马口铁皮或牛皮纸等制作,用刻纸刀刻出一条条涂胶槽,即涂胶条,蜂窝胶条纸板的胶条位置如图 7-6 所示。胶条的宽度和间距是根据蜂窝格子的边长来确定的。当六边形蜂窝格子边长为 a 时,则两相邻胶条间的距离为 $4a$。胶条的理论宽度应当等于 a,但由于黏结剂的胶液会沿着涂胶纸上胶缝的边沿向两边渗透,使蜂窝格子的胶接宽度大于 a,所以在涂胶纸上刻制的胶条宽度实际稍小于边长 a,具体胶条宽度要根据玻璃布的厚度、密度、树脂胶液的黏度以及胶条纸的厚度来确定。例如当 $a=8mm$ 时,用厚度为 0.2mm 的无碱玻璃纤维平纹布,以常温固化环氧树脂为黏结剂,胶条宽度为 6~6.5mm。

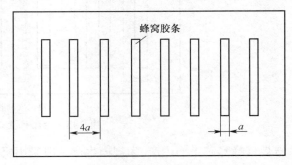

图 7-6　蜂窝胶条纸板

(2) 手工涂胶装置。手工涂胶装置是由上、下两块板构成,下底板是铺放布的底板,可在涂胶架上向左或向右移动两个边长($2a$)的距离,上板是涂胶板,铺放胶条纸板,用轴固定可翻上翻下。

将刻好的胶条纸板贴在涂胶板上,胶条纸板要绷紧、平整,而且蜂窝胶条垂直于框架边。

(3) 根据要求的蜂窝尺寸裁剪玻璃布,并配制树脂黏结剂。如果选择环氧树脂黏结剂,参考配方为:

环氧树脂 E-51　　　　　　　100 份

三乙烯四胺　　　　　　　　8~12 份

丙酮　　　　　　　　　　　适量

(4) 翻开手工涂胶装置的上底板,将第一层玻璃布铺放在下底板上,要求平整无皱纹。然后放下上底板,用手工将配好的树脂胶液均匀涂到胶条纸板的胶槽上,胶液则印在玻璃布上。然后将上底板翻开,在第一层布上铺上第二层玻璃布,同时移动活动的下底板与第一层玻璃布错 $2a$(图 7-7),再次涂胶然后铺上第三层玻璃布,胶条位置同第一层玻璃布相同,完成涂胶。如此重复,直到达到预定的玻璃布层数为止得到所要的蜂窝块。

(5) 将蜂窝块均匀施加压力,室温固化,待树脂固化后,用切纸机将其切成所要求的蜂窝高度的蜂窝芯子条。采用环氧树脂胶液时,一般室温固化,施加接触压力。若室温低于 13℃时,可在 80℃烘箱中,加热固化 3~4h。

(6) 用手工或机器将蜂窝芯子条拉伸展开,即制得正六边形的蜂窝芯材。若发现有因渗透使两个相邻的峰格黏结在一起的情形,需用工具将它们轻轻跳开,脱粘的地方用树脂重新粘牢。

手工涂胶法工艺简单,不需要特殊的设备,但劳动强度大,生产效率低,仅适用于少量

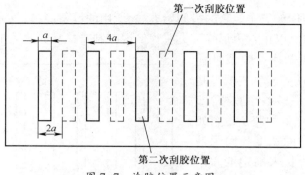

图 7-7 涂胶位置示意图

特殊规格蜂窝芯子的生产,大规模生产一般采用机械涂胶法。

2. 机械涂胶法

机械涂胶法有印胶法和漏胶法两种。漏胶法的生产效率高,但胶条宽度不易控制,涂胶质量较差,设备清洗也不方便,故很少使用。印胶法是一种常用的涂胶方法,其工艺流程如图 7-8 所示。

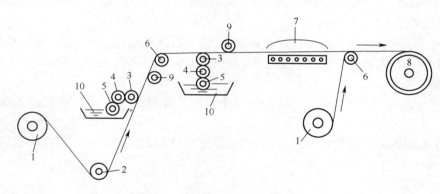

图 7-8 印胶涂胶法工艺流程图

1—玻璃布放布筒;2—张紧辊;3—印胶辊;4—递胶辊;5—带胶辊;6—导向辊;
7—加热器;8—收布卷筒;9—调压辊;10—胶槽。

印胶涂胶是通过蜂窝涂胶机的印胶辊来涂胶,蜂窝涂胶机的构造一般都分为上胶装置、干燥装置、收布及传动装置等几部分。

(1) 玻璃布上胶装置主要包括张力机构和印胶辊结构。张力机构使玻璃布产生一定张力,在张力的作用下,玻璃布能平整地进行上胶,提高上胶质量,收卷时能够卷紧。

印胶辊的结构见图 7-9,胶液通过带胶辊、递胶辊传到印胶辊凸环上,当玻璃布和印胶辊接触时,胶液便被涂到玻璃布上去。第一道印胶辊和第二道印胶辊的凸环错位 $2a$,其原理同手工涂胶法,分别将胶液涂到玻璃布的正、反面。涂胶时,当胶辊转向和玻璃布的运动方向一致时,称为印胶法。如果胶辊转向和玻璃布的运动方向,称为擦胶法。擦胶法胶液对玻璃布的压力小,不易投胶。

(2) 干燥装置采用加热器,加热器箱体的长度根据工艺要求(烘干时间)和布速度而定,其温度要求可以调节,加热器以铝皮做炉膛内衬,型钢做骨架,外层用薄铁皮,中间填

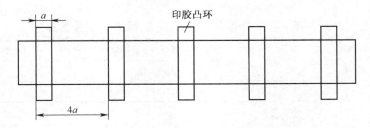

图 7-9 印胶辊构造示意图

有玻璃棉、石绵毡等保温材料。

（3）收布装置分为平板框架收卷、方箱收卷和圆筒收卷三种。其中,以圆筒收卷速度最均匀,但宜采用大直径的圆筒,以免蜂窝块形成弧面。

印胶涂胶法的工作原理是玻璃布从放布筒 1 引出后,经过张紧辊 2 到第一道印胶辊在布的正面涂胶,涂胶后的布经过导向辊 6 到第二道印胶辊,并在布的反面涂胶。涂胶后的玻璃布经过加热器加热,在水平导向辊 6 处与未涂胶的玻璃布叠合,一起卷到收布卷筒 8 上。收卷到设计厚度时,从收布卷筒上将蜂窝块取下,加热、加压固化后,切成蜂窝芯子条,经拉伸成型蜂窝芯材。印胶涂胶法的设备简单,机械化程度高,质量容易控制,生产效率高,适合于大规模生产。

3. 蜂窝的拼接

在制作大面积或异性制品时,蜂窝块的尺寸往往不能满足要求,因此需要拼接,拼接方式如图 7-10 所示。拼接时取少许黏结剂,涂在拼接处,搭接长度为正六边形的边长,将搭接处用曲别针或专用夹具固定、加压,带固化后即可。

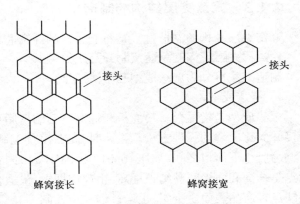

图 7-10 蜂窝芯材的拼接方式

4. 影响蜂窝夹层性能的因素

1) 含胶量对性能的影响

提高蜂窝的含胶量使蜂窝强度和体积质量增大,强度也增大,见表 7-3。

表 7-3 含胶量对蜂窝强度和体积质量的影响

树脂含量/%	蜂窝体积质量/(g·cm^{-3})	压缩强度/MPa
18~20	0.057	1.13
40~45	0.078	2.57
55~58	0.098	4.88

注：玻璃布厚 0.11mm,蜂窝尺寸 0.6cm^2

2) 玻璃布对性能的影响

增加玻璃布的厚度,可以提高蜂窝的强度,同时也增加蜂窝的体积质量增。其关系见

表 7-4。

表 7-4 玻璃布厚度对蜂窝强度和体积质量的影响

玻璃布厚度/mm	蜂窝体积质量/(g·cm^{-3})	压缩强度/MPa
0.11	0.078	2.57
0.19	0.141	3.46

3) 蜂窝孔尺寸对性能的影响

蜂窝孔尺寸越大,强度越低,体积质量小,见表 7-5。

表 7-5 蜂窝孔尺寸对蜂窝强度和体积质量的影响

蜂窝孔尺寸/mm^2	蜂窝体积质量/(g·cm^{-3})	压缩强度/MPa
0.6	0.141	3.46
1.2	0.108	2.26

注:玻璃布厚 0.19mm,含胶量 40%~50%

4) 蜂窝高度对性能的影响

蜂窝的高度增加使蜂窝的体积质量、压缩强度降低,但弯曲强度和刚度增加。蜂窝的高度一般是根据产品的要求决定的。一般来说,蜂窝高度采用 15~20mm 为宜。

7.1.3 蜂窝夹层结构的制造

蜂窝夹层结构的制造过程是将制备好的蜂窝芯与面板连接成夹层结构的操作过程。

1. 蜂窝夹层结构的制造按制造方法分类

制造方法可分为湿法成型和干法成型。

1) 湿法成型

湿法成型是指复合材料面板和蜂窝夹芯的树脂在未固化的湿态下直接在模具上进行胶接并固化成型的一种方法。生产时,先在模具上制好上、下面板,然后将蜂窝条浸胶拉开,放到上、下面板之间,加压(0.01~0.08MPa)、固化,脱模后修整成产品。湿法成型的优点是蜂窝和面板间黏结强度高,生产周期短,最适合于球面、壳体等异形结构产品生产。其缺点是产品表面质量差,生产过程较难控制。

2) 干法成型

干法成型是指复合材料面板、蜂窝夹芯分别成型固化后,用黏结剂将两者黏结成蜂窝夹层结构的一种成型工艺。根据黏结剂的不同又可分为以下两种方法。

(1) 涂胶黏结法。涂胶黏结法是将低黏度的黏结剂均匀地涂刷在面板和蜂窝芯子上,然后把蜂窝芯子放置于面板之间,为了保证芯材和面板牢固黏结,常在面板上铺一层浸过胶的薄毡,通过加热加压固化制成蜂窝夹层结构。

(2) 胶膜法。胶膜法是在复合材料面板上放置一层黏结剂膜,然后将蜂窝芯子至于面板上再放一层黏结剂膜,合上另一面板后再加热、加压,使其固化制成蜂窝夹层结构。

干法成型的优点主要是产品表面光滑、平整,在成型过程中每道工序都能及时检查,产品质量容易保证,缺点是生产周期长。

2. 蜂窝夹层结构的制造按成型工艺过程分类

成型工艺过程可分为一次、二次和三次成型法。

1) 一次成型法

此法是将内外蒙皮和浸渍好树脂胶液的蜂窝芯材,按顺序放在阴模(或阳模)上,一次胶和固化成型。加压 0.01~0.08MPa。这种成型是湿法工艺,它适宜布蜂窝、纸蜂窝夹层结构的构造。其优点是生产周期短,成型方便,蜂窝芯材与内外蒙皮胶接强度高。但对成型技术要求较高。

2) 二次成型法

此法是内外蒙皮分别成型,然后与芯材胶接在一起固化成型。或者芯材先固化,然后再胶接内外蒙皮。如纸蜂窝多采用这种方法。其特点是制件表面光滑,易于保证质量。

3) 三次成型法

此法是外蒙皮预先固化,然后将芯材胶合在外蒙皮上,进行第二次固化,最后在芯材上胶合内蒙皮,进行第三次固化。这种成型法特点是表面光滑,成型过程中可进行质量检查,发现问题及时排除,但生产周期长。

7.1.4 蜂窝夹层结构成型中常见的缺陷及解决措施

1. 分层、起泡及折皱

由于操作不当,成型压力不足,会产生分层起泡现象,应严格操作程序,适当提高成型压力。产生折皱现象,多数情况是玻璃布铺放不平整造成,加工时要将玻璃布拉平。

2. 蜂窝压瘪现象

当蜂窝厚度不一样时,在接触处压力易集中,加上蜂窝端面刚性较差,就会产生压瘪现象。此时应注意受力部位的平整度,适当降低成型压力。

湿法成型时,当芯材尚未固化完全时,就加较大压力,也会产生压瘪现象。应适当降低成型压力。

3. 胶接不良

此问题多产生在蒙皮与芯材胶接面,若在湿法成型中,出现胶接不良现象,则整个制品都将报废,因胶接不良将严重影响夹层结构的剪切强度。可适当提高成型压力,使芯材和蒙皮有良好的接触。若为多次成型时,可使用胶膜胶接效果较好,即在蒙皮与芯材界面增加一层浸胶的表面毡。

7.2 泡沫塑料夹层结构的制造

7.2.1 泡沫塑料夹层结构的原材料

泡沫塑料夹层结构用的原材料分为面板(蒙皮)材料、夹芯材料和黏结剂。

1. 面板材料

主要是用玻璃布和树脂制成的薄板,与蜂窝夹层结构面板用的材料相同。

2. 黏结剂

面板和夹芯材料的黏结剂,主要取决于泡沫塑料种类,如聚苯乙烯泡沫塑料不能用不饱和聚酯树脂黏结。

3. 泡沫夹芯材料

泡沫塑料也称多孔塑料,是以树脂为主要原料制成的内部具有无数微孔的塑料。用泡沫塑料芯材生产夹层结构的最大优点是防寒、绝热、隔音性能好、质量轻、与蒙皮黏结面大、能均匀传递荷载、抗冲击性能好等。

各种泡沫塑料夹层结构的性能主要取决于泡沫塑料类型与性能。常用泡沫塑料性能见表7-6。

表7-6 几种泡沫塑料的性能

	聚氨酯泡沫塑料（硬质、闭孔）				聚氯乙烯硬质泡沫塑料	聚苯乙烯泡沫塑料		酚醛泡沫塑料	
密度/(kg/m^3)	0.026~0.05	0.14~0.19	0.2~0.3	0.3~0.4	0.03~0.1	0.03	0.2	0.03~0.08	0.11~0.16
拉伸强度/MPa	0.1~0.7	1.6~3.2	3.3~4.9	5.4~9.1	0.4~7.5	1.0~1.2		0.14~0.4	0.6~0.9
压缩强度(10%)/MPa	0.11~0.42	2~3	4.6~7.7	8.4~14	0.3~1.8	0.6~0.8	3.0	0.15~0.6	1.1~2.1
耐热温度/℃	150	150	150	150	95	75~85	75~85	150	150
导热系数[W/(m·K)]	0.016~0.023	0.044~0.05	0.052~0.058	0.06~0.08	0.023~0.034	0.037	0.05	0.029~0.031	0.034~0.04
线膨胀系数($\times 10^{-5}$/K)	5.4~14	7.2	7.2	7.2	7~11	7.2		0.9	
耐低温性/℃	-90	-90	-90	-90	-50	-70	-70		
吸水率（体积百分含量）	2	0.8	0.4	0.2				13~51	10~15

泡沫塑料的种类很多，主要有以下几种分类方法。

(1) 按树脂基体分类：通常有聚苯乙烯泡沫塑料、聚氯乙烯泡沫塑料、聚氨酯泡沫塑料、聚乙烯泡沫塑料以及脲甲醛、酚醛、环氧、有机硅等泡沫塑料。近年来还不断出现新的品种，如聚丙烯、氯化或磺化聚乙烯、聚碳酸酯、聚四氟乙烯等泡沫塑料。最常用的泡沫塑料为前五种。

(2) 按泡沫塑料硬度分类，有硬质泡沫塑料、半硬质泡沫塑料和软质泡沫塑料三种。ISO规定：将泡沫塑料压缩至50%再解除压力后厚度减少10%以上的泡沫塑料为硬质泡沫塑料。硬质泡沫塑料一般是指弹性模量大于700MPa的泡沫塑料，半硬质泡沫塑料弹性模量为70~700MPa，软质泡沫塑料弹性模量小于70MPa。

(3) 按泡沫塑料密度分类，有低发泡、高发泡和中发泡泡沫塑料三种。

低发泡泡沫塑料密度大于400kg/m²。

中发泡泡沫塑料密度为100~400kg/m³。

高发泡泡沫塑料密度小于100kg/m³。

7.2.2 泡沫塑料夹芯的制造工艺

将塑料原料制成泡沫塑料的发泡方法较多，目前常用的有物理发泡、机械发泡和化学发泡三种方法。

1. 物理发泡法

物理发泡法是制备泡沫塑料比较简单的方法,发泡剂不与塑料发生化学反应,仅是改变物理条件。它分为惰性气体发泡法和低沸点液体发泡法两种。

1) 惰性气体发泡法

惰性气体发泡法是在较高压力(3~5MPa)下,将惰性气体(N_2、CO_2)压入聚合物中,然后降低压力,升高温度,使压缩气体膨胀从而形成泡沫塑料。例如,聚氯乙烯和聚乙烯泡沫塑料可用惰性气体发泡法来生产。这种发泡法的优点是发泡后没有发泡基留下的残渣,不会对制成的泡沫塑料的物理和化学性能有不利的影响。但是,此法需要比较复杂的高压设备,只能生产中小型尺寸的产品,而且不能一次制成泡沫塑料制品。

2) 低沸点液体发泡法

低沸点液体发泡法是利用低沸点液体溶于聚合物颗粒中,然后升高温度,当树脂软化、液体达到沸点时,借助液体气化产生蒸汽压力,使聚合物发泡。常用这种方法生产聚苯乙烯泡沫塑料。

2. 机械发泡法

采用强烈机械搅拌方法,将气体混入聚合物中形成泡沫,然后通过"固化"或"凝固"获得泡沫塑料。机械发泡的特点是必须选择适当的表面活性剂,以降低表面张力,使气体容易在溶液中分散。同时要求搅拌形成的泡沫能够稳定一段时间,使泡壁内的聚合物得以固定。这种方法常用来生产脲醛泡沫塑料。

3. 化学发泡法

化学发泡法又分两种:一是依靠原料组分相互反应放出气体,形成泡沫结构;二是借助化学发泡剂分解产生气体,形成泡沫结构。用化学发泡法生产泡沫塑料的设备简单,质量容易控制,所以大多数泡沫塑料都是使用这种方法制备的。

常用的聚氨酯泡沫塑料是用组分间反应的化学发泡法制备的。聚氨酯泡沫塑料是由含有羟基的聚醚或聚酯树脂、异氰酸酯、水以及其他助剂共同反应生成的。整个过程自始至终都伴有化学反应。聚氨酯泡沫塑料制造时按所用原材料不同,可分为聚醚型和聚酯型聚氨酯泡沫塑料,可制成软质、半硬质和硬质泡沫塑料。硬质聚氨酯泡沫塑料制造的玻璃钢夹层结构具有轻质、耐高温、电绝缘、保温、隔声、防震等优异性能。其最大的特点是与多种材料黏结性好及能够在现场发泡制造。因此,聚氨酯泡沫塑料夹层结构是目前应用最广泛的泡沫塑夹层结构。

7.2.3 泡沫塑料夹层结构的制造

泡沫夹层结构的制造方法通常有预制黏结成型、整体浇注成型和连续机械化成型三种。

1. 预制黏结成型

预制黏结法是先将夹层结构的蒙皮和泡沫塑料芯材按设计要求分别制造,然后通过黏结剂黏结成泡沫塑料夹层结构。该成型技术关键是合理选择黏结剂和黏结工艺条件,黏结剂对芯材和蒙皮有无腐蚀作用以及黏结剂强度都是选择黏结剂的主要因素。例如,聚苯乙烯泡沫塑料芯材不能选用不饱和聚酯树酯。为提高生产效率,在黏结过程中,常采用加热快速固化。加热制度应根据所选黏结剂和泡沫塑料种类决定,一般通过实验来确定。

在制造泡沫夹层结构时,除满足一般黏结工艺要求外,在选择成型压力时,还要考虑泡沫塑料的承载能力,因为某些低密度泡沫塑料的压缩强度往往小于 0.1MPa,施加压力不能超过泡沫塑料的承载能力。预制黏结成型法能适用于各种泡沫塑料,工艺简单,不需要复杂机械设备等;缺点是生产效率低,质量不易保证。

2. 整体浇注成型法

整体浇注成型法是先成型复合材料结构空腔,然后将配制好的泡沫塑料原材料浇注入空腔内发泡成型,使泡沫塑料充满整个空腔,使泡沫塑料和复合材料壁板黏结成一个整体的夹层结构。采用浇注成型法时,要将复合材料空腔内壁的杂质清除干净并将表面打磨,然后浇注混合料且加料要准确。一般浇注料加入量比计算值多加 0~5%。浇注时要防止喷溅,否则会在空腔内形成大孔,影响泡沫质量。

浇注成型的泡沫塑料夹层结构一般要经过后处理,后处理的处理温度和时间要根据泡沫塑料和树脂种类而定,通常处理温度比成型温度稍高一些。在后处理时升温速度要缓慢,以防止内部产生应力开裂,同时加以外压或放在模具内加压,以防止后处理现场浇注使结构物变形,产生鼓泡、裂缝等缺陷。

3. 连续机械化成型

连续机械化成型适用于生产泡沫塑料夹层结构板材,根据生产工艺过程,可分为一步法和两步法两种。

1) 一步法

一步法制造玻璃钢泡沫夹层结构板的生产工艺流程如图 7-11 所示。生产时,先将蒙皮玻璃纤维布 1 定位,在定位器 3 处用玻纤粗纱 2 编织成体型织物,再经导向辊 4、浸胶槽 5,使编织物浸透树脂,进入固化室 8,同时注入泡沫料浆,经发泡、胀定和固化成夹层结构板,在牵引装置 10 的作用下,板材连续不断移动,至 11 处定长切断。为了防止固化时粘模,在固化室 8 的两,设计有薄膜放卷装置 7 和收卷装置 9。

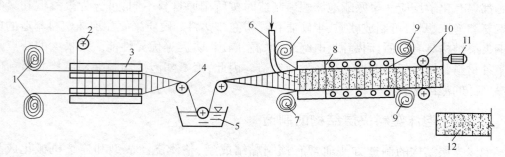

图 7-11 一步法制造玻璃钢泡沫塑料夹层结构板工艺流程示意图
1—蒙皮玻璃纤维布;2—编织玻纤粗纱;3—玻璃布定位器;4—导向辊;5—浸胶槽;6—泡沫料浆喷送管;
7—薄膜放卷;8—夹层板厚限位固化室;9—薄膜收卷;10—牵引装置;11—定长切断;12—成品。

2) 两步法

两步法是先将蒙皮制成玻璃钢薄板卷材,然后在两层蒙皮之间注入泡沫浆料,经过发泡、固化后与蒙皮黏结成整体夹层结构,然后定长切断。两步法连续生产泡沫塑料夹层结构的工艺流程如图 7-12 所示。

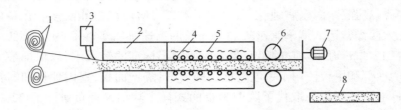

图 7-12　两步法连续生产泡沫塑料板工艺流程示意图
1—预制玻璃钢蒙皮卷材;2—泡沫膨胀限位装置;3—泡沫塑料注入器;
4—转动辊熟化器;5—加热器;6—牵引辊;7—切断器;8—成品。

7.3　夹层结构的应用

夹层结构自诞生以来,由于具有高的比强度、高的比模量、耐疲劳、抗震动性能好,并能有效地吸收冲击载荷,同时又能通过选择适当的面板,芯材和黏结剂,满足各种适用条件下的要求,因此一直是航空和航天工程中重要的结构材料。近年来由于夹层结构的材料成本不断降低,成型工艺也日趋成熟,目前夹层结构的应用已经遍及航空航天、船舶、交通运输、建筑、电子工业及体育等领域。

1. 航空航天领域

航空部门特别需要轻质高强的材料。夹层结构轻而坚硬的芯材或层材,用于飞机、航空器和其他领域,具有防火、低导电和抗破坏的特性。

飞机的主要部件,如机身,机翼和尾翼可采用 PVC 泡沫芯材复合结构,同时使用丁二烯,在生产中不必进行高压高温处理,飞机的重量得以减轻。直升飞机最新一代复合螺旋桨叶采用密度较低、可耐大多数溶剂且可经受高压蒸煮温度和压力的 PMI 泡沫芯材,这种新型复合螺旋桨叶的寿命可达 10000h。比先前的金属桨叶寿命提高 10 倍。飞机的机舱地板对材料的要求非常挑剔,由于其使用的特殊性,要求其轻质、高硬度、耐疲劳及长寿命,现在飞机上使用了芳族聚酰胺纤维为芯材的地板和其他类似的产品,这些产品最大的优点是有效而持久,即使用于喷气式飞机的过道,也完全满足机舱地板材料的要求。飞机上最早使用的铝质夹层结构虽然轻质,但是不耐腐蚀、易扭曲、导热、有导致点载荷破坏的倾向,而以芳族聚酰胺纤维为芯材的地板完全克服了铝质夹层结构的这些缺陷。

美国新泽西州的巴尔特得公司在 20 世纪 60 年代宇航员乘坐的"探测"号上使用了轻质木芯材。它使宇航员乘坐的"探测"号经受了降落时的冲击。20 世纪 70 年代轻质木芯材被用来隔离盛有大量液氮的舱体。如今,超轻型竞赛飞机、飞机模型和现代"超级风车"的桨叶都使用了轻质木芯材。

2. 船舶

常规的交联 PVC 泡沫已在船舶中广泛应用。瑞士海军的护卫舰使用了片状构造的丁二烯蜂窝芯材。聚氨酯(PU)发泡芯材也常用于船舶的建造。80kg/m³ 高密度泡沫可应用于承载部件如船舷等;80~120kg/m³ 的泡沫专门用作甲板和上部构造的芯材。硬质

PU泡沫广泛用于水槽、绝缘板、结构性填料和充空填料。大型冷藏拖网鱼船"海王星"号甲板室是整体成塑的夹芯结构，用玻璃布制作内外蒙皮和芯材，芯材的厚度为100mm。该船具有轻质、高强、耐海水腐蚀、抗微生物附着以及吸收撞击能。该船在条件恶劣的巴伦支海和北大西洋营运。烟草竞速队11.5m长的高速机船赢得了1998年西海岸机船赛F2级（10.5～12.2m）冠军。它的船底和表面使用了标准的轻质木，以保证最大的剪切和挤压强度；船前部和甲板使用了密度较低的轻质木；隔壁面板、室内地板和家具也使用了轻质木芯材；泡沫芯材船头取代了陈旧笨重的式样。其结果是重量降低22%，速度提高24km/h，达到136km/h以上。

在多杂物（浮木等）漂浮的巴拿马运河中营运的快速渡轮，其抗破坏能力应是首先考虑的，其次是总重量轻以保证渡轮的速度。由于这些原因，一种线型PVC泡沫芯材（140kg/m^3）被选做船壳底材，80kg/m^{3}的PVC泡沫芯材做船壳侧面材料和舷侧突出部。部件使用玻纤增强表皮层和真空袋膜工艺；甲板和船舱侧面使用密度为78kg/m^{3}的横纹轻质木芯材，其表面用AL-600R/10（轻质木的专用表面处理剂）处理，以提高黏结力；交联环氧树脂/玻纤板材做舱房表皮层；材料加工运用计算机层压设计程序，以保证渡轮达到ABS标准。

3. 交通运输

通用汽车（GM）公司第5代C-5雪佛兰轿车使用了夹层结构的底板系统。这个夹层已进行了优化，以提高速度、降低噪声、减轻摇摆以及提供足够的刚度支持汽车的座位。通用汽车公司选用控制密度的横纹轻质木。这种材料由计算机数控切割，可减少安装时间。交联的PVC芯材在铁路运输中得到应用，典型的实例是丹麦的火车，并用于公共汽车和有轨电车及摩托车等。

一级方程式赛车模仿自然蜂窝结构，使用空心六边形管相互作用增强原理制作芯材。赛车具有高的抗冲击强度和能量吸收能力。比赛用自行车也采用这种蜂窝结构芯材。法国制造的铁路冷藏车采用PVC泡沫芯材提高隔热效果。其他芯材用于运输车辆主要是利用它们的绝缘性，如聚异氰酸酯绝缘泡沫塑料等。

4. 建筑

夹芯材料在建筑上的应用十分广泛。在内外墙上使用纤维板、胶合板等各种夹芯材料，使墙壁具有隔音、隔热、轻质、高强等优点。由于顶棚强度要求不太高，只要求重量轻、刚性好，有一定防火、保温性能，其次是美观和价格便宜、安装方便，因此通常采用各种纤维芯材和PE钙塑泡沫芯材等。其他芯材用在建筑上主要是利用它们的绝缘性，如美国艾洛特公司生产的聚异氰酸酯绝缘泡沫塑料用于工业隔离门、冷冻装置、墙板和通风管道；美国蜂窝芯材公司的纸质芯材应用于耐化学腐蚀的门、建筑板材和内装饰及地板。

降低成本、增强隔热性和降低噪声是休闲设施制造商考虑的主要因素。减重、节省油料和优美的外形也是选择使用芯材时要考虑的因素。60kg/m^{3}的交联PVC泡沫可在真空袋膜制法的聚酯/玻纤层中使用。跨度较小且较低的门体可用40kg/m^{3}PVC硬质泡沫，门体更轻、外观好、制造成本低。未来建筑技术的竞争在于材料的有效利用。未来复合材料设计的关键在于芯材的选择。

作业习题

1. 什么是夹层结构复合材料？其性能特点是什么？
2. 玻璃钢夹层结构按其所用夹芯材料的种类和形式不同，可分为哪几种？
3. 蜂窝夹层结构制备方法有哪几种？哪种方法最好？
4. 玻璃布蜂窝芯的制造方法是什么？简述其过程。
5. 泡沫塑料可分为哪些种类？
6. 试述泡沫塑料发泡的方法。
7. 泡沫塑料夹层结构制备方法有哪些？
8. 试举出2~3个夹层结构的典型产品应用。

模块 8　复合材料液体成型工艺

　　复合材料液体成型工艺也称液体模塑成型技术(Liquid Composite Molding,LCM)是指将液态树脂注入铺有纤维预成型体的闭合模腔中,或加热熔化预先放入模腔内的树脂膜,液态树脂在流动充满模腔的同时完成纤维/树脂的浸润并经固化脱模后成为复合材料制品的一种成型工艺。LCM 是一种近年来出现的先进复合材料低成本制造技术,树脂传递模塑(Resin Transfer Molding, RTM)、真空辅助树脂传递模塑(Vacuum Assisted Resin Transfer Molding,VARTM)、树脂浸渍模塑成型工艺(Seeman Composites Resin Infusion Manufac turing Process,SCRIMP)、树脂膜渗透成型工艺(Resin Film Infusion,RFI)和结构反应注射模塑成型(Structural Reaction Injection Molding,SRIM)是最常见的先进复合材料液体成型工艺。

　　与其他纤维复合材料制造技术相比,LCM 技术可生产的构件范围广,可按结构要求定向铺放纤维,一步浸渍成型带有夹芯、加筋、预埋件等的大型构件。与传统的模压成型和金属成型工艺相比,LCM 模具质量轻、成本低、投资小。另外,LCM 为闭模成型工艺,能满足日趋严格的苯乙烯挥发控制法规的要求。LCM 工艺技术最早起源于 20 世纪 40 年代的 Macro 法。Macro 法相当简单,对模腔抽真空以驱动浸渍过程,美国海军承包商用这种方法开发出了大型玻璃钢增强塑料船体。该工艺在 20 世纪 50 年代称为 RTM 工艺,可以生产双面光滑的产品,树脂的注射压力适中,比手糊工艺优越,所以得到了发展。到了 20 世纪 80 年代,随着飞行器的承力构件及次承力构件、国防应用、汽车结构件以及高性能体育用品等的开发,RTM 工艺取得了显著的进展,并且在此基础上开发了 VARTM、SCRIMP、RFI、SRIM 等这些先进的 LCM 工艺技术。

　　LCM 可以实现复合材料结构和性能的统一,以及复合材料设计、制备的一体化;同时既可制备大型整体复合材料制件,又可制备各种小型精密复合材料制件;既能显著缩短制件生产周期,又可保证制件的整体质量。LCM 制件具有强度及性能可靠性高、成型工艺简单、生产效率高、尺寸准确、外表光滑、环保性能好等优点。

8.1　树脂传递模塑成型工艺

　　树脂传递模塑成型(Resin Transfer Molding RTM),是一种闭模成型技术,可以生产出两面光的制品。RTM 最早起源于 1940 年的 MARCO 法。在欧洲,由于最初的 RTM 虽然成本低但技术要求高,特别是对原材料及模具要求高,所以发展缓慢。直到 1985 年,以缩短成型周期、提高表面平滑性和质量稳定性为目标的第二代 RTM 开始得到应用,才使得 RTM 不论是在原材料方面还是制品强度等各方面都有明显的优势。进入 21 世纪以后,RTM 工艺在大型结构部件的制造中表现了明显的优势,在各领域中得到了越来越多的应用。RTM工艺目前已广泛用于建筑、交通、电讯、卫生、航空航天等工业领域。RTM技术是一种非常具有竞争力的复合材料成型技术,可以作为预浸料/热压罐技术的补充或替代技术。

RTM工艺的基本原理如图8-1所示,先在模具的型腔内预先铺放增强材料预成型体、芯材和预埋件,然后在压力或真空作用下将树脂注入闭合模腔内,直至整个型腔内的纤维增强预制件完全被浸润,最后经固化、脱模、后加工成制品的工艺。

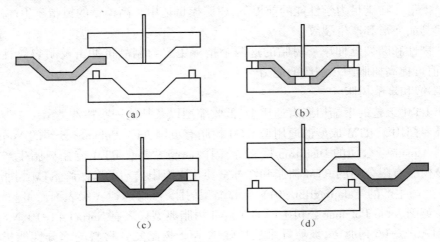

图8-1 RTM工艺的基本原理
(a) 铺敷增强材料;(b) 注入树脂;(c) 固化;(d) 脱模。

纤维预成型有手工铺放、手工纤维铺层加模具热压预成型、机械手喷射短切纤维加热压预成型、三维立体编织等多种形式。纤维预成型的目的是纤维能够相对均匀地填充模腔,以利于树脂充模的过程。

在合模和锁紧模具的过程中,根据不同的生产形式,有的锁模机构安装在模具中,有的采用外置的合模锁紧设备,也可以在锁紧模具的同时利用真空辅助来提供锁紧力,模具抽真空的同时可以降低树脂充模产生的内压对模具变形的影响。

在树脂注入阶段,要求树脂的黏度尽量不要发生变化,以保证树脂在模腔内的均匀流动和充分浸渍。在充模过程结束后,要求模具内各部分的树脂能够同步固化,以降低由于固化产生的热应力对产品变形的影响。RTM工艺对于树脂的黏度和固化反应过程以及相应的固化体系都有较高的要求。

8.1.1 RTM成型原材料

1.RTM工艺用树脂

RTM成型的树脂主要是热固性树脂,包括不饱和聚酯树脂、乙烯基脂树脂、环氧树脂、双马来酰亚胺树脂、酚醛树脂等。环氧树脂主要用于较高性能的产品,普通部件主要使用不饱和聚酯树脂和乙烯基脂树脂。

RTM工艺用树脂需要满足以下一些基本要求:

(1) 黏度。树脂黏度范围最好为 $0.25\sim0.5\mathrm{Pa\cdot s}$。黏度太高或太低可能导致浸渍不良,或形成大量的孔隙和未被浸渍的区域,影响制品的性能和质量。黏度太高的树脂需要较高的注射压力,容易导致纤维被冲刷。

（2）相容性。树脂对增强材料应具有良好的浸润性、匹配性和界面性能。

（3）反应活性。RTM 工艺用树脂的反应活性应表现为两个阶段：在充模过程中，反应速率慢，不影响冲模；充模结束后，树脂在固化温度条件下开始凝胶，并迅速达到一定的固化程度，这样才能减少模具占用时间，提高生产效率。

（4）收缩率。树脂收缩率要低，树脂收缩率过大会增加孔隙率和制品裂纹的机会。

（5）模量。在满足力学性能的前提下，树脂模量适中。高模量的树脂产生高热应力，容易引起制品变形和产生裂纹。

（6）韧性和断裂延伸率。树脂的这两个指标主要与制品抗冲击及耐裂纹性能成正比，较高值可提高树脂耐热裂纹的能力。

1）不饱和聚酯树脂

用于 RTM 工艺的聚酯树脂有通用型、低收缩型以及其他一些特殊类型。

国外专门用于 RTM 成型的通用型 RTM 树脂有英国 Joton Polymer 公司的 Norpol 树脂和意大利 Alusuisse 公司的 Disititron 树脂等，国内商品主要有 RTM 专用树脂生产厂家金陵帝斯曼树脂有限公司的 RTM 树脂和江苏富菱化工有限公司的富丽牌 RTM 树脂等。德国 BASF 公司生产的 PalapregR30-01V 低收缩型树脂，可以达到 A 级表面质量。

（1）英国 Joton Polymer 公司生产的 Norpol 树脂典型代表有 Norpol 42-10、Norpol 42-96、Norpol 80-1-06 树脂等，玻璃纤维毡增强 Norpol 树脂复合材料的部分性能指标见表 8-1。

表 8-1 玻璃纤维毡增强 Norpol 树脂的性能

性能	玻璃纤维毡增强 Norpol 42-10 树脂复合材料		玻璃纤维毡增强 Norpol 42-10 树脂复合材料	
纤维含量（质量）/%	15	25	25~30	35~40
拉伸强度/MPa	20~30	60~70	110	160
拉伸模量/GPa	2.7~3.2	6.3~7.2	8.0	10.3
弯曲强度/MPa	45~55	100~110	155	215

Norpol 42-10 是一种中等活性、刚性的邻苯树脂。该树脂在 23℃ 时黏度 180~210mPa·s，凝胶时间 12~18min。Norpol 42-96 是一种中等反应活性的不饱和聚酯树脂，凝胶时间约为 9~14min，特别适用于低压注射工艺和发泡注射工艺。Norpol 80-1-06 阻燃型树脂，是用于树脂注射工艺的一种自熄式快速固化的聚酯树脂，其玻璃纤维增强制品符合自熄性要求，该树脂黏度较低，能快速浸湿玻璃纤维增强材料。

（2）意大利 Alusuisse 公司的 RTM 工艺用树脂 Disititron 21182 和 Disititron 441，可以满足用户的不同要求。其性能列于表 8-2。

（3）金陵帝斯曼树脂有限公司生产的 RTM 树脂主要有三个牌号，其性能见表 8-3，其中以 P6-988KR 最为常用。

表 8-2 Disititron 树脂的性能

性能	Disititron 21182	Disititron 441
黏度（25℃）/mPa·s	700	450
纤维含量（质量）/%	30	35

（续）

性能	Disititron 21182	Disititron 441
凝胶时间(75℃)/s	170	210
热变形温度/℃	95	75
拉伸强度/MPa	60	70
拉伸模量/GPa	3.5	3.6
断裂延伸率/%	2.5	3
弯曲强度/MPa	100	130
弯曲模量/GPa	3.7	3.8

表8-3 金陵帝斯曼树脂有限公司生产的RTM树脂性能

品牌	synolite	synolite	palatal
产品牌号	1777-G-4	4082-G-22	P6-988KR
类别	邻苯	邻苯	邻苯
黏度/mPa·s	185	185	325
凝胶时间/min	28~31	9~15	15~25
热变形温度/℃	91	63	70
拉伸强度/MPa	80	70	70
断裂延伸率/%	4.1	2.0	3.5
特性及说明	用于真空辅助注射成型,优良的浸润性能,适合制造结构复杂制品	力学性能好,玻璃纤维浸润性能优良,固化性能好,放热峰低,中国船级社认证	高延伸率,高冲击强度,流动性能好

（4）PalapregR30-01V低收缩型树脂。德国BASF公司生产的PalapregR30-01V低收缩型树脂可适用于各种RTM用途,不管是否使用胶衣,都能获得良好的表面质量。RTM成型时,模具的最低温度为60℃,最佳温度为80℃。当模塑制品在常温下固化,放置24h后,制品的收缩率约为0.11%。若制品在80℃下固化,放置24h后,尺寸则没有变化。成型后复合材料性能如下：弯曲强度为179MPa,弯曲模量为7GPa,拉伸强度为120MPa,冲击强度为80kJ/m^2。

2）乙烯基脂树脂

乙烯基脂树脂是用环氧树脂和不饱和酸反应制成的,由于乙烯基脂独特的分子链和合成方法,使其固化物的力学性能接近环氧,工艺性能类似聚酯,具有高度耐腐蚀性。它的耐酸性优于胺类环氧,耐碱性优于酸类固化环氧和不饱和聚酯。乙烯基脂分子中的羟基,增强了树脂对玻璃纤维的浸润性。Dow化学工业公司生产的Derakane牌号的乙烯基脂树脂可用于RTM工艺,见表8-4。

表8-4 Derakane牌号的乙烯基脂树脂的性能

树脂体系	说明	黏度/(mPa·s)	T_g/℃	热变形温度/℃	断裂延伸率/%
Derakane 411C-50	双酚A乙烯基脂树脂	125	240	215	5~7

(续)

树脂体系	说明	黏度/(mPa·s)	T_g/℃	热变形温度/℃	断裂延伸率/%
Derakane 530	溴代双酚A环氧乙烯基脂树脂	450	270	230	4~5
Derakane 510A-40	溴代双酚A环氧乙烯基脂树脂	250	260	230	4~5
Derakane 470-36	酚醛型环氧乙烯基脂树脂	200	305	300	3~4
Derakane 8084	韧性双酚A环氧乙烯基脂树脂	375	230	180	8~10

国内乙烯基脂树脂比较有代表性的生产企业是上海华东理工大学华昌聚合物有限公司,该公司生产 MFE 系列的乙烯基脂树脂。

MFE-RTM-200 树脂浇铸体的力学性能见表 8-5。

表 8-5 MFE-RTM-200 树脂浇铸体的力学性能

检验项目	检验结果	测试方法
拉伸强度/MPa	63.94	GB/T2568
拉伸模量/GPa	2.75	GB/T2568
延伸率/%	4.22	GB/T2568
弯曲强度/MPa	126.38	GB/T2568
弯曲模量/GPa	3.39	GB/T2570
压缩强度/MPa	108.68	GB2569
冲击强度/(kJ/m²)	12.42	GB4493
热变形温度/℃	105	GB1634

3) 环氧树脂

环氧树脂主要用于成型高性能复合材料,一个环氧树脂体系是否能适用于 RTM 成型,是否能成为高性能复合材料的树脂基体,不仅与环氧树脂的品种有关,同时也取决于所用的固化剂和促进剂。为使树脂体系适用于 RTM 成型,固化剂体系在室温下应成为低黏度液体,与环氧树脂配合后树脂在注射温度下具有良好的储存稳定性,固化树脂具有良好的耐热性、高强度、高韧性。目前常用的固化剂为液体胺类和多官能团的液体酸酐等。

适用于高温成型工艺的代表性环氧树脂主要有 Ciba-Geigy 公司开发的 LSU940/XU205 和 3M 公司开发的 PR500 环氧树脂体系,主要应用于航空复合材料制件。室温成型用环氧树脂通常是双组分的,由环氧树脂和室温下黏度较小的固化剂组成。代表性的有 CYTEC 公司的 CYCOM823 和 HEXCEL 公司的 RTM6。国内比较有代表性的室温注射 RTM 树脂有北京航空材料研究院研制的 3266 环氧树脂体系。3266 环氧树脂是一种 80℃固化、120℃后处理、中温 75℃长期使用的结构性 RTM 专用环氧树脂,主要应用在高动态载荷的部件,如飞机螺旋桨桨叶、舰船或鱼类推进螺旋桨桨叶以及其他主承力结构上。几种室温成型环氧树脂浇铸体的性能比较见表 8-6。

表 8-6　几种室温成型环氧树脂浇铸体的性能比较

测试项目	3266	CYCOM823	RTM6
密度/(g/cm³)	1.2	1.23	1.14
拉伸强度/MPa	80.58	80	75
拉伸断裂应变/%	6.5	—	3.4
拉伸模量/GPa	3.47	2.9	2.8
弯曲强度/MPa	151.4	144	132
弯曲模量/GPa	3.77	3.4	3.3
干态 T_g/℃	120(DSC)	125	—

4) 双马来酰亚胺树脂

双马来酰亚胺树脂(BMI)力学性能好,高温稳定性突出,低毒、低烟。其主要缺点是黏度高、耐性差。用于 RTM 工艺需要改性,主要采用自由基共聚、Michael 加成、Diels-Alder 反应等手段获得。国外代表性的双马来酰亚胺树脂有 Ciba-Geigy 公司开发的 Matriimid5292、Technochemie 公司生产的 Compimide 65FWR、DSM 公司开发的 Desbimid RTM 树脂。

国内典型的双马来酰亚胺树脂有中国航空第一集团复合材料特种结构研究院用于 RTM 工艺雷达天线罩的 F.JN-5-02、北京航空工艺研究所开发的 QY8911-Ⅳ等。该类树脂主要用于航空航天领域用的耐高温复合材料结构部件。

2. 增强材料

RTM 对纤维增强材料的要求:适用性强、均匀性好(重量和厚度)、容积压缩性系数大、耐树脂冲刷性好,对树脂流动阻力小、与树脂浸渍均匀、机械强度高。RTM 用的纤维类型包括 E 玻璃纤维、R 玻璃纤维和 S 玻璃纤维,以及各种高模碳纤维和芳纶纤维。所使用的玻璃纤维织物结构形式包括表面毡、机织布、短切毡、连续毡、缝编毡、多轴向织物、RTM 专用复合毡以及立体编织物等多种类型。碳纤维等高性能纤维通常使用不同织造方法的布,在很多高性能部件的制造场合,三维立体仿形织物的应用越来越多。

1) 机织布

方格布是最为常见的机织布,其他类型的机织布如斜纹布、缎纹布等都可以用于 RTM 工艺。各种类型的机织布在铺层时很容易发生皱褶和扭曲,不容易铺放到位。因此,机织布通常用于一些型面变化比较简单的产品,为保证纤维在模具内的稳定,可以使用特定的黏结剂固定织物,也可以采用手工缝编的方式,用涤纶线将布与布缝合在一起。

2) 短切毡

短切毡用于 RTM 工艺的优点是成本低、变形性好,缺点是耐冲刷性差,但是如果在靠近模具注射口的短切毡上面铺放机织布,可以降低树脂对纤维的冲刷。从实际使用的情况来看,短切毡和机织布配合使用可以提高制品层间的剪切性能,同时实现纤维在不同分布方向上的互补。

3) 连续毡

玻璃纤维连续原丝毡是一种重要的玻璃纤维无纺增强基材,它的单位面积质量为 225~900g/m²,厚度为 2~5mm。连续毡具有各向同性、抗移性好、贴覆性好、制品强度高等优点,成为 RTM 工艺中非常重要的一种增强材料。

4）缝编毡

缝编毡是通过缝编机将不同类型的纤维缝合成纤维毡的结构形式。缝编毡可以通过不同的缝合方式实现纤维织物的多种增强结构形式，是 RTM 工艺中应用最多、成本较低的一种增强材料。各种缝编毡的类型如下：

（1）单轴向织物。仅在与织物长度方向成 0°（经向）或 90°（纬向）的一个方向平行铺设无捻粗砂并缝合成织物。

（2）双轴向织物。在与织物长度方向成 0°、90°、±45°的四个方向任意两个方向铺设无捻粗纱，每个方向各自形成独立的纱层并缝合成双轴向织物。

（3）多轴向织物。在与织物长度成 0°、90°、±45°的四个方向任意三个或四个方向平行铺设无捻粗砂，然后缝合成多轴向织物．

（4）缝编短切毡。用组合在缝编机上的短切机，将无捻粗纱短切并铺撒均匀，然后缝合成毡。

（5）缝编复合毡。将单轴向织物、双轴向织物、多轴向织物中的任意一种与缝编短切毡在缝编机上可缝合制成 2~5 层缝编复合毡。

5）三维立体织物

三维编织是通过长短纤维相互交织而获得的三维无缝合的完整结构，其工艺特点是能制造成出规则形状及异形实心体，并可以使结构件具有多功能性，即编织多层整体构件。三维编织主要应用于对力学性能要求非常高的航空航天结构部件的制造。

3. 填料

填料对 RTM 工艺很重要，它不仅能降低成本、改善性能，而且能在树脂固化放热阶段吸收能量。常用的填料有氢氧化铝、玻璃微珠、碳酸钙、云母等，其用量为 20%~40%。加入填料还会影响树脂的黏度，选用时一定要注意。

8.1.2　RTM 成型设备及模具

1. RTM 树脂注射设备

RTM 树脂注射设备也称 RTM 注胶机，它主要有树脂泵、温控加热系统、注射枪以及各种自动化仪表等组成，典型的 RTM 注胶机如图 8-2 所示。

图 8-2　RTM 注胶机

RTM 注胶机中 RTM 树脂泵可分为四大类,如表 8-7 所示。

表 8-7 RTM 树脂泵不同类型的比较

泵系统	优点/缺点
往复式气压泵	静态混合,可以采用活性树脂,近似控制树脂流速,压力/流速的波动影响产品的质量
压力罐	直接控制树脂压力,间接控制树脂流速,不适用于活性树脂
齿轮泵	直接控制树脂流速,注射量无限制,不适用于填料含量高的树脂系统
液压系统	投入高,可控制度高,注射量有限

2. 模具

1) RTM 模具种类

RTM 是在低压下成型,模具刚度相对要求低,可以使用多种材料来制造模具。用于 RTM 的模具种类主要有玻璃钢模具、玻璃钢表面镀金属模和金属模。玻璃钢模具容易制造,价格较低,聚酯玻璃钢模具可使用 2000 次,环氧玻璃钢模具可使用 4000 次。表面镀金属的玻璃钢模具可使用 10000 次以上。金属模具在 RTM 工艺中很少使用,一般来讲,RTM 的模具费仅为 SMC 的 2%~16%。表 8-8 列出了不同类型模具的比较。

2) RTM 模具结构设计

RTM 模具的结构设计包括:产品结构分析;嵌模、组合模、预埋结构、夹芯结构等模具结构形式;专用锁紧机构、脱模机构、专用密封结构;真空结构形式;模具层合结构、刚度结构形式、模具加热形式等。

RTM 玻璃钢模具的结构如图 8-3 所示.

模具结构设计主要遵循以下原则。

表 8-8 不同类型模具的比较

项目	玻璃钢模具	电镀镍模具	铝模具	铸铁模具	钢模具
强度/MPa	150~400	300	50~500	100~200	>300
模量/GPa	7~20	200	71	约150	210
韧性	冲击引起损伤	耐低冲击	易造成划痕	不易损伤	不易损伤
密度/(g/cm^3)	1.5~2	8.9	2.7	7.2	7.8
热膨胀系数/($\times 10^{-6}$℃$^{-1}$)	15~20	13	23	11	15
热导率/[W/m·K]	约1	约50	200	70	60
比热容/[J/(kg·℃)]	约1000	460	913	500	420
最高使用温度 g/℃	80	高于树脂固化温度	高于树脂固化温度	高于树脂固化温度	高于树脂固化温度
公差	固化收缩变形	取决于原模	精度高	精度高	精度高
表面光洁度	可抛光	抛光改善光洁度	抛光改善光洁度	不如铝和钢模具	抛光改善光洁度
修复	胶衣损坏容易修复,增强层损坏难以修复	不易修复	容易修复	容易修复	容易修复
制造周期	2~4 周	30~40 天	30~40 天	30~40 天	30~50 天

(1) 尽量简化脱模部件。在制造模具时应考虑产品脱模,覆盖件两边缘要留有一定的脱模角度,各部分的连接处应平滑过渡。

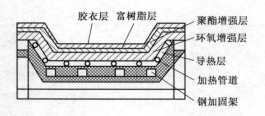

图 8-3 RTM 玻璃钢模具的结构

(2) 尽量方便浇铸系统的布置。模具的结构设计应充分考虑树脂注射口和树脂在模具内流道的布置。

(3) 便于气体排出。为了有利于气体的排出,分型面尽可能与树脂流动的末端重合。

(4) 模具密封和真空辅助成型。模具采用双密封结构并且利用真空在浸渍前对模腔抽真空,这样有利于降低模具变形、降低孔隙率、提高生产率、减少修整工序。

(5) 便于活块的安放。当分型面开启后,要有一定的空间便于活块的安放,并保证活块安放稳固,覆盖件模具的活块采用真空吸附,有利于定位和稳固。

(6) 模具制造的难易性。模具总体结构简化,尽量减少分型面的数目,采用平直分型面。

3) 注射口和排气口的设计

注射口在模具上有以下三种情况。

(1) 中心位置。注射口选择在产品的几何形心,以保证树脂在模腔中的流动距离最短。

(2) 边缘位置。注射口设计在模具的一端,同时在模具上设有分配流道,树脂从边缘道注射,排气口对称地设计在模具的另一端。

(3) 外围周边。树脂通过外围为周边分配流道注射,排气口选择在中心或中心附近的位置。虽然外围周边注射的流道也在边缘,但它是闭合的,排气口在模具的中心处。

无论怎样选择注射口的位置,目的都是保证树脂能够流动均匀,浸透纤维。在模具上设有多个注射口可以提高注射效率,但是要保证不同注射口在流动边缘到达下一注射口时,该注射口能够及时开启,上一注射口能够及时关闭,避免出现断流或吐紊流造成的流动死角。

排气口通常设计在模具的最高点和充模流动的末端,以利于空气的排出和纤维的充分浸润。借助于流动模拟软件可以比较好地确定理想的注射口和排气口。

4) 模具密封结构

模具的密封通常采用不同结构形式的密封来实现,所用到的密封条结构有 O 形、矩形和异形,材质使用硅橡胶比较好。为了保证模具的有效密封和模腔内抽真空的需要,经常会用到双密封结构。

5) RTM 模具的加热方法

在 RTM 工艺中对模内树脂的加热方法有两大类:一是直接加热法,该方法较先进,热效率最高,但难度大,目前还不成熟;二是间接加热法,热能由介质(气、水、油、蒸汽)携带,经模具背衬、型壳、型面传导到树脂中,使树脂固化。间接加热法分为以下三种。

(1) 背衬管路法。模具背衬里铺设导热介质的管路(循环管路),由于管路离型面有一定距离,而复合材料属于热的不良导体,热传导较困难,因此加热速度慢,加热循环较长。应用此方法要求改善模具材料的导热性,且选择较平坦的产品类型,以便铺设管路方便易施。

(2) 型壳管路(或电热丝布)法。型壳里贴近型面铺设导热介质的循环管路(或电热丝布)、导热介质流的控制与压机、模具周边夹紧的操作相协调。一个供热系统可同时供多个模具,加热、冷却的速度最快,但每个模具的成本最高。

(3) 整模加热法。物料充模后,将整个模具置于固化炉(或高压釜)内加热,热能经过模具传导型腔内的树脂,致使树脂固化,要求模具材料的导热性好,固化炉内能容纳整个模具,如果固化炉尺寸较大,可同时加热多个模具。该法加热效率低、固化周期长。

6) 玻璃钢 RTM 模具的制造

玻璃钢 RTM 模具的制作流程如图 8-4 所示。

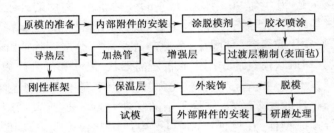

图 8-4 玻璃钢 RTM 模具的制作流程

在原模的准备工作中最重要的一项是检验工作。复合材料的成型是不可逆的,所以每做一道工序都需要验证其正确合格方可进行下一道工序的施工,这也是保证模具制作出现问题时能及时调整、把损失降到最低的最有效的方法。

内部附件包括注入口嵌件、排气口嵌件、密封条、辅助模内顶出件、模内导向定位件以及产品预埋件定位机构等。

胶衣层是保证模具表面的基础,厚度宜为 0.5~1.0mm,可分 2~3 次喷涂,固化时间以手触判断,以触觉黏面指尖未带有胶衣为宜。过渡层可用 30~50g/m² 的表面毡糊制,糊制过程中保证不能有气泡产生。固化后开始糊制增强层,糊制过程中最主要的是控制铺层的均匀程度及含胶量的均匀程度。

对于形状简单、面积较大平板类型的模具,可以在增强层采用毡布交替的铺层设计方式,此方法可以进一步提高板壳强度,而曲面较多、形状复杂的模具直接由短切毡铺层糊制即可。但根据不同的磨具质量要求应慎重选择布类增强,因其强度和含量存在方向性,容易导致模具出现因收缩不均匀而引起的翘曲变形。

另外,根据不同的树脂体系和不同的模具要求及糊制制度进行操作。一般情况下,每固化一次糊制的层数越少,模具尺寸精确度较高,模具强度低,模具变形的概率较小;相反,每固化一次糊制的层数越多,整体强度较大,收缩变形的概率也较大。

有加热层设计的模具,增强层的制作厚度应为 6~8mm,这样,既保证了表面强度,其隔热作用也不至于过分突出。加热层由加热管路和导热介质构成,加热管路采用钢管制成,并贴附于增强层表面,先局部固定后,再用导热材料浇铸成型。模具的加固要使用金属等刚性材料,按板壳理论设计结果确定平板单元区域大小并进行网格式加固,框架焊接完成后必须进行去应力处理,糊在模具背后使其与模具黏结成为一体。有加热层的模具还要在最后制作保温层,根据保温材料的不同,保温层厚度一般为 50~100mm,然后浇铸成型。

8.1.3 纤维预成型技术

在 RTM 模具中手工铺放增强材料是一个比较困难的工序。在铺放过程中,增强材料容易错位,同时增强材料的变形不能够与模具的型面变化相适应,需要手工剪开,然后黏结或缝合,这对于连续生产的一致性和效率都会产生影响。通过将纤维用一定的工艺手段预先制作成和模腔结构一样的预成型体,可以很好地解决这一问题。预成型技术是 RTM 工艺的一个重要环节,对质量要求高、性能稳定、结构复杂的制品来说这一技术显得尤为重要。

纤维预成型技术是 20 世纪 90 年代初开发的一种新颖、实用的纤维预成型体制备技术。其原理是在增强纤维或织物表面涂敷少量的特殊增黏材料——增黏剂或定型剂,通过溶剂挥发、先升温软化或熔融(预固化)后冷却等手段使叠层织物或纤维束之间黏合在一起,同时借助压力和形状模具的作用来制备所需形状、尺寸和纤维体积含量的纤维预成型体。纤维预成型技术在一定程度上克服或弥补了编织、缝合等纺织预成型技术的某些不足,对质量要求高、性能要求稳定、结构复杂的制件尤为重要,尤其适用于制备结构形状复杂或大型的纤维预成型体,在保证产品质量、生产工艺快速及自动化方面具有重要意义,是实施 LCM 低成本化的重要途径和手段。

一般而言,纤维预成型三种方法:对于离散型,如随机短切毡,通常采用喷射成型、泥浆法(类似于造纸)等成型预成型体;对于连续型(二维),多采用二维编织、对模冲压成型(RTM 工艺多采用此方法),为保证纤维服帖,一般需要采用预定型剂;对于整体型(三维),多采用三维编织、针织或连续纤维铺放技术成型预成型体。

纤维预成型体必须满足一系列的工艺要求才能保证 LCM 制件的质量和性能。为了制备高性能、低成本的 LCM 制件,其纤维预成型体必须满足以下几方面工艺性要求。

(1)浸渍性。纤维预成型体必须在尽可能小的压力下和尽可能短的时间内被树脂充分浸渍,即用来表征浸渍效果的渗透率要尽可能提高。

(2)抗冲刷性。在树脂充模流动时,为保证纤维的分布和排列方向不被冲乱,预成型体必须能承受树脂流过时施加的冲刷力,这就要求预成型体具有良好的抗冲刷性。所以纤维预成型时,要确保预成型体具有一定的强度和刚度。

(3)均匀性。预成型体各部分的浸渗参数差应尽可能小,以利于树脂能按照预计方向流动,因此制备预成型体时应均匀分散增黏剂。

(4)可操作性。预成型体的可操作性依赖于预成型体的刚性和整体性,目的是使预成型体在工艺过程中易于操作而不会对纤维的排列和体积分数造成负面影响。

(5)表面平整性。对于表面质量要求高的制件(如汽车件),预成型体的表面质量直接影响着制件的使用。有时还必须通过应用胶衣树脂才能达到使用要求。

此外,还应注意到纤维的浸润性。纤维的浸润性取决于纤维和树脂的表面自由能,纤维的表面能与树脂的表面能的比值越高,纤维越容易被树脂浸润。因此在采用增粘剂制备预成型体时,必须考虑树脂对含增黏剂纤维的浸润性,确保经增黏剂处理后能提高纤维的浸润性。

8.1.4 RTM 成型工艺

1. RTM 工艺参数对工艺过程的影响

影响 RTM 工艺的工艺参数包括树脂黏度、注射压力、成型温度、真空度等,同时这些参数在成型过程中是互相关联和互相影响的。

(1)树脂黏度。适用于 RTM 工艺的树脂应具有较低的黏度。当所使用的树脂黏度较高时,通常提高树脂的成型温度来降低树脂的黏度,以利于更好地实现充模过程。

(2)注射压力。注射压力的选择取决于纤维的结构形式和纤维含量以及所需要的成型周期。较低的注射压力有利于纤维的充分浸渍,有利于力学性能的提高。通过改变产品结构设计、纤维铺层设计,降低树脂黏度,优化注射口和排气口的位置,使用真空辅助的手段,都可以实现降低注射压力。

(3)成型温度。成型温度的选择受模具自身能够提供的加热方式、树脂固化特性及所使用的固化体系的影响。较高的成型温度能够降低树脂的黏度,促进树脂在纤维束内部的流动和浸渍,增强树脂和纤维的界面结合能力。

(4)真空度。在成型过程中使用真空辅助可以有效降低模具的刚度需求,同时促进注射过程中空气的排除,减少产品的孔隙含量。

2. RTM 工艺特点

RTM 以其优异的工艺性能,已广泛地应用于舰船、军事设施、国防工程、交通运输、航空航天和民用工业等。其主要特点如下:

(1)模具制造和材料选择灵活性强,不需要庞大的、复杂的成型设备就可以制造出复杂的大型构件,设备和模具的投资少;成型效率高,适合于中等规模复合材料制品的生产。

(2)能制造具有良好表面质量、高尺寸精度的复杂部件,在大型部件的制造方面优势更为明显。

(3)易实现局部增强、夹芯结构;增强材料可以任意方向铺放,容易实现按制品受力状况而设计铺放增强材料,以满足从民用到航空航天不同性能的要求,纤维含量最高可达 60%。

(4)RTM 成型工艺属于一种闭模操作工艺,成型过程中散发的挥发性物质很少,RTM 有利于身体健康和环境保护。

(5)RTM 成型工艺对原材料体系要求严格,要求增强材料具有良好的耐树脂流动冲刷性和浸润性,要求树脂黏度低,高反应活性,中温固化,固化放热峰值低,浸渍过程中黏度较小,注射完毕后能很快凝胶。

(6)低压注射,一般注射压力小于 30psi,可采用玻璃钢模具(包括环氧模具、玻璃钢表面电铸镍模具等)、铝膜具等,模具设计自由度高,模具成本较低。

(7)制品孔隙率较低。

(8)RTM 工艺便于使用计算机辅助设计进行模具和产品设计。

RTM 工艺无须制备、运输、储藏冷冻的预浸料,无须繁杂的手工铺层和真空袋压过程,也无须热处理时间,操作简单。RTM 技术的开发和扩大应用之所以灵活,主要是因为其工艺过程前期树脂和纤维相对分离,纤维材料的组合度非常大,不同类型的纤维以及不同结构形式的编织方法都可以应用,多种类型的树脂也可以根据产品需要来选择。但是 RTM 工艺由于在成型阶段树脂和纤维通过浸渍过程实现赋形,纤维在模腔中的流动、纤维浸渍过程以及树脂的固化过程都对最终产品的性能有很大的影响,因而导致了工艺的复杂性和不可控性增大。表 8-9 列出了手糊成型、RTM 工艺、SMC/BMC 成型工艺优缺点的比较。

表 8-9　手糊成型、RTM 工艺、SMC/BMC 成型工艺优缺点比较

比较	手糊成型	RTM 工艺	SMC/BMC 成型工艺
生产规模/(年/件)	<1000	5000~10000	10000 以上
模塑温度/℃	室温	40~60(室温也可以)	130~150
成型周期	1~4h	5~30min	1~15min
生产效率(8h)/件	2~3	16~90	50~400
模具类型	FRP	FRP 或金属	金属
模具费(以开模为 1)	1	2~4	5~10
制品表面效果	一面光	两面光	两面光
部件重复性	人为因素影响大	较好	很好
部件尺寸精度	人为因素影响大	较好	很好
树脂与纤维比例	人为因素影响大	较好	很好
填料含量	高	较低	高
脱模剂	外脱模	内外都可以	内脱模
压强/MPa	接触压力	0.1~0.25	4~10

3. RTM 存在的难点及未来研究趋势

由于 RTM 工艺发展时间较短,不可避免地存在难关和有待进一步解决的问题。RTM 技术在国内外普遍存在的难点和问题主要表现在三个方面:

(1) 树脂对纤维的浸渍不够理想,制品里存在空隙率较高、干纤维的现象;
(2) 制品的纤维含量较低;
(3) 大面积、结构复杂的模具型腔内,模塑过程中树脂的流动不均衡,不能进行预测和控制。

近年来针对 RTM 存在的问题和局限性,国内外开展了大量颇有成效的研究,使得 RTM 技术更趋成熟,形成一个完整的材料、工艺和理论体系。主要研究方向有:

(1) 采用各种混合器,扩大树脂的适用范围;
(2) 采用压实增强材料和辅以高真空措施(真空辅助树脂传递模塑);
(3) 采用多维编织技术与预成型技术;
(4) 实施树脂压注和固化过程监控,进行计算机模拟;
(5) 积极探讨、开发新的 RTM 成型技术。

8.1.5　RTM 产品的典型应用

随着材料技术和工艺的不断发展,RTM 工艺制品已经在航空航天、交通运输、体育用品、船舶、建筑等领域得到了广泛应用。由于 RTM 工艺的特点,在大型部件和搞结构性能

要求的部件制造方面其工艺优势更为突出。RTM 在各领域的产品应用见表 8-10。

表 8-10　RTM 在各领域的产品应用

应用领域	典型部件
航空航天，军事	通道壳体、门、控制面板、防冻管道部件、驱动轴、电器盒、发动机罩上的支撑、风扇叶片；机翼、燃料储罐、直升机驱动轴、型杆、红外线跟踪装置底座、发射管、军事装备盒、导弹体；碳/复部件制造体母模、螺旋桨、天线罩、转轮叶片、盔甲片、静叶片、太空站支柱、军用品配件；换向器部件、鱼雷壳体以及水下武器原型等
汽车	车体外壳、保险杠、货箱顶篷、变速器、底盘交叉部件、前后底盘部件、板簧、载货车箱；平底缸式底盘、空间框架等
建筑	柱子；标杆、商业建筑的门、框架、施工现场的脚手架、公用电话亭、人孔盖子、标志牌
电气	办公设备底座、传真机底座、计算机工作台面、抛物线型盘碟、天线罩
工业	冷却扇叶片、压缩器机壳、防腐蚀设备、驱动轴、电力除尘器、地板、飞轮及飞轮系统部件、减速器、检验孔、混合用叶片、防护帽、RTM 机器底座、日光反射器、模具栏杆、阀门管
船舶	船体、小船舱以及零部件、甲板、码头支撑柱、紧急避险装备及底座、螺旋桨、雷达桥、船桅
体育运动器材	游乐车、自行车架、把手、高尔夫球车、高尔夫球杆、雪撬车、帆板、溜冰板、地板、游泳池

1. 航空航天和军事领域的应用

在该领域的应用主要体现在大型结构部件的整体成型方面，国外 RTM 成型技术在航空航天领域的应用主要有雷达罩、螺旋桨、隔舱门、直升飞机的方向舵、整体机舱、飞机的机翼等。

在航空航天领域内，在过去十年里，美国应用 RTM 技术的增长率为 20%~25%。美国基本形成了 RTM 有关的材料体系、制造工艺、技术装备和验证系统，并在武器装备上得到批量应用，应用范围从次结构件发展到主结构件，包括机翼主承力正弦波梁，其他构件包括前机身隔框、油箱构架和壁板、中机身武器舱门帽型加强筋、机翼中间梁、尾翼梁和加强筋等。例如美国 F-22 机上采用 RTM 技术制造的各种复合合材料部件达 400 件，占复合材料结构总量的 1/4，单这一项就比原设计节省开支约 2.5 亿美元。

RTM 成型技术在舰船和装甲车辆上的应用主要有舰船的防护板、船舶结构件及装甲战车的车体等部件。

国内应用和研究 RTM 工艺的单位较多，如航空材料研究院、637 所、703 所、北京玻璃钢研究设计院、北京航空航天大学等。应用的产品有雷达罩、全碳纤维复合材料桨叶、导弹稳定翼等。

2. 汽车部件

复合材料在汽车工业中的应用已经有相当长的历史，20 世纪 90 年代以后，汽车工业是 RTM 工艺制造零部件。汽车工业是 RTM 应用最早、规模最大的领域。

1970 年前后，用 RTM 工艺加工 Corvette 车型的仪表盘，GM 实验研究的全复合材料承力结构构架，达到钢制构架性能而减重 20%。近年来，采用 RTM 工艺已工业化生产了 FIEERO 轿车和雪弗兰 LUMINA 子弹头汽车等车型的车身覆盖件和零部件，年产量已分别达到 6.5 万和 10 万辆。1992 年，Chrysler 研发出 Viper 跑车的 RTM 车壳；1994 年 Fort 研发出 RTM Transit 商用车的高顶，并于 1995 年研制出 RTM Fiesta 轿车的后扰流板。图

8-5是采用RTM工艺生产的汽车仪表台。

(a)

(b)

图8-5 采用RTM工艺生产的汽车仪表台

巴西的TechnofibracSA公司,广泛采用低成本的RTM成型工艺生产大型卡车车顶、面罩,豪华客车及公共汽车前脸、后尾、铺路车、油矿车车身、驾驶室总成等大型玻璃钢车辆部件,为Buscer、Ford、Volkswagen、GM、Honda等许多世界知名的汽车公司配套,1998年达到年产2200t的生产批量。

意大利的Sistema公司用RTM工艺为Iveco车型配备制造箱式货车、卡车和教练车的车身、车顶,车顶最大面积达到$14m^2$,其优点是具有较好的空气动力学特征,在85km/h的车速下,减少空气阻力20%~25%。

国内代表性的RTM工艺汽车部件有北京玻璃钢研究设计院生产的奥拓尾翼、半透明卡车遮阳罩、中国重汽"飞龙"卡车面罩、陕汽"德御"车型翼子板;北京玻璃钢制品有限公司生产的北方奔驰导流罩、二汽非金属零件公司生产的"猛士"车型发动机罩等。

3.RTM成型技术在舰船和装甲车辆上的应用

Hardcore FRP公司在舰船上采用RTM成型技术制得船用防护板,具有足够的强度和刚度,完全可以承受3000t排量船只的撞击,但是它比同样大小的钢板减重近2700kg。

国内报道英国的Sandown级扫雷艇、瑞典的"Visby"级隐身轻巡洋舰、"Skjold"级隐身巡逻快艇和美国的DD21"Zumwalt"级隐身驱逐舰在船舶结构件上均采用RTM成型技术。与传统复合材料成型工艺相比,RTM成型技术或者说LCM工艺在成型大厚度、大尺寸制品时具有突出优势。

英国生产的欧洲第一辆全复合材料车体装甲战车ACAVP战车的车体全部由E玻璃纤维复合材料与陶瓷材料经柔性袋RTM工艺整体模塑而成,与普通的装甲车辆相比,ACAVP重量更轻且防护水平更高。战车整体减重达25%,同时又能防止雷达信号和热信号探测,还具有降噪、隔热、阻燃、防碎片等性能,实现了较好的防护能力和机动性能的统一。

8.2 RTM 的衍生工艺

8.2.1 VARTM(真空辅助 RTM)工艺

真空辅助树脂传递模塑(VARTM)是在 RTM 的基础上开发得到的。为了改善 RTM 注射时模具腔内树脂的流动性、浸渍性,更好地排尽气泡,采用在腔内抽真空,再用注射机注入树脂,或者仅靠型腔真空造成的内外压力差注入树脂的工艺。真空辅助成型技术(VARTM)是在真空状态下排除纤维增强体中的气体,通过树脂的流动、渗透,实现对纤维及其织物的浸渍,并在室温下进行固化,形成一定树脂与纤维比例的工艺方法。VARTM 基本原理和 RTM 工艺是一致的,适用范围也类似。

VARTM 是一种吸出空气的闭模工艺,是一种改进了的 RTM 工艺。与常规的 RTM 工艺相比,有几方面的优点:①RTM 工艺在树脂注入时,模具型腔内可积起几吨压力,通过抽真空 VARTM 工艺可减少这种压力,因而增加了使用更轻模具的可能性;②真空的使用也可提高玻璃纤维对树脂的比率,使制品纤维含量更高;③真空还有助于树脂对纤维的浸渍,使纤维浸渍更充分;④真空还起到排除纤维束内空气的作用,使纤维的浸润更充分,从而减少了微观空隙的形成,得到空隙率更低的制品;⑤VARTM 工艺生产的构件机械性能更好。

VARTM 工艺在许多方面性能比 RTM 有了很大的提高。对于大尺寸、大厚度的复合材料制件,VARTM 是一种十分有效的成型方法。采用以往的复合材料成型工艺,大型模具的选材困难,而且成本昂贵,制造十分困难,尤其是对于大厚度的船舶、汽车、飞机等结构件。VARTM 工艺制造的复合材料制件具有成本低、空隙含量小、成型过程中产生的挥发气体少、产品的性能好等优点,并且工艺具有很大的灵活性。在过去的十年里,VARTM 工艺在商业、军事、基础行业以及船舶制造业等方面都有广泛的应用。图 8-6 是采用 VARTM 工艺制造的游艇艇身。

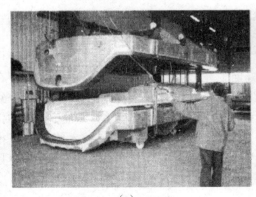 

(a) (b)

图 8-6 采用 VARTM 工艺制造的游艇艇身

8.2.2 Light-RTM 成型工艺

Light-RTM 通常称为轻质 RTM,该工艺是在真空辅助 RTM 工艺的基础上发展而来的,适用于制造大面积的薄壁产品。该工艺的典型特征是下模为刚性的模具,而上模采用轻质、半刚性的模具,通常厚度为6~8mm。工艺过程使用双重密封结构,外圈真空用来锁紧模具,内圈真空导入树脂。注射口通常为带有流道的线性注射方式,有利于快速充模。由于上模采用了半刚性的模具,模具成本大大降低,同时在制造大面积的薄壁产品时,模具锁紧力由大气压提供,保证了模具的加压均匀性,模制产品的壁厚均匀性非常好。采用Light-RTM工艺环形生产线制造的公用电话亭外壳如图8-7所示,产品质量12kg,生产线单模循环周期为1h,生产线有25个模具,日产量可以达到600件。

图8-7 采用Light-RTM工艺生产的公用电话亭外壳

国内关于Light-RTM工艺及产品的报道不多,但在国外的应用发展却很快,并有超过RTM技术应用的趋势。典型的应用有:航空航天领域的舱门、风扇叶片、机头雷达罩、飞机引擎罩等;军事领域的鱼雷壳体、油箱、发射管等;交通领域的轻轨车门、公共汽车侧面板、汽车底盘、保险杠、卡车顶部挡板等;建筑领域的路灯的管状灯杆、风能发电机机罩、装饰用门、椅子和桌子、头盔等;船舶领域的小型划艇船体、上层甲板等。

8.2.3 树脂浸渍模塑成型工艺(SCRIMP)

SCRIMP是一种新型的真空辅助注射技术(VARTM),是1990年美国Seemann Composites(西曼复合材料公司)在美国获得专利权的真空树脂注入技术。SCRIMP工艺的基本原理是在真空状态下排除纤维增强体中的气体,通过树脂的流动、渗透,实现对纤维的浸渍。在模具型面上铺放增强材料和各种辅助材料,用真空袋将型腔边缘密封严密,在型腔内抽真空,再将树脂通过精心设计的树脂分配系统在真空作用下注入模腔内,最后固化成型。

SCRIMP工艺之所以得到长足发展,是由于其突出的综合技术优势。该工艺精心设置的树脂分配系统使树脂胶液先迅速在长度方向上充分流动填充,然后在真空压力下在厚度方向缓慢浸润,大大改善了浸渍效果,减少了缺陷发生,使模塑部件具有很好的一致性和重复性,而且也克服了VARTM在生产大型平面、曲面的层合结构以及加筋异型构件等制品时,纤维浸渍速度慢、成形周期长等不足。正是这些优点使这一技术得到迅速推广。这一工艺制造的单件制品最大表面积可以达到186m^2,厚度150mm,纤维质量含量最大可达75%~80%。

与传统的RTM工艺相比,SCRIMP工艺只需一半模具和一个弹性真空袋,这样可以省去一半的模具成本,成型设备简单。由于真空袋的作用,在纤维周围形成真空,可提高树脂的浸湿速度和浸透程度。与RTM工艺相反,它只需在大气压下浸渍、固化;真空压力与大气压之差为树脂注入提供动力,从而缩短成型时间。浸渍主要通过厚度方向的流动来实现,所以可以浸渍厚而复杂的层合结构,甚至含有芯子、嵌件、加筋件和紧固件的结构也可一次注入成型。SCRIMP 工艺适用于中、大型复合材料构件,施工安全、成本较低。

根据树脂的分配系统,可将 SCRIMP 工艺分为两种:一种是高渗透介质型 SCRIMP,另一种是引流槽型 SCRIMP。高渗透介质型 SCRIMP 工艺中,树脂注射时由于高渗透介质的渗透率远远高于剥离层和纤维层的渗透率,高渗透率介质层内树脂流动前缘迅速超前纤维层,进入纤维层的树脂胶液大部分是通过高渗透性介质中流出的,因此高渗透性介质对充模时间起决定性的作用。引流槽型 SCRIMP 工艺中,注射流道直接和引流槽入口相连,但排气槽和引流槽要保持一定的距离。注射时树脂总是先注满引流槽,然后才从引流槽注入纤维增强材料,大型制品整个注射过程就可以被看作是引流槽分解了的数个小的注射过程。因此,对于厚壁制品充模流动时间几乎等于单个引流槽内树脂在纤维厚度方向的浸透时间,这样大大缩短了充模周期。引流槽型 SCRIMP 工艺与高渗透介质型 SCRIMP 工艺相比较,首先,前者的充模速度提高 17 倍;其次,高渗透介质型 SCRIMP 工艺的高渗透性介质和剥离层在使用完后要废弃,不但会造成环境污染,还提高了制作成本;另外,引流槽型 SCRIMP 是在低密度泡沫芯材上刻槽以加快树脂流动,使其最终成为制品的一部分,这种形式既提高了充模速率,又减轻了部件质量、减少了材料浪费。可见,对于厚壁制品引流槽型 SCRIMP 工艺更具有实际意义。

SCRIMP 工艺使大尺寸、几何形状复杂、整体性要求高的制件的制造成为可能,目前它可成型面积达 $185m^2$、厚度为 3~150mm、纤维含量达 70%~80%、孔隙率低于 1% 的制品。树脂浪费率低于 5%,节约劳动成本 50% 以上,在船艇制造、风机叶片、桥梁、汽车部件及其他民用和海洋基础工程等方面得到广泛应用。如英国的 VOSPER THORNYCROFT 公司自 1970 年以来为英国皇家海军制造了 270 艘复合材料雷艇,最大的扫雷艇体总长达 52.5mm,总重达 470t。起初,该系列艇 FRP 部件约占总重量的 30%,由于 SCRIMP 工艺的引入,FRP 制品的比例有望达到 35%~40%。VT 公司应用 SCRIMP 工艺开展的项目还涉及制造运输船、作业艇、救生艇船体和海洋港口工程结构,如桥梁甲板、大型冷冻仓等。VT 公司还为 Compton Marine 及 Westerly 等公司提供技术支持,用经济的 SCRIMPR 替代原有的开模方法制造长度 14m 的游艇,以及开发新一代游艇系列。

瑞典海军的轻型护卫舰 Visby 艇长达 73m(舰上有 10.4m 的梁),这是目前建造的最大的 FRP 夹芯结构。舰上的部件如船体、甲板和上层建筑都是用 SCRIMP 法制造的。该工艺确保了高纤维含量、优异的制品性能、质量稳定性和快速成型。Peichell Pugh 公司开发了 Corum 快速游艇(OD48 系列)。游艇使用 SPX7309 环氧室温固化注射树脂,制造周期仅为 30min。Ciba-Gejgy 公司采用 Injectex 织物/树脂渗透介质/低黏度环氧体系开发了舰船部件。

实践证明,SCRIMP 工艺制造的部件性能可以与航空航天领域广泛采用的热压罐工艺相媲美。随着 SCRIMP 技术从军事应用向民用工业的转移,在建筑、汽车行业将有很大的拓展空间,如大尺寸的屋面、建筑平台等公用工程构件。以 Lotus 公司为代表的汽车厂家已实现该工艺的大规模生产,用于制造轿车车身、大型卡车车顶和面罩、豪华客车及公共汽车前脸和后尾、铺路车及油矿车车身和驾驶室等部件。

SCRIMP 工艺的另一个主要应用领域是风机叶片的制造,目前,国外采用闭模的真空辅助成型工艺用于生产大型叶片(叶片长度在 40m 以上时)和大批量的生产。这种工艺适合一次成型整体的风力发电机叶片(纤维、夹芯和接头等可一次模腔中共成型),而无需二次黏结。世界著名的叶片生产企业 LM 公司开发出 56m 的全玻纤叶片就是采用这种工艺生产的。

船用玻璃钢部件的特点是面积大,一半多采用 VARTM 工艺或 SCRIMP 工艺制造。目前在游艇制造方面应用非常多。SCRIMP 工艺特别适合制造大型复合结构的部件,部件尺寸越大,成本优势越明显。同时,一些嵌入件,如肋、加强筋和芯材都可以在成型时放入部件中一次成型。

8.2.4 树脂膜渗透成型工艺(RFI)

RFI 工艺也是在 RTM 的基础上发展起来的树脂膜渗透成型工艺。它是一种树脂融渗和纤维预成型坯相结合的技术。RFI 首次是由 L. Letterman(美国波音公司)申请的专利,最初是为成型飞机结构件而发展起来的。RFI 是采用单模和真空袋来驱动浸渍过程。工艺过程是:将预制好的树脂膜铺放在模具上,再铺放纤维预成型体并用真空袋封闭模具;将模具置于烘箱或热压下加热并抽真空,达到一定温度后,树脂膜熔融成为黏度很低的液体,在真空或外加压力的作用下树脂沿厚度方向逐步浸润预成型体,完成树脂的转移;继续升温使树脂固化,最终获得复合材料制品。

RFI 工艺加热时树脂流动是厚度方向的流动,大大缩短了流程,使纤维更容易被树脂浸润。相对于 RTM 工艺,RFI 工艺能制造出纤维含量高(70%)、孔隙率极低(0~2%)、力学性能优异、制品重现性好、壁厚可随意调节的大型复合材料制件和复杂形状的制件,并可根据性能要求进行结构设计。RFI 工艺采用真空袋压成型方法,免去了 RTM 工艺所需的树脂计量注射设备及双面模具加工无需制备预浸料,挥发物少,成型压力低,生产周期短,劳动强度低,满足环保要求和低成本高性能复合材料的要求。RFI 工艺是除 RTM 工艺外又一项可在航空上推广应用的低成本制造技术。目前,航空 RFI 工艺中所用的基体树脂主要是环氧树脂和双马来酰亚胺树脂。RFI 成型工艺原理如图 8-8 所示。

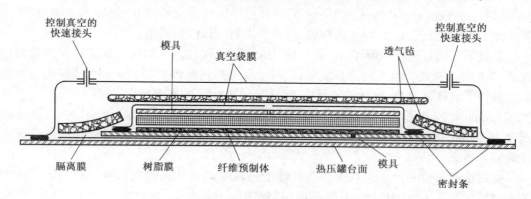

图 8-8 RFI 成型工艺图

RFI 工艺中,树脂以固态形式同预制体一同封装于普通模具中,由于树脂熔融后向上渗入纤维预制体的能力小于向四周流动的能力。为防止树脂在充分渗入预制体前向四周流动,RFI 模具中常放置隔栏来保证树脂对纤维预制体的浸润。另外,当树脂膜熔渗入预制体后,隔栏高度可能大于预制体厚度,对于预制体四周可能造成加压不均匀或压力施加不上,因此常在预制体上放置多孔板,均匀地将压力充分传递到预制体上。另外,多孔板还可增加树脂流动路径,从而保证对纤维的充分浸渍。预制体和多孔板之和要大于隔栏高度。

RFI 工艺与现有的成型技术相比,具有以下优点。

(1) 树脂基体为固体,存储、运输方便,工人操作简便;不需要复杂的树脂浸渍过程,成型周期短,能一次浸渍超常厚度纤维层。具有高度三维结构的缝编,机织预制件都能浸透,并可加入芯材一并成型。

(2) 树脂在室温下有高的黏结性,可黏着弯曲面。

(3) 成型压力低,不需要额外的压力,只需要真空压力。

(4) 模具制造与材料选择的灵活性强,不需要庞大的成型设备就可以制造大型制件,设备和模具的投资低。

(5) 成型产品孔隙率低(<0.1%),纤维含量高(质量含量接近70%),性能优异。

(6) 工艺不采用预浸料,树脂挥发少,VOC(挥发有机化合物)含量符合IMO(国际有机质量标准)标准,更有利于操作者的身体健康和环境保护。

RFI 工艺也存在一些不足之处,表现在:①对树脂体系要求严格(适用于 RFI 工艺的树脂膜极少),不太适合于成型形状复杂的小型制件;②制品表面精度受内模影响,达不到所需要的复杂程度和精度要求;③RFI 工艺中,树脂的用量不能精确计量,需要吸胶布等耗材除去多余树脂,因而固体废物较 RTM 等浸渍工艺多。基于 RFI 的这些缺陷,人们正在不断努力进行改进,使 RFI 技术更加完善,主要研究方向有积极开发新的树脂体系,发展纤维预成型技术,采用类似引流槽型 SCRIMP 工艺的技术来减少固体废物的量等。

8.2.5　结构反应注射模塑(SRIM)

SRIM 是建立在树脂反应模塑(RIM)和 RTM 基础上的一种新的成型工艺。

RIM(Reaction Injection Molding)反应注射模塑是将两种具有高化学活性的低相对分子质量液体原料,在高压下经撞击混合,然后注入密闭的模具内,完成聚合、交联、固化等化学反应并形成制品的工艺过程(图8-9)。这种将聚合反应与注射模塑结合为一体的新工艺,具有物料混合效率高、节能环保、产品性能好、成本低等优点。RIM 技术最早出现在20世纪60年代,70年代投入生产,80年代后得到快速发展。由于 RIM 线膨胀因数很大,而且强度、模量相对较小,使 RIM 制品使用受到限制。

SRIM 是综合 RIM 和 RTM 的优点而开发的。SRIM 工艺是首先把长纤维增强垫预置在模具型腔中,再利用高压计量泵提供的高压冲击,将两种单体物料在混合头混合均匀,在一定温度条件下注射到模具内,在模具内固化成型制品的工艺。

SRIM 工艺必须在反应前很快地(几秒钟)冲入模具,并且一旦模具被充满,应确保快速固化。SRIM 工艺成型所用的树脂以聚氨酯类为主,如低黏度聚氨基甲酸酯、聚氨基甲酸酯/异氰脲酸酯、聚氨基甲酸酯/聚酯的共混料等。

近年来,SRIM 工艺发展速度非常快。SRIM 工艺与 RTM 工艺的区别主要体现在:①RTM 反应的活化是通过加热使物料活化,而 SRIM 是通过混合、高压碰撞使其活化;②RTM 充模时间长,而 SRIM 充模时间短;③RTM 在注射前预先通过静态混合器混和,SRIM 则通过高压碰撞在混合头混合,混和同时注料;④RTM 注射压力低、注射量较小,SRIM 注射压力高、注射量大;⑤RTM 成型周期长,SRIM 成型周期短。

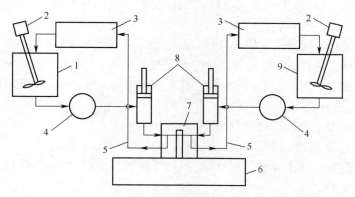

图8-9 RIM基本原理图
1—A单体罐；2—搅拌器；3—热交换器；4—物料泵；5—循环回路；6—模具；
7—混合头；8—柱塞泵筒；9—B单体罐。

SRIM工艺也存在缺点，主要有：①纤维经常外露；②流动速度快，常形成空穴区；③反应体系有水放出，会在制品表面留下气孔。针对纤维外露问题，采用模内高压涂敷系统在表面涂树脂层可得A级制品；对于空穴区的形成，采用通过调整纤维预制体各个方向上纤维的渗透性来解决；对于表面气孔，采取对玻璃纤维增强垫进行处理，或选择合适的内脱模剂体系来解决。

RTM、VARTM、RIM、SCRIMP、RFI、SRIM都是LCM在发展过程中的几个特例，近几年发展都特别快，是生产高性能、低成本复合材料制品的有效途径。它们的出现给复合材料领域带来很大的冲击，打破了长久以来高性能复合材料必然具有制造成本高的惯例，为高性能复合材料开辟了广阔的应用领域。现在LCM工艺技术已经成为先进复合材料低成本制备技术的主要发展方向，是现在复合材料领域研究的热点。

对于每一种成型工艺的特点，要不断开拓新的应用领域；对于每一种成型工艺的缺陷，要针对性地进行试验，不断通过提高原材料的各项性能、改进工艺、提高模具设计制造技术等方面来实现，更好地发展复合材料液体模塑技术。

作 业 习 题

1. 简述复合材料液体成型工艺的概念，并举例说明复合材料液体成型工艺包含哪些工艺。
2. 什么是RTM工艺？它对树脂体系和纤维增强体有什么要求？
3. RTM成型模具的种类有哪些？简述玻璃钢RTM模具的制作流程。
4. 简述树脂浸渍模塑成型工艺(SCRIMP)的基本原理。
5. 简述树脂膜渗透成型工艺(RFI)的基本过程。
6. 简述结构反应注射模塑(SRIM)成型工艺。

模块9 热塑性树脂基复合材料的成型工艺

热塑性复合材料（FRTP）是以玻璃纤维、碳纤维、芳烃纤维及其他材料增强各种热塑性树脂的总称。先进的纤维增强热塑性复合材料，具有韧性、耐蚀性和抗疲劳性高，成型工艺简单周期短，材料利用率高（无废料），预浸料存放环境与时间无限制等优异性能，得到快速发展。由于热塑性树脂和增强材料种类不同，其生产工艺和制成的复合材料性能差别很大。

从生产工艺角度分析，热塑性复合材料分为短纤维增强复合材料和连续纤维增强复合材料两大类；短纤维增强热塑性复合材料的成型方法有注射成型工艺和挤出成型工艺；连续纤维增强热塑性复合材料的成型方法有预浸料模压成型、片状模塑料冲压成型、预浸纱缠绕成型、拉挤成型等。

本项目主要介绍注射成型工艺、挤出成型工艺和GMT成型工艺。

9.1 注射成型工艺

注射成型工艺是热塑性复合材料的主要生产方法，历史悠久，应用最广。它的优点是成型周期短，能耗最小，产品精度高，一次可成型复杂及带有嵌件的制品，一模能生产几个制品，生产效率高。缺点是不能生产长纤维增强复合材料制品以及对模具质量要求较高。

9.1.1 注射成型原理

注射成型是热塑性树脂基复合材料的一种重要的生产方法，它是将粒状或粉状的纤维-树脂混合料从注射机的料斗送入机筒内，加热熔化后由柱塞或螺杆加压，通过喷嘴注入温度降低的闭合模内，经过冷却定型后，脱模得制品。注射成型工艺原理如图9-1所示。

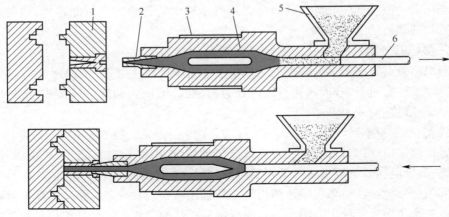

图9-1 注射成型工艺原理示意图
1—模具；2—喷嘴；3—料筒；4—分流梭；5—料斗；6—注射柱塞。

热塑性复合材料的注射成型过程主要产生物理变化。增强粒料在注射机的料筒内加热熔化至黏流态,以高压迅速注入温度较低的闭合模内,经过一段时间冷却,使物料在保持模腔形状的情况下恢复到玻璃态,然后开模取出制品。这一过程主要是加热、冷却过程,物料不发生化学变化。将粒料加入料斗 5 内,由注射塞 6 往复运动把粒料推入料筒 3 内,依靠外部和分流梭 4 加热塑化,分流梭是靠金属肋和料筒壁相连,加热料筒,分流梭同时受热,使物料内外加热快速融化,通过注射柱塞向前推压,使熔态物料经过喷嘴及模具的流道快速充满模腔,在模腔内当制品冷却到定型温度时,开模取出制品。从注射充模到开模取出制品为一个注射周期,其时间长短取决于产品尺寸和厚度。

9.1.2 注射成型设备

1. 注射成型机的工作原理

注射成型机的工作原理与打针用的注射器相似,它是借助螺杆(或柱塞)的推力,将已塑化好的熔融状态(即黏流态)的物料注射入闭合好的模腔内,经固化定型后取得制品的工艺过程。

注射成型是一个循环的过程,一个周期主要包括:定量加料—熔融塑化—施压注射—充模冷却—启模取件。取出塑件后又再闭模,进行下一个循环。注塑机操作项目包括控制键盘操作、电器控制系统操作和液压系统操作三个方面。分别进行注射过程动作、加料动作、注射压力、注射速度、顶出形式的选择,料筒各段温度的监控,注射压力和背压压力的调节等。

一般螺杆式注塑机的成型工艺过程是:首先将粒状或粉状物料加入机筒内,并通过螺杆的旋转和机筒外壁加热使粒料成为熔融状态,然后机器进行合模和注射座前移,使喷嘴贴紧模具的浇口道,接着向注射缸通入压力油,使螺杆向前推进,从而以很高的压力和较快的速度将熔料注入温度较低的闭合模具内,经过一定时间和压力保持(又称保压)、冷却,使其固化成型,便可开模取出制品(保压的目的是防止模腔中熔料的反流、向模腔内补充物料,以及保证制品具有一定的密度和尺寸公差)。注射成型的基本要求是塑化、注射和成型。塑化是实现和保证成型制品质量的前提,而为满足成型的要求,注射必须保证有足够的压力和速度。同时,由于注射压力很高,相应地在模腔中产生很高的压力(模腔内的平均压力一般 20~45MPa),因此必须有足够大的合模力。由此可见,注射装置和合模装置是注塑机的关键部件。

2. 注塑机的分类

注塑机的分类方法很多,按塑化方式可分为螺杆式和柱塞式;按注射能力可分为大型、中型、小型注塑机;按合模机构特征可分为机械式、液压式和液压机械式;按外形特征可分为立式、卧式、角式。

3. 注塑机的结构

注塑机通常由注射系统、合模系统、液压传动系统、电气控制系统、润滑系统、加热及冷却系统、安全监测系统等组成。常用的卧式注射机如图 9-2 所示。

(1) 注射系统。注射系统是注塑机最主要的组成部分之一,一般有柱塞式、螺杆式、螺杆预塑柱塞注射式三种主要形式。目前应用最广泛的是螺杆式。其作用是在注塑料机的一个循环中,能在规定的时间内将一定数量的物料加热塑化后,在一定的压力和速度

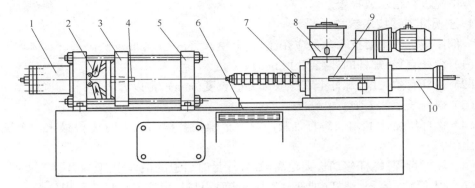

图9-2 卧式注射机
1—锁模液压缸;2—锁模机构;3—动模板;4—推杆;5—定模板;
6—控制台;7—料筒及加热器;8—料斗;9—定量供料装置;10—注射缸。

下,通过螺杆将熔融物料注入模具型腔中。注射结束后,对注射到模腔中的熔料保持定型。注射系统由塑化装置和动力传递装置组成。螺杆式注塑机塑化装置主要由加料装置、料筒、螺杆、过胶组件、射嘴部分组成。动力传递装置包括注射油缸、注射座移动油缸以及螺杆驱动装置。

(2) 合模系统。合模系统的作用是保证模具闭合、开启及顶出制品。同时,在模具闭合后,供给模具足够的锁模力,以抵抗熔融物料进入模腔产生的模腔压力,防止模具开缝,造成制品的不良现状。合模系统主要由合模装置、机绞、调模机构、顶出机构、前后固定模板、移动模板、合模油缸和安全保护机构组成。

(3) 液压系统。液压传动系统的作用是实现注塑机按工艺过程所要求的各种动作提供动力,并满足注塑机各部分所需压力、速度、温度等的要求。它主要由各自种液压元件和液压辅助元件所组成,其中油泵和电机是注塑机的动力来源。各种阀控制油液压力和流量,从而满足注射成型工艺各项要求。

(4) 电气控制系统。电气控制系统与液压系统合理配合,可实现注射机的工艺过程要求(压力、温度、速度、时间)和各种程序动作,主要由电器、电子元件、仪表、加热器、传感器等组成。一般有四种控制方式,即手动、半自动、全自动、调整。

(5) 加热/冷却系统。加热系统是用来加热料筒及注射喷嘴的,注塑机料筒一般采用电热圈作为加热装置,安装在料筒的外部,并用热电偶分段检测。热量通过筒壁导热为物料塑化提供热源;冷却系统主要是用来冷却油温,油温过高会引起多种故障,所以油温必须加以控制。另一处需要冷却的位置在料管下料口附近,防止原料在下料口熔化,导致原料不能正常下料。

(6) 润滑系统。润滑系统是为注塑机的动模板、调模装置、连杆机绞、射台等处有相对运动的部位提供润滑条件的回路,以便减少能耗和提高零件寿命,润滑可以是定期的手动润滑,也可以是自动电动润滑。

(7) 安全监测系统。注塑机的安全装置主要是用来保护人、机安全的装置,主要由安全门、安全挡板、液压阀、限位开关、光电检测元件等组成,实现电气—机械—液压的联锁保护。监测系统主要对注塑机的油温、料温、系统超载,以及工艺和设备故障进行监测,发现异常情况进行指示或报警。

4. 注塑机主要技术参数

一部注塑机的主要技术参数应在注射、合模、综合三个方面反映出来。具体如下：

(1) 螺杆直径，螺杆的外径尺寸(mm)；

(2) 螺杆有效长度，螺杆上有螺纹部分的长度(mm)，常以 L 表示；

(3) 螺杆长径比 L/D；

(4) 螺杆压缩比 V_2/V_1，螺杆加料段第一个螺槽容积(V_2)与计量段最末一个螺槽容积之比(V_1)；

(5) 注射行程，螺杆移动最大距离，螺杆计量时后退的最大距离(cm)；

(6) 理论注射容积，螺杆(或塞柱)头部截面积与最大注射行程的乘积(cm^3)；

(7) 注射量，螺杆(或塞柱)依次注射 PS 的最大质量(g)；

(8) 注射压力，注射时螺杆(或塞柱)头部预熔料的最大压力(N/m^2)；

(9) 注射速度，注射时螺杆(或塞柱)移动的最大速度(mm/s)；

(10) 注射时间，注射时螺杆(或塞柱)走完注射行程的最短时间。

9.1.3 注射成型工艺

注射成型工艺过程分为准备工作、注射工艺条件选择、制品后处理及回料利用等工序。其包括闭模、加料、塑化、注射、模塑(保压、冷却定型、开模出料)、制件后处理等工序。注射成型工艺流程如图9-3所示。

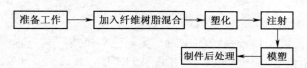

图9-3 注射成型工艺流程图

注射成型具有以下优点：①成型周期短，物料的塑化在注射机内完成；②热耗量少；③闭模成型；④可使形状复杂的产品一次成型；⑤生产效率高，成本低。注射成型的缺点如下：①不适用于长纤维增强的产品，一般纤维小于7mm；②模具质量要求高。注射成型工艺在复合材料生产中主要代替模压成型工艺，近年来发展较快。

1. 注射成型准备工作

1) 注射料选择及预处理

注射成型工艺首先需根据产品性能和注射机性能合理选择注射料，注射料应尽可能均匀，已结块的应粉碎。粒料使用前应测水分及挥发物含量，超标时要干燥，如热风干燥、红外线干燥、真空干燥等。干燥后的物料仍会吸湿，因此需密封储存，加工时需加热。

2) 料筒清洗

在注射成型过程中，如需换料生产时，一定要清洗料斗。一般采用加入新料进行清洗的方法，可反复进行。如果用一台注射机加工几种不同物料，为了清洗方便，最好先加工成型温度低、色浅的物料。

3) 脱模剂选择

注射成型常用的脱模剂有硬脂酸锌、液体石蜡、硅油等。

4）嵌件预热

为了避免两种物质膨胀系数不同而产生的热应力或应力开裂现象，注射成型制品中的嵌件要提前预热。预热温度一般钢铁嵌件110~130℃，铝、铜嵌件预热到150℃。嵌件预热温度越高越好，但不应高于物料的分解温度。

2. 注射成型过程

1）塑化与流动

塑化与流动是注射模塑前的准备过程，对它的主要要求有：达到规定的成型温度；温度、组分应均匀一致并能在规定的时间内提供足够数量的熔融粒料；分解物控制在最低限度。

塑化螺杆在预塑时，一边后退一边旋转，把纤维-树脂混合粒料熔体从均化段的螺槽中向前挤出，使之集聚在螺杆头部的空间里，形成熔体计量室并建立起熔体压力，此压力称预塑背压。螺杆旋转时正是在背压的作用下克服系统阻力才后退的，后退到螺杆所控制的计量行程为止，这个过程叫做塑化过程。

纤维-树脂混合粒料从机筒加料口到喷嘴由于热历程不同，也有三种聚集态：入口处为玻璃态；喷嘴及计量室处为黏流态；中间为高弹态。与之相对应的螺杆也分为固体输送段、均化段和压缩段。物料在螺槽中的吸热取决于传热过程，在此过程中螺杆的转速起着重要作用，物料的热能来源主要是机械能转换和机筒的外部加热。采用不同背压和螺杆转数可改善塑化质量。

2）注射

这一过程是螺杆推挤，将具有流动性、温度均匀、组分均匀的纤维-树脂混合粒料注射入模的过程。注射入模需要克服一系列的阻力，包括熔体与机筒、喷嘴、浇注系统、模具型腔的磨擦阻力以及熔体内摩擦阻力，同时还要对熔体进行保压，因此，注射压力是很高的，这一历程虽然时间很短，但是熔体的变化并不小，这些变化对产品质量有很大影响。

3）模塑

模塑阶段是指熔体进入模腔开始，经过型腔注满、熔体在控制条件下冷却定型，直到制品从模腔脱出为止。可分为充模、压实、倒流和冷却四个阶段。

（1）充模阶段。这一阶段包括引料入模期、充模期、挤压增密期，这一时间很短，称作注射时间，通常为3~5s。充模阶段开始时型腔没有压力，随着物料不断充满，压力逐渐建立起来，待模腔充满后，料流压力迅速上升达到最大值。充模时间长，也就是慢速充模，先进入模内的熔料，受到较多的冷却，黏度升高，后面的熔料需要较高的压力才能入模，模内冷却的物料受到较高的剪切应力，分子定向程度较高，如果定向分子被冻结，制品就会出现各向异性、内应力，严重时产品裂纹。充模时间过长制品的热稳定性也较低。充模时间短，也就是快速充模，熔料经过喷嘴及浇注系统，产生较高的摩擦热，料温也较高，熔体的温度高，分子定向程度小，制品熔接强度也较高。但是充模速度太快，则在嵌件后部的熔接不好，致使制品强度变劣，裹入空气也会使制品产生气泡。

（2）保压阶段。保压阶段也称压实、增密阶段。这一阶段熔体从充满型腔起到螺杆在最前位置止。这段时间塑料熔体会受到冷却而产生收缩，但是熔料仍处在螺杆的稳压下，机筒内的熔料必然会向模腔内流入，以补充因收缩而留出的空隙。如果螺杆在原位不动，模内压力略有下降，如果螺杆随熔料入模时向前移动，则模内的压力也有所下降。保压时间通常为 2~120s。保压压力提高,保压时间长有利于提高制品密度、减小收缩、克服制品表面缺陷。此外,保压时间越长,浇口凝封压力越大,分子定向程度也越高。

(3) 倒流阶段。螺杆后退开始到浇口处熔料凝封为止。这时模腔的压力比流道压力高,因此就会发生熔料的倒流。倒流的多少和有无是由保压压力和保压时间来决定的。

(4) 冷却阶段。这一阶段从浇口凝封起到制品从模腔中顶出止。通常冷却时间为 20~120s。冷却制品的作用是使制品脱模时有足够的刚度,不至产生变形。制品脱模时模内压力和外界压力(主要是大气压力)的差值称残余压力。其值的大小与保压时间长短有关,保压时间长,凝封压力高,残余压力也大。残余压力为正值时,脱模比较困难,强行顶出制品容易被刮伤,甚至破裂。残余压力为负值时,制品表面容易产生凹陷或内部有真空泡。残余压力为零,脱模顺利并能获得满意的制品。

4) 制件后处理

注射制品的后处理主要是为了提高制品的尺寸稳定性,消除内应力。后处理主要有热处理和调湿处理两种。

注射物料在机筒内塑化不均匀或在模腔内冷却速度不同,都会发生不均匀结晶、取向和收缩,使制品产生内应力,发生变形。热处理是使制品在定温液体介质中或恒温烘箱内静置一段时间,然后缓慢冷却至室温,达到消除内应力的目的。一般热处理温度应控制在制品使用温度以上 10~20℃,或热变形温度以下 10~20℃为宜。热处理的实质是迫使冻结的分子链松弛,凝固的大分子链段转向无规位置,从而消除部分内应力,提高结晶度,稳定结晶结构,提高弹性模量,降低断裂延伸率。

调湿处理是将刚脱模的制品放入热水中,静置一段时间,使之隔绝空气,防止氧化,同时加快吸湿平衡。调湿作用对改善聚酰胺类制品性能十分明显,它能防止氧化和增加尺寸稳定。过量的水分还能提高聚酰胺类制品的柔韧性,改善冲击强度和拉伸强度,调湿处理条件一般为 90~110℃,4h。

3. 成型工艺条件

1) 加料及剩余量

正确地控制加料机剩余量对保证产品质量影响很大。一般要求定时定量地均匀供料,保证每次注射后料筒端部有一定的剩料(称料垫)。剩料的作用有两点:一是传压;二是补料。如果加料量太多,剩余料大,不仅会使注射压力损失大,剩料受热时间太长,易发生分解或固化等;加料量太少时,剩料不足,缺乏传压介质,模腔内物料受压不足,收缩引起的物料得不到补充,会使制品产生凹陷、空洞及不密实等。剩料一般控制在 10~20mm。

2) 温度

注射成型过程中需要控制的温度有机筒温度、喷嘴温度和模具温度。

(1) 机筒温度。确定机筒温度的原则是应保证材料塑化均匀,同时不能造成材料降解,能使材料顺利充满模具型腔。机筒温度的确定与粒料类型、成型制品、模具结构以及其他工艺条件都有着密不可分的关系。机筒合适温度的范围应在物料黏流温度或熔点至分解温度之间。

(2) 喷嘴温度。喷嘴温度一般略低于机筒最高温度,但不能太低,否则会造成熔料过早冷却而影响产品质量或者堵塞喷嘴。

(3) 模具温度。模具温度为模具型腔的表面温度,它影响物料在模具内的流动性、制品的冷却速度、成型周期及制品的结晶。

3) 压力

在注射成型过程中需要选择和控制的压力包括塑化压力、注射压力和保压压力。

(1) 塑化压力。螺杆头部熔料在螺杆转动后退时所受到的压力称为塑化压力,也称背压,其大小调节可以通过液压系统中的溢流阀来实现,塑化压力大小与粒料品种、喷嘴类型和加料方式有关,一般塑化压力为 0.5~2.0MPa。

(2) 注射压力。注射压力是柱塞或者螺杆顶部对物料所施加的压力,其主要作用是克服熔体从机筒向型腔的流动阻力,给予熔体一定的充模速率。注射压力对物料的流动、充模、制品质量都有很大的影响。注射压力的大小与粒料性质、制品的结构和精度要求、喷嘴的结构形式、浇口尺寸以及注塑机种类有关。通常注射压力的范围为 2~12MPa。

(3) 保压压力。保压压力的作用是在模腔充满后对模内熔料压实、补缩,防止型腔中的熔料倒流。保压压力高,制品的收缩率减小,制品表面光洁、密度增加、熔接强度提高、尺寸稳定;缺点是脱模残余应力较大,成型周期延长。

4) 螺杆转速

螺杆的转速,必须根据所选用的树脂热敏程度及熔体黏度等进行调整。一般来讲,转速慢则塑化时间长,螺杆顶端的料垫在喷嘴处停留时间过长,易使物料在料筒降解或早期固化。增加螺杆转速,能使物料在螺槽中的剪应力增大,摩擦热提高,有利于塑化,同时可缩短物料在料筒中的停留时间。但转速过快,会引起物料塑化不足,影响产品质量。

5) 合模力

在注射充模阶段和保压补缩阶段,模腔压力要产生使模具分开的胀模力,为了克服这种胀模作用,合模系统必须对模具施加闭紧力,此力称为合模力。合模力的调整将直接影响制品表面质量和尺寸精度,合模力不足将导致模具开缝、发生溢料;合模力太大会使模具变形,制品不合要求,能量消耗也高。

6) 顶出力

当制品从模具上落下时,需要一定的外力来克服制品和模具之间的附着力。制品的顶出力、顶出速度和顶出行程要根据制品的结构、形状与尺寸,制品材料的性质及工艺条件来调整。顶出速度太快,顶出力太大,会使制品产生翘曲变形,甚至断裂破坏。

7) 成型周期

完成一次注射模塑过程所需要的时间称为成型周期,它实际包括以下几个部分,如图9-4 所示。成型周期直接影响劳动生产率和设备利用率。因此在生产过程中应在保证质量的前提下,尽量缩短成型周期中各个有关时间。在整个成型周期中,以注射时间和冷却时间最重要,它们对制品的质量均有决定性的影响。注射时间中的充模时间直接反比于充模速率,生产中的充模时间一般约为 3~5s。

注射时间中的保压时间就是对型腔内物料的压力时间,在整个注射时间内所占的比例较大,一般为 20~120s(特厚制品可高达 5~10min)。在浇口处熔料封冻之前,保压时间的多少对制品尺寸的准确性有影响,若在以后,则无影响。保压时间也有最佳值,已知它依赖于料温、模温以及主流道和浇口的大小。如果主流道和浇口的尺寸都是正常的,通常以得出制品收缩率波动范围最小的压力值为准。冷却时间主要取决于制品的厚度。塑料的热性能和结晶性能以及模具温度等。冷却时间的终点,应以保证制品脱模时不引起变形为原则,冷却时间一般在30~120s,冷却时间过长,不仅降低生产效率,对复杂制件还将造成脱模困难,强行脱模时甚至会产生脱模应力。成型周期中其他时间则与生产过程是否连续化和自动化以及连续化、自动化的程度有关。

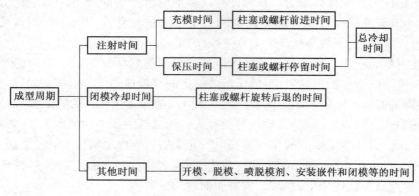

图9-4　注射成型周期

9.2　挤出成型工艺

挤出成型是热塑性复合材料制品生产中应用较广的工艺之一,其主要特点是生产过程连续,生产效率高,设备简单,技术容易掌握等。挤出成型工艺主要用于生产管、棒、板及异型断面型等产品。

9.2.1　挤出成型原理

挤出成型工艺的工艺过程是先将树脂相增强纤维制成粒料,再将粒料加入挤出机内,经塑化、挤出、冷却定型而成制品。它的工作原理是螺杆连续旋转,将加入料斗的粒料送入机筒,并连续不断向前推进。粒料在挤出机的料筒内受压、受热、逐渐软化、排气、密实,在继续向前推进的过程中,软化的物料受自身磨擦和机筒加热作用,转化成黏流态,凭借螺杆旋转运动产生的推力,均匀地从机头挤出,经冷却定型恢复到玻璃态。粒料在挤出机内沿螺杆长度向机头方向运动,可划分为三个阶段:加料段、压缩段和均化段。

1. 加料段

在加料段内,物料仍是固体,它在机筒内的运动可分为旋转运动和轴向运动。旋转运动使物料受机筒加热和物料自身磨擦发热,轴向运动使物料压实,并向机头方向移动。加料段的作用,主要是将粒料加热,压实和输送到压缩段,在结尾,物料已达到料流态温度,并开始熔化。

2. 压缩段

在压缩段内,开始熔化的物料被压实、软化,同时把夹带的空气压回到加料口排出。压缩段螺杆上的螺槽由深到浅,再加上机头阻力和不断加热。使物料处在高温、高压下,由于螺杆不断旋转运动,物料受到强烈搅拌、混合和剪切的作用,固体物料逐渐变成熔融态物料,至压缩段末端时,全部物料已熔化成黏流态。

3. 均化段

均化段的作用是把压缩段送来的熔融物料进一步塑化均匀,并使其定量、定压地由机头挤出。

9.2.2 挤出成型设备

挤出成型加工中成型设备包括挤出机、机头口模以及冷却定型、牵引、切割、卷曲等附属设备。其中最重要的是挤出机。挤出机分为螺杆式挤出机以及柱塞式挤出机。柱塞式挤出机由于生产非连续,且对物料的混合分散作用较差,所以生产上使用并不多。而螺杆式挤出机,则由于能较好地给予物料剪切力,塑化能力高,而得到了广泛的运用。螺杆挤出机又可以细分为单螺杆挤出机、双螺杆挤出机以及多螺杆挤出机。其中单螺杆挤出机设计简单(图9-5),制造容易,价格便宜,通常都能有效完成成型任务而得到广泛的应用。

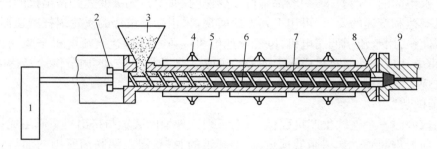

图 9-5 单螺杆挤出机示意图
1—转动机构;2—止推轴承;3—料斗;4—冷却系统;5—加热器;
6—螺杆;7—机筒;8—滤板;9—机头孔型。

1. 螺杆式挤出机

螺杆式挤出机包括以下部分:加料装置、料筒、螺杆、机头和口模等,其中螺杆是挤出机的核心。

1) 螺杆

螺杆是一根笔直的有螺纹的金属圆棒,其表面光洁,并具有很高的硬度。其几何参数包括螺杆直径、长径比、压缩比、螺槽深度、螺旋角等。其中螺杆直径增大,挤出机生产能力提高;长径比越大,混合均匀塑化越好;压缩比大,制品密度高;螺槽深度小,剪切力大、塑化好。

螺杆主要起到三个作用,分别为输送物料、传热塑化物料以及混合均化物料。这三种作用分别体现在螺杆的加料段、压缩段和均化段中。加料段对料斗送来的物料进行加热同时输送到压缩段;压缩段对加料段送来的料起挤压和剪切作用,同时使物料继续受热,由固体逐渐转变为熔融体,赶走塑料中的空气及其他挥发成分,增大塑料的密度,其中对于非晶聚合物宜用渐变螺杆,对于晶态聚合物宜用突变螺杆;而均化段则是将塑化均匀的物料在均化段螺槽和机头回压作用下进一步搅拌塑化均匀,并定量定压地通过机头口模成型。

2) 料筒

料筒也称机筒,也是挤出机的重要零件。料筒是一个受压及加热的容器,并要求耐磨及耐腐蚀。料筒的大小尺寸都是与螺杆相配合的。一般较小的料筒可用无缝钢管制造，较大的采用45#钢镀铬或40Cr合金钢氮化处理。一般料筒是整体结构的，较长的料筒可分段，以法兰连接。大型料筒内装有衬筒，磨损后可以更换。料筒外有加热器，有的还有冷却器。

3) 机头和口模

机头和模具是挤出机的成型部分物料经螺杆挤压至机头，最后流出模具外，经冷却后制成一定截面形状的制品。机头是料筒和模具间的过渡部分，主要包括连接部分、多孔板、过滤网、分流棱等。模具与机头装在一起，模具的流出孔截面直接控制制品的界面形状和大小。

4) 传动装置

挤出机的传动装置的作用是使螺杆转动。挤出机的螺杆为了适应不同物料及制品的挤出工艺及不同的生产要求，一般都是可以变速的，通常是无级变速。挤出机的传动装置必须满足减速和变速的要求，可用下列方式实现：采用标准设计的涡轮蜗杆减速器或人字齿轮的减速箱，用整流子调速电机，电磁调速电机或可控硅调速直流电机来驱动；采用液压传动，由电动机驱动油泵供应压力油液给油马达带动螺杆转动，调节供给马达的油量，很好地实现无级变速，调速范围很大，工作稳定。

5) 辅助装置

挤出成型时一个连续生产过程，一般需下列三种辅助装置与挤出机一起组成挤出机。

(1) 前处理装置。如树脂的预热、玻璃纤维的脱蜡、浸渍偶联剂所用的加热炉、浸渍装置等。

(2) 后处理装置。如冷却器、牵引机、切粒机等。

(3) 控制装置。如各种指示仪表、温度控制器、电器装置等。

2. 影响挤出机生产能力的因素

1) 物料压力与生产能力的关系

正流量与压力无关，倒流和漏流量与压力成反比，因此，一般压力增加挤出机产量降低。螺杆与机筒的间隙愈大，产量降低愈多，但是提高压力对物料的塑化有利。

2) 树脂种类及螺杆转速对生产能力的影响

转速增加生产能力增加；不同树脂，其增加的幅度不一样。

3) 螺杆几何尺寸对生产能力的影响

螺杆直径越大生产能力越大；螺槽深度大，当压力低时生产能力大；当压力高时生产能力小。螺杆长度均化段长度增加，生产能力增加；螺杆与机筒间隙愈大产量愈低。

4) 温度对生产能力的影响

T升高时，物料粘度下降，逆流、漏流增加，生产能力下降。

9.2.3 挤出成型工艺

挤出成型工艺也称为挤压模塑或挤塑工艺，它是借挤出机的螺杆或柱塞的挤压作用，使受熔化的物料在压力的推动下，通过口模制成具有一定截面的连续型材的一种工艺方法。此工艺广泛用于生产各种增强塑料管、棒材、异形断面型材等。其优点是能加工绝大多数热塑性复合材料及部分热固性复合材料；生产过程连续，自动化程度高；工艺易掌握及产品质量稳定等。其缺点是只能生产线型制品。

1. 挤出成型工艺流程

挤出成型工艺是先将树脂和增强纤维制成粒料,对热塑性玻璃钢粒料进行准备和一定的预处理;然后进入挤出机,控制好各种工艺参数,进行挤出成型;对成品进行定型与冷却;通过牵引,卷曲或者切割进行收集;后处理即可得完整的制品了。其中,原料的预处理和挤出步骤是重中之重。挤出成型工艺流程图如图9-6所示。

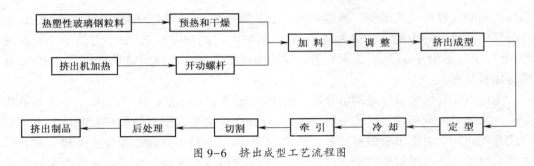

图9-6 挤出成型工艺流程图

2. 热塑性玻璃钢粒料的制造

对于热塑性玻璃钢粒料有如下要求:玻璃纤维与热塑性树脂及各种配合剂按比例均匀地混合在一起;玻璃纤维与热塑性树脂应尽可能包覆、黏结牢固;纤维在粒料中均匀分散并保持一定的长度,粒料的粗细及长短要一致,便于自动计量;制造过程应尽量减少对玻璃纤维的机械损伤,尽量减少对热塑性树脂分子的降解。

热塑性玻璃钢粒料的加工方法有长纤维包覆挤出造粒法和短纤维挤出造粒法两种。长纤维包覆挤出造粒法是将玻璃纤维原丝多股集束在一路与熔融树脂同时从模头挤出,被树脂包覆成料条,经冷却后短切成粒料。短纤维挤出造粒法是将短切玻璃纤维与热塑性树脂一起送入挤出机经熔融复合,通过模头挤出料条,冷却后切成粒料,在粒料中纤维已有一定程度的分散性,如果采用双螺杆挤出机,则可直接把连续无捻粗纱喂入机器,借助双螺杆的作用将纤维扯断,而不必先切短纤维。

一般地说,长纤维包覆挤出造粒法由于是将几十股无捻粗纱集束起来通过模头,纤维被树脂浸润的情况差,在注射成型时纤维分散得不好,从而影响制品的外观质量。而且由于纤维分散不均,制品的物理力学性能重复性差,但由于它的纤维较长,加工过程中纤维磨损小,因而制品的抗冲击强度和热变形温度较高;短纤维挤出造粒法其纤维较短,虽其制品的机械强度较长纤维的要差一些,但由于它具有纤维分散性好、制品外观质量好、接缝强度大、生产效率高、成本较低等优点,因此国内外广泛采用此法。

1)长纤维包覆挤出造粒法制造粒料

长纤维包覆挤出造粒法制造粒料工艺流程如图9-7所示。该工艺流程中设备布置有立式和卧式两种。立式布置即将挤出机置于混凝高台上,包覆机头出头垂直向下,由牵引滚筒卷取料条,再送至切粒机切粒,因而其切粒工艺为间歇式;卧式布置即将包覆机头出口呈水平放置、料条通过牵引辊直接喂入切粒机切粒,这是一种连续生产工艺。

在影响长纤维增强粒料质量的多种因素中,机头结构形式是主要的。品种不同的热塑性树脂,在熔融状态下的黏度相差极大,各种树脂加工温度范围有宽有窄,因而要根据

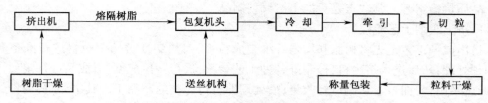

图 9-7 长纤维包覆挤出造粒法制造粒料工艺流程

具体的树脂来设计机头结构。典型的机头由3部分组成,即型芯、型腔和集束装置。玻璃纤维粗纱通过型芯中的小孔进入机头型腔,与熔融树脂相互接触,通常需给予一定的压力,使纤维与树脂充分浸渍,集束装置是使熔融树脂进一步渗透到玻璃纤维粗纱之中,并使熔体料条密实。

为使玻璃纤维能很好地均匀分散在树脂中,通常在型芯上钻许多通孔,在每一通孔中穿入一根玻璃纤维粗纱。通孔一般取 2~2.5mm。集束装置根据熔融树脂黏度的不同而形式各不相同。对于机头型腔要求无死角,其容积沿出料口方向逐渐变小。机头设计的关键是保证多束纤维粗纱顺利通过,能均匀被熔融树脂浸渍而且保证多束纤维粗纱在粒料断面上分布均匀,并不露出粒料表面。

牵引装置是连续挤出增强料条不可缺少的辅助装置,牵引速度是决定玻璃纤维在增强料条中百分含量的因素之一。

经牵引的增强料条通过进料导管进入定刀刃口上,由旋转刀盘上的动刀切成一定长度的粒料,落于储料桶中。长纤维增强粒料的切粒方式以剪刀式为好。这是因为料条中的玻璃纤维用通常的滚切形式是不容易切断的,它常将玻璃纤维从粒料中拉出。

2) 短纤维制造法制造粒料

对于聚烯烃、聚苯乙烯类等熔融黏度高的树脂,由于玻璃纤维在树脂中分散不良,长纤维增强塑料制品性能及外观皆不理想,因而需要分散型增强粒料来加工制品,这就形成了短纤维增强粒料生产工艺。

最理想的制造方法是采取双螺杆排气式挤出机混合法。树脂计量后送入挤出机的加料口,于是开始熔化;玻璃纤维粗纱则通过下游处第二加料口进入并与熔融树脂混合。由于树脂已充分塑化,对玻璃纤维提供了润滑保护作用,大大减轻了对机件的磨损。开始时用手将粗纱引入第二加料口,以后便利用螺杆旋转的作用力将粗纱连续地拉入机内。玻璃纤维的含量由送入机内的粗纱根数及螺杆转速加以控制。粗纱被左旋螺杆及捏合装置所破碎并均匀混合,然后混合料被除去挥发性物质,经口模挤出、冷却、干燥、切成粒料。

将断切纤维与树脂粉料用单螺杆挤出机一次造粒的方法,国内也比较普遍。采用此法试制了聚碳酸酯、聚甲醛等增强塑料,而短切纤维增强聚丙烯已投入工业化生产。

9.3 玻璃纤维毡增强热塑性树脂基复合材料的成型工艺

玻璃纤维毡增强热塑性树脂基复合材料(GMT)是以热塑性树脂为基体,以玻璃纤维毡为增强骨架的复合材料。一般先生产出片材半成品,然后直接加工成所需要的形状的产品。纤维可以是短切玻璃纤维或连续的玻璃纤维毡,热塑性树脂可以是通用塑料、工程塑料或高性能塑料。GMT 的发展较晚,但发展迅速。它的力学性能好,成型周期短,生产成本低,可模制较大的、形状复杂的部件且尺寸稳定性好,选用按所要求尺寸预先切好的 GMT,就有可能达到 $50\sim300\text{N/mm}^2$ 范围内的强度,模压好的 GMT 部件几乎是各向同性的,对于所有类型的冲击,都具有良好的强度,其最终产品没有焊缝,而且可回收利用,这使得它受到汽车界的极大关注。现在欧洲汽车工业越来越倾向于使用 GMT,利用它来生产前端部件、座椅壳体、发动机隔噪罩、保险杠、仪表板托架等部件。

GMT 材料具有以下优点:

(1) 比强度高。GMT 的强度和手糊聚酯玻璃钢制品相似,其密度为 $1.01\sim1.19\text{g/cm}^3$,比热固性玻璃钢($1.8\sim2.0\text{g/cm}^3$)小,因此,它有更高的比强度。

(2) 轻量化、节能。用 GMT 材料做的汽车门自重可从 26kg 降到 15kg,并可减少背部厚度,使汽车空间增大,能耗仅为钢制品的 60%~80%,铝制品的 35%~50%。

(3) 与热固性 SMC(片状模塑料)相比,具有成型周期短、冲击性能好、可再生利用和储存周期长等优点。

(4) 冲击性能好。GMT 的吸收冲击的能力比 SMC 高 2.5~3 倍,在冲击力作用下,SMC、钢和铝均出现凹痕或裂纹,而 GMT 却安然无恙。

(5) 高刚性。GMT 里含有 GF 织物,即使有 10mph 的冲击碰撞,仍能保持形状。

除了优异的物理/力学性能之外,作为总成部件,GMT 材料产品一体成型的特点决定了它低廉的系统成本,也十分有利于培养专业化、大批量生产和具有模块化供货能力的供应商团队,还将大大提高主机厂对供应商的管理效益。

9.3.1 GMT 的原材料

1. 树脂基体

用于生产 GMT 的树脂很多,如尼龙、聚乙烯、聚氯乙烯和聚丙烯等,但目前世界各国主要还是用聚丙烯生产 GMT。

聚丙烯的优点是抗冲击性能好,密度小,当加热超过其熔点(164℃)时,在压力下产生流动,冷却时则重新固化,这使 GMT 在冲压制品时具有很高的生产率。此外,聚丙烯还具有来源广、成本低等特点,比不饱和聚酯树脂更便宜。其中均聚聚丙烯的强度、模量高于共聚聚丙烯,而后者的韧性高于前者,与玻璃纤维毡复合以后,均聚聚丙烯作为集体的 GMT 材料具有较高的强度及模量,共聚聚丙烯作为基体的 GMT 材料具有较高的韧性,可根据具体的应用选用适宜的聚丙烯树脂作为 GMT 材料的基体树脂。聚丙烯与三元乙丙橡胶共混后,其室温及低温冲击强度均有明显改善,以此类共混物作为基体,可以获得韧性优良的 GMT 材料,但强度、模量及耐热性均有下降。聚丙烯与聚酰胺等树脂共混,可提高聚丙烯的强度、模量及耐热性。

聚苯乙烯类树脂作为基体所形成的 GMT 材料,表面光洁度高、硬度大,具有良好的抗刮、刷性能,成型加工时收缩率小。以尼龙、聚碳酸酯、聚苯硫醚等工程塑料作为基体,可以获得强度、模量、韧性、耐热性优良的 GMT 材料。

2. 增强材料

GMT 的增强材料玻璃纤维毡可以有多种形式,其中应用较多的主要有:连续玻璃纤维针刺毡、短切玻璃纤维毡、复合毡,具体内容可参考模块 1 中玻璃纤维毡。

3. 其他原材料

1) 界面改性剂

在纤维增强树脂基复合材料中,界面的黏结状况是影响复合材料力学性能的关键因素,必须在增强材料与基体树脂件形成有效的界面黏结,才能充分发挥纤维的增强作用,获得力学性能良好的复合材料。热塑性树脂与玻璃纤维的亲和性、浸润性通常较差,采用适当的浸润剂对玻璃纤维进行表面处理,或在基体树脂中引入可与玻璃纤维表面形成较强相互作用的基团,可有效改善玻璃纤维与树脂的界面黏结。不同的树脂基体,界面改性剂的结构将有所不同,对于聚丙烯作为基体的 GMT 材料,接枝马来酸酐、丙烯酸、丙烯酸甘油酯等极性基团的聚丙烯作为复合体系的界面改性剂,可显著提高复合材料的界面黏结强度,同样,聚乙烯、聚苯乙烯接枝极性基团后,也可有效提高聚乙烯、聚苯乙烯为基体的 GMT 材料的界面黏结强度。

2) 成核剂

结晶性的聚合物如 PP、PET 等作为 GMT 的基体,聚合物的结晶形态及结晶度将对材料及其制品的性能产生影响,加入适当的结晶成核剂,可以有效控制聚合物的结晶形态和结晶度。以聚丙烯为基体的 GMT 材料可使用的成核剂包括无机类和有机类成核剂。无机类成核剂效果较差,效果较好的有机类成核剂包括有机磷酸盐、山梨醇衍生物、松香类等。

3) 抗老化助剂

GMT 材料及其制品在成型及使用过程中可能产生的老化主要有两类:热氧化老化和紫外光老化。因此,GMT 材料中需要添加的抗老化助剂主要有两类抗氧剂和抗紫外助剂。

4) 着色剂

不同的 GMT 制品对其颜色有不同的要求,通过在基体树脂中加入适当的颜料或染料及其组合,可以赋予 GMT 材料各种颜色。GMT 材料着色剂选择与基体树脂基本相近。

5) 填料

通过在复合材料中加入一些廉价的填料,如云母、碳酸钙、滑石粉、硅灰石、粉煤灰、木粉等,可以降低材料的成本。根据热塑性复合材料中增强材料的结构与性质,选择合适的填料含量,就可以获得强度及模量较高的复合体系。

6) 阻燃剂

GMT 材料在一些特殊的使用场合有较高的阻燃要求,在树脂基体中加入一定量的阻燃剂,可以赋予热塑性复合材料一定的阻燃性能。卤系阻燃剂如十溴二苯醚、十溴二苯乙烷、四溴双酚 A、八溴醚等可以赋予树脂良好的阻燃效果。无卤阻燃体系也有多种,如超细金属氢氧化物、红磷、膨胀石墨、聚磷酸铵、磷系、氮系及膨胀阻燃体系等均可获得良好的阻燃效果。阻燃剂的选择及加入量必须综合考虑阻燃和力学性能。

9.3.2 GMT 成型过程

1.GMT 片状模塑料的制备

增强材料形式不一,增强热塑性片材的制造工艺各不相同。GMT 有两种:一种是连续纤维毡或针刺毡与热塑性塑料层合而成;另外一种是随机分布的中长纤维与粉末热塑性树脂制成的片材。GMT 的生产工艺有熔融浸渍工艺、悬浮沉积工艺、流态化床法和静电吸附热压工艺等。

1）熔融浸渍工艺

熔融浸渍工艺（图9-8）又称干法工艺，是最早工业化的片材成型工艺。首先将连续玻璃纤维或短切玻璃纤维制成玻璃纤维毡或针刺毡，预热，与挤出机挤出的热塑性树脂薄膜层合，双带压机热压浸渍、热固结、冷却、切割成所需要规格的片材。当热塑性树脂从挤出机挤出时，预热的玻璃纤维从上下两侧和树脂接触，之后在双带压机内热压浸渍、热固结。片材里的玻璃纤维可以是一层也可以是多层（最多6层），玻璃纤维毡的纤维长度可按需要选取，毡的厚度变化范围也比较大。

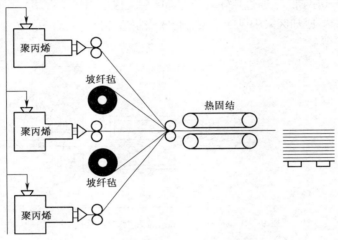

图9-8 熔融浸渍法示意图

2）悬浮沉积工艺

悬浮沉积工艺又称湿法、抄纸法（图9-9）。采用的增强纤维是中等长度的短切玻璃纤维。要求选用的基体为粉末状热塑塑性树脂，玻璃纤维长度适中。采用的悬浮介质是水或泡沫。片材里玻璃纤维含量一般为25%~40%（质量分数）。

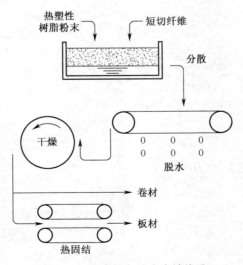

图9-9 悬浮沉积制造片材简图

首先将玻璃纤维、粉末热塑性树脂和悬浮助剂加入水中,借助于悬浮助剂和搅拌作用将密度差大的玻璃纤维和树脂微粒均匀分散在水介质中,使玻璃纤维呈单丝分散,树脂达到单粒分散。再将这种均匀的悬浮液通过流浆箱和成型网,从悬浮液中将水滤出后形成湿片,再经过干燥、黏结、压轧成为增强热塑性塑料片材,该片材有两种形式:毡状片材和刚性片材,后者是前者热固结而得。

3) 流态化床法

先将一定力度的粉末树脂放入在容器中的多孔床上,再通入空气使粉末树脂流态化。然后使分散的纤维从容器中通过,于是玻纤周围附着粉末树脂。附着树脂的玻纤通过切断器被切成定长,降落在输送网带上,通过热轧区和冷却区后支撑增强热塑性塑料片材。加热区采用电加热或远红外加热;冷却区采用风冷。流态化床法制造片材工艺简图如图9-10所示。

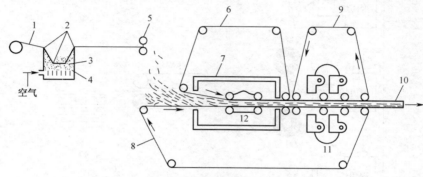

图9-10 流态化床法制造片材工艺简图

4) 静电吸附法

首先将热塑性树脂制成薄膜,使薄膜带静电,当带静电的树脂薄膜通过短切槽时,纤维被吸附在薄膜上,然后将上述纤维层合、热压成增强热塑性塑料片材。其工艺简图如图9-11所示。树脂可以是PA、PC、PP、PE、ABS、AS、PET、PBT等,树脂膜厚度为0.01~1mm,玻璃纤维为长度为3~50mm的中长玻璃纤维。

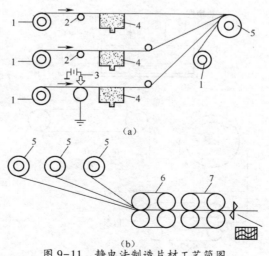

图9-11 静电法制造片材工艺简图
(a) 静电吸隙;(b) 垫压层合。

2. GMT制品的冲压成型工艺

1）冲压成型工艺基本流程

GMT制品的冲压成型工艺基本流程（图9-12）。

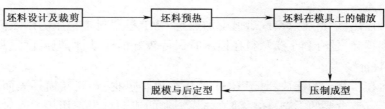

图9-12 制品的冲压成型工艺流程图

（1）坯料设计及裁剪：根据制品及模具的形状对GMT片材进行剪裁，应尽可能使坯料加热软化后能基本覆盖模具的成型面，在坯料温度较低的情况下冲压成型时，尽量采用整块材料，避免拼接。

（2）坯料预热：裁剪所形成的坯料，在烘箱或烘道中加热至GMT模塑料中树脂的软化点温度以上，黏流温度以下。

（3）坯料在模具上的铺放：严格按照坯料与模具所对应的部位铺放，否则易形成废品。

（4）压制成型：模具在压机作用下快速合模，保压一定的时间，使模塑料冷却定型。

（5）脱模：制品定型后，通过模具所设置的脱模机制顶出，可通过顶杠及压缩空气实现制品的脱模。

（6）定型：为了加快成型速度，脱模制品还处于较高的温度，制品有可能产生变形，通常还需要对制品定型。

2）成型设备

GMT制品冲压成型所涉及的主要设备包括预热装置、模具和压机。

片状模塑料的预热装置是用于GMT坯料的加热，使之变软，达到成型温度。加热方式可采用红外加热或电加热，工业生产时大多采用效率较高的红外加热方式。预热装置可以有两种形式，一种是间歇式的烘箱，另一种是连续运行的烘道，前者初始投资小，但热损耗大，生产效率低，后者生产效率高，适合较大规模的工业化生产，初始投资高于前者。

GMT模压成型所用压机与热固性SMC有些类似，一般采用油压机，GMT模塑料成型时所需要的压力较高，通常模腔内的压力要达到10MPa以上，因此压机应能提供足够的压力；压机台面的大小根据模具的尺寸来选择；由于热塑性的模塑料的流动性及模压过程中材料物理状态的变化，因此要求压机在施加压力时具有较高的合模速率。

3）冲压成型的特点

与金属薄板的冲压成型有些类似，坯料经挤压、拉延而形成制品的形状，坯料的流动不明显。坯料的布料基本覆盖整个模腔，坯料尽量避免拼接，能成型的制品形状比较简单。坯料预热的温度低，保压时间短，成型快速。

3. GMT制品的模塑料压缩模塑成型

GMT模塑料压缩模塑成型的基本工艺流程与冲压成型相似，但一些工艺参数的控制方面有较大的不同。GMT制品压缩模塑成型所涉及的主要设备与冲压成型的设备相同。

（1）坯料设计及裁剪：坯料在模压成型时产生流动，因此坯料在模具表面覆盖程度不必达到冲压成型所要求的程度。模压时，坯料温度较高，坯料可以拼接、叠合，在压力作用下，模塑料产生流动，其中树脂分子链可产生程度很高的相互扩散，叠合及拼接处相互融合成为一个整体。

（2）坯料预热：坯料在烘箱或烘道中加热至GMT模塑料中树脂的熔点温度以上，坯料的预热温度越高，越有利于模塑料在模压时保持较好的流动性，但温度过高，会引起树脂降解，制品性能变差。

（3）坯料在模具上的铺放：对于GMT的压缩模塑过程，坯料在模具表面的铺放方式对制品的性能有着重要的影响，坯料铺放与模塑料的流动行为密切相关。对于增强材料为连续玻璃纤维毡的GMT，此类模塑料模压时流动性稍差，容易出现纤维与树脂分离的现象，必须采用合适的坯料铺放方式。坯料拼接尽量采用搭接的方式，减少制品中的薄弱环节。

（4）压制成型：快速合模，坯料在挤压作用下流动充模，因成型时坯料的预热温度较高，保压、冷却定型时间要长于冲压成型。

（5）脱模与后定型：与冲压成型相同。

压缩模塑是GMT模塑料最常用的成型方式，模塑料在压力作用下具有一定的充模流动，可成型形状复杂及包埋嵌件的GMT制品。

9.3.3 GMT的应用及发展

1. GMT的应用

1）在汽车工业中的应用

GMT材料制品成型因为仅需要物理加工，所以产周期短、生产率高、生产成本低。此外，还可模压制造较大、较轻、形状复杂的部件，且尺寸稳定性好。

欧洲GMT制作汽车前端部件的用量约占汽车总用量的28%，Golf A3、Polo AO3、Audi 80和小型Audi A8均采用GMT前端部件。用GMT制作前端部件的优点是可将包括车头灯、风机和散热器座、发动机罩搭扣以及保险杠固定点等功能集于一体，从而取代多个金属部件，与同等强度的钢部件相比，质量可减小20%，生产费用可下降10%。与片状模塑料相比，GMT前端部件在装配上和防震性上均具有优势。

GMT座椅壳体占GMT欧洲汽车用量的20%，这种座椅壳体可采用不同颜色，如大理石纹或木纹。GMT发动机隔噪罩约占GMT在汽车总用量的20%，主要是利用GMT材料的抗冲击性能和耐低温性能。在美国，GMT还广泛用于模制汽车保险杠。而现在则发展为由数层单向GMT（GMT-VD）组成性能更好的单向保险杠，这种保险杠在低温下也具有良好的刚度能量吸收及故障自动保险性能优良，质量较小，可按材料性能进行模制，可满足主要应力方向上的高刚度和高强度要求。另外，GMT仪表盘托架可将支承仪表、安全气囊和加热换气系统等功能集于一体，为GMT提供了良好的应用机会。

2）在建筑工业中的应用

在建筑工业中GMT可取代金属制作建筑模板。这种GMT模板具有质轻、剥离性好、结构一体化、制件表面光洁等优点；在交通运输业中用GMT片材在集装箱的底板上做内衬，可大大减少维护保养费用；也可用GMT片材做蒙皮，高强泡沫做夹芯取代硬木及金属制造集装箱。哈尔滨玻璃钢研究所独立开发应用了全复合材料绝缘梯配件、配电盒、泵盖、油田用机箱底板和轴承端盖等。

3) 在包装储运行业中的应用

在包装储运行业中,GMT 材料已大量应用于包装箱、搬运托盘、集装箱底板与侧板的制造。

4) 在体育休闲方面的应用

在体育休闲方面,GMT 材料已经用于各式滑板和篮球背板等。

2. GMT 材料的发展

随着科学技术的发展,对材料的要求越来越高,GMT 材料的生产商及相关的研究机构在 GMT 材料的高性能、低成本及功能化等方面进行了大量的研究开发,GMT 材料的新工艺、新品种不断涌现。在国内,GMT 材料的熔融浸渍工艺已由华东理工大学开发成功,并与企业合作实现了工业化生产,产品性能达到国外同类产品的水平,并与汽车零部件生产企业合作,进行 GMT 汽车零部件的开发,研制的多种汽车零部件已获得应用。

目前 GMT 材料的产量逐年递增,GMT 材料的品种也逐步向低密度和功能化发展,随着人们对 GMT 材料的进一步认识及环保意识的增强,被誉为"绿色材料"的 GMT 材料必将获得更为广泛的应用。

作 业 习 题

1. 什么是挤出成型工艺?简述其成型原理。
2. 热塑性玻璃钢粒料的制备方法有哪两种?分别简述这两种制备方法。
3. 常用的挤出机是什么?其包括哪些部件?
4. 什么是注射成型工艺?简述其成型原理。
5. 注射成型工艺条件有哪些?
6. 注塑机包括哪几个部件系统?它们各自的作用是什么?
7. 制备 GMT 的原材料有哪些?
8. 简述熔融浸渍工艺和悬浮沉积工艺。
9. 简述 GMT 制品冲压成型工艺过程。

模块 10　复合材料低成本技术

随着现代武器装备、航空技术的发展,复合材料先进加工制造技术在现代航空武器装备的发展中起着越来越重要的作用。工业发达国家的国防工业部门和国防军事部门,也高度重视复合材料先进加工制造技术的发展。

为了加速先进技术武器装备和高性能战斗机等的发展,对复合材料先进加工制造工艺的技术水平、经济性和自动化程度(降低成本、提高质量)提出了更高的要求,从而促进了先进加工制造技术的发展。总体发展方向是采用先进的铺层技术降低劳动强度、采用先进固化技术降低整个复材制造过程的成本、从概念上改变目前的制造方式,无论是哪种方法,都是为了降低成本,扩大复合材料的应用范围,将其推动到除军用以外的更宽更广的领域。

近年来国内外的复合材料低成本制造技术,其总体发展方向是:
(1) 常规制造工艺的优化;
(2) 开发应用复合工艺和新工艺方法;
(3) 大力开展精密化研究;
(4) 快速成型技术;
(5) 制造系统由自动化向柔性化、集成化和智能化发展;
(6) 先进的生产制造系统正在形成和发展中。

10.1　自动铺放技术

复合材料工艺一直面临的挑战是成本和自动化。纤维缠绕和带铺放技术是复合材料制造中广泛应用的自动化制造技术,其制造过程是在芯轴模具上或铺放模具上线缠绕或铺放单向复合材料。纤维缠绕适合于制造简单的回转体,如筒、罐、管、球、锥等轴对称的回转体,但是这些均是非常规则的回转构件,无法满足航空航天制造中规格大型、形状复杂、轴线变化的构件,所以纤维线缠绕仅仅是自动铺放技术的基础。

为了克服纤维缠绕技术的缺点,重点发展了自动铺放技术,使之不仅继承了缠绕技术的优点,而且能够克服其缺点,借助计算机技术的发展成果,改进了自动铺放技术。纤维自动铺放技术最早于 20 世纪 80 年代初在美国开始探索研究,通过对不同纤维缠绕和纤维铺放的设备研究,在 80 年代中期研发了第一代纤维铺放设备。这套设备有 7 个坐标,并且由计算机控制,它有一个倾斜的鞍座携带有横向的进给轴,铺放头、送丝机和局部调整设备全部在鞍座上安装,全部实现移动和旋转功能。此设备的最大的优点是纱架安装在横向进给的滑座上,整体简化了纱束张力装置的要求和纱架的设计。整体实现了纤维传输、不同的纱束进给速度的调节、纱束的切断—夹紧和再启动、压实等系列功能。随后发展的自动铺带和自动铺丝技术及设备,充分吸收了;设备的优点,进一步扩大的应用范围,此后自动铺放技术得到长足的发展。

10.1.1 自动铺带技术

1. 工作原理及特点

自动铺带机一般有多坐标铺带头,简要结构如图10-1所示,由高速移动横梁、龙门式定位平台等部分组成。除了传统数控机床 X,Y,Z 三坐标定位以外,还有绕 Z 轴方向的转动轴 C 轴和绕 X 轴方向摆动的 A 轴,构成五轴联动,以满足曲面铺带的基本运动要求。

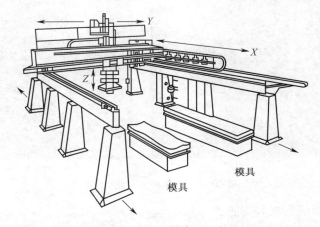

图 10-1 自动铺带机示意图

自动铺带技术采用带离型纸的单向预浸带,工程常用的规格有 300mm、150mm 和 75mm 宽三种,预浸带的剪裁、定位、铺叠、辊压均采用数控技术自动完成,多轴龙门式机械臂完成铺带位置的自动定位。铺带头上装有预浸带输送和预浸带切割系统,根据待铺放构件边界轮廓自动完成预浸带特定形状的切割,预浸带在压辊作用下沿设定轨迹铺放到模具表面。自动铺带具有表面平整、位置准确、精度高、速度快、质量稳定性高等优点,特别适用于手工铺叠困难的大中型尺寸、变截面厚蒙皮的制造。

自动铺带系统可分为一步法和两步法两种工作方式。一步法是指预浸带的切割和铺叠在同一铺带头上完成,两步法是指预浸带的切割和铺叠分开实施,即不在同一头上完成。这两种方法都能满足一般产品的加工要求,但对于复杂形状铺层,两步法比一步法更容易实施,且铺放效率较高,但采用两步法的设备一般比一步法的设备价格昂贵。

根据所铺构件的几何特征,自动铺带工艺又分为平面铺带和曲面铺带两类。平面铺带方法简单、高效,一般采用 300mm 和 150mm 宽预浸带,主要用于平板铺放。曲面铺带一般采用 150mm 和 75mm 宽预浸带,也可以根据实际情况选择更窄的带宽,适于小曲率大尺寸翼面类结构的铺放,如机翼蒙皮等。相对于手工铺叠,自动铺带技术无论在生产效率还是产品质量上都领先前者。据统计,国外自动铺带的生产效率达到手工铺叠的 10 倍以上,自动铺带的定位精度高于手工定位精度两个量级以上。

2. 国外发展趋势及应用

自动铺带机起源于美国航空制造商 Vought 公司,它是在美国空军的资助下,针对机翼、壁板构件等大尺寸、中小曲率的部件,于20世纪60年代由美国General Dynamics和Conrac Corporation公司在原手工辅助铺带设备的基础上合作开发的,用于铺放F16战斗机的复合材料机翼部件。20世纪70年代末80年代初,随着大型运输机、轰炸机和商用飞机复合材料用量的增加,以及计算机、自动控制、检测等技术的快速发展,在国防需求和经济利益的驱动下,有实力的数控设备制造商(如美国Cincinnati、法国Forest-Line、西班牙M-Torres公司等)开始设计制造自动铺带设备,并推出商品化的多坐标自动铺带设备(见图10-2),先后投入到大中型飞机复合材料构件的制造中。

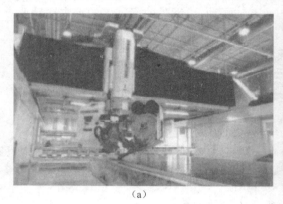 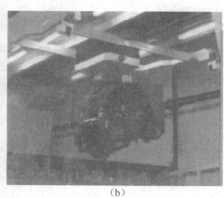

(a) (b)

图10-2 多坐标自动铺带机

随后,经过不断的发展和完善,自动铺带技术在美国和欧洲已经成熟应用,并大规模应用于航空复合材料结构件的制造,如图10-3所示的飞机垂直尾翼的制造中。从20世纪80年代至今,美国采用自动铺带技术生产了B1/B2轰炸机机翼蒙皮、F-22战斗机机翼蒙皮、波音B777飞机机翼和水平/垂直安定面蒙皮、C-17运输机的水平安定面蒙皮、波音B787翼面蒙皮等。欧洲采用自动铺带技术生产了A330和

图10-3 采用自动铺带技术制造的飞机尾翼蒙皮

A340水平安定面蒙皮、A340尾翼蒙皮、A380的安定面蒙皮和中央翼盒等复材制件。自动铺带技术已经成为发达国家复合材料构件的典型制造技术之一,并取得了骄人的成果,也应该是我国开展研制并大规模应用的生产工艺。

10.1.2 自动铺丝技术

1. 工作原理及特点

纤维丝束铺放设备一般由丝束铺放头、支座、预浸纱架等部分组成,典型的丝束铺放设备系统包括7个运动轴和12~32个丝束,1/8、1/4、1/2英寸等规格的输送轴(图10-4)。根据丝束铺放支座形式的不同,丝束铺放设备可分为悬臂式和龙门式两种。图10-5

为复合材料自动铺丝机示意图。

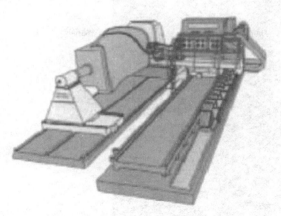
图10-4 纤维丝束铺放设备

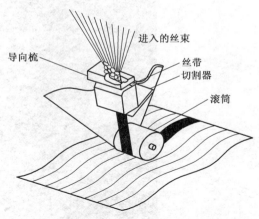
图10-5 复合材料自动铺丝机示意图

纤维丝束铺放技术综合了纤维缠绕和自动铺带技术的优点,丝束铺放头把缠绕技术中不同预浸丝束独立输送和自动铺带技术的压实、切割、重送功能结合在一起,由丝束铺放头将数根预浸丝束在压辊下集束成为一条宽度可变的预浸带(宽度变化通过程序控制预浸丝束根数自动调整)后铺放在芯模表面,加热软化预浸丝束并压实定型。

纤维丝束铺放技术可以在铺层时切割预浸丝束及增减预浸丝束根数,可以对铺层进行剪裁以适应局部加厚/混杂、铺层递减及开口铺层等多方面的需要。由于各预浸丝束独立输送,其铺放轨迹自由度更大,对制品的适应性更强,既可以实现凸面也可以满足凹面等大曲率复杂型面结构的铺叠,能够满足各种设计要求,实现低成本、高性能要求和设计制造一体化。

2. 国外发展趋势及应用

纤维丝束铺放技术是20世纪70年代由美国波音、Hercules等公司在纤维缠绕和自动铺带技术基础上发展起来的,用于复合材料机身结构制造。20世纪80年代后期,专业数控加工设备制造商对该技术设备作了进一步完善,Cincinnati Machine公司于1989年设计出其第一台纤维丝束铺放机并随后投入使用。1995年,Ingersoll公司研制出其第一台纤维丝束铺放设备,美国的其他公司,包括设备制造商、飞机部件制造商及研究机构也在不断开发纤维丝束铺放技术。经过20余年的发展,纤维丝束铺放技术在美国和欧洲已经成熟,在航空航天领域的应用越来越广泛。

近年来随着大型客机的迅猛发展,国外对复合材料构件制造技术投入了大量的人力、物力,对相关配套工艺等进行了大量的研究,并制造出了先进的自动化程度很高的纤维丝束铺放设备。比较著名的厂商有法国FOREST-LINE,美国CINCINNATI,INGERSOLL,西班牙M.TORRES等,这些公司研制了很多种型号的纤维丝束铺放设备,如图10-6所示。

这些大型纤维丝束铺放设备分散在世界各地的工厂,应用于各种型面的复合材料构件的整体化制造。纤维丝束铺放技术在飞机结构中已经得到广泛应用,图10-6所示为波音公司采用丝束铺放技术研制的"鱼鹰"V-22倾转旋翼飞机的后机身。第四代战斗机采用丝束铺放技术研制了复合材料F35飞机的S形进气道和中机翼身融合体部分。

图 10-6　悬臂-龙门式纤维丝束铺放设备

举世瞩目的波音 787 复合材料使用量达到 50%，这在很大程度上得益于丝束铺放技术，其中全部机身采用丝束铺放技术整体制造。图 10-7 为波音 787 的机身段。

(a)

(b)

图 10-7　波音 787 的机身段

纤维丝束铺放技术还将广泛应用于航天、船舶、风力发电等领域，相关的配套工艺已经成熟，正朝着更快速度、更高效率的方向迅猛发展。

10.2　辐射固化技术

近年来，出现了诸如 X 射线固化、光固化、电子束固化、微波及超声波固化、紫外线固化等多种辐射固化工艺，几种固化方法各有优缺点，尤其是低能量电子束、光束和紫外线固化技术以其独特的优势引起人们重视。辐射固化技术以其独特的发展特点和优势已经初步在航空制造业中得到应用，特别是在国外的应用程度已经远远超出了航空航天领域。

电子束固化、光固化和紫外线固化技术，由于具有固化时间短、所需要的能量少、对模具要求低等优点，使得生产效率得到提高，生产成本降低，而构件的质量又得到保证，是低成本制造技术的重要内容。电子束和光束固化技术在国内已经有厂家进口设备，初步开始工艺应用研究,并取得了初步的成果。紫外线固化技术则相对发展较慢一些。

10.2.1 电子束固化技术

1. 历史进程

当前所应用的先进树脂基复合材料基本上都是采用加热固化成型的,如热压罐、热压机等。由于热固化的成型工艺周期长,从数小时到数十小时,造成复合材料制造成本高,阻碍了复合材料在国防工业及民用领域的广泛应用。同时,热固化复合材料采用的固化剂和有机溶剂往往是有毒的,造成对环境和操作人员的危害。鉴于热固化方法的各种不足,顺应复合材料材料低成本制造技术和无公害化的趋势,国内外研究工作者不断研究改进热固化成型复合材料的途径和探索新的固化成型方法。树脂基复合材料的电子束固化就是在这种背景下发展起的一种新型的复合材料固化工艺。

20世纪70年代末,法国就开始了用电子束固化复合材料以降低制造成本的研究,并于1990年开始用该技术制造全尺寸火箭发动机的衬套。美国在20世纪90年代中期启动了两个主要的研究计划:一个是由美国国防高级研究计划局(DARPA)和美国资助的旨在电子束固化技术的可行性和制造航天构件的低成本潜力的研究计划;另一个是几家公司和能源部橡树岭国立实验室共同参与的为发展和完善电子束固化工艺而实施的合作研究与发展协议(CRADA)。这两个项目的开展以及意大利、加拿大等国家在这一领域的介入,使得电子束固化技术的研究取得了长足的进步。电子束固化设备、工艺有了很大的发展,树脂体系的研究也取得了丰硕的成果,特别是环氧系列的树脂已得到几百种不同的配方,在航空航天领域有重要应用的双马来酰亚胺系列树脂的电子束固化研究也取得了积极的进展。

电子束固化成型是辐射成型的一种,辐射固化还包括利用光、射线等粒子的能量引发的反应,使树脂单体聚合、交联,达到固化的工艺过程。其中,光固化研究已有50年的历史,而电子束固化研究和应用则要短得多。

2. 电子束固化技术特点

电子束固化技术是一种利用高能电子或产生电子的X射线引发聚合物聚合固化的工艺技术。它是20世纪80—90年代开发的一种复合材料新型固化工艺技术,这种工艺一经问世立刻引起广泛的关注,发展迅速,显示出广泛的应用前景。

电子束固化复合材料在近几十年里受到重视并得到快速发展。电子束固化可以在室温或低温下固化,固化剂和有机溶剂的用量大大减少,可以只对需要固化的区域进行辐射,实现局部固化;可以与缠绕、自动铺放、树脂转移模塑等工艺相结合,实现连续生产,电子束固化树脂体系的储存稳定性优良。正是由于电子束固化具有上述特点,使之具有了热固化无法比拟的优势。

1) 更低的升本

由于能够进行室温或低温固化,使这一工艺具有了一系列优势,一是材料的固化收缩率低,有利于构件的尺寸控制,提高构件的合格率;二是减少了固化复合材料的残余应力,构件中的残余应力会导致构件装配困难,因此,减少构件的残余应力和提高尺寸精确度能降低工装成本,同时减少构件的残余应力也能减少构件的热疲劳性能;三是由于低的固化温度,可以使用低成本的模具材料,如泡沫、石膏、木材等,以替代价格昂贵、加工困难的钢、殷钢和复合材料等。另外,复合材料电子束固化所需要的能量仅为热固化的1/20~

1/10。加拿大 AECL 的研究工作表明,采用电子束固化 1kg 复合材料仅需要 0.1～0.72kW 的能量,而热固化需要 1.76～2.86kW。与热固化相比较,成本可以降低 25%～65%,大大降低了生产成本。

2) 高效率

固化速度快,成型周期短,例如一个 1.6pJ、50kW 的电子束加速器每小时能生产 1800kg 复合材料,这是常规热压罐固化速度的若干倍。法国 Uniolis 公司采用电子束固化技术固化一个复合材料构件需要 8h,利用热压罐固化则至少需要 100h。电子束固化工艺易于实现连续操作,可以与树脂转移模塑、编织、缠绕、纤维铺放和拉挤等成型工艺结合起来,进一步降低复合材料的制造成本,提高效率。

3) 低污染

电子束固化技术一般不用或少用易挥发的有毒有机溶剂及有毒和致癌的固化剂,对环境和人体的危害也降至最低。

4) 可以选择局部固化

热固化工艺提供的是一个球形工艺温度场,而电子束工艺所实施的是一个"瞄准线"固化区。因此,电子束工艺可以在工件上选择需要固化的区域进行电子束辐射固化,而不必对整个构件进行固化处理,这有利于减少成本。因此,该工艺特别适用于复合材料的修补。同时,便携式电子束加速器的研制成功,使电子束固化技术应用于复合材料构件的外场修补成为可能。由于电子束固化材料收缩率低,残余应力小,因此也适合于不同材料进行共固化或者共黏结。

5) 适用于制造大型构件

由于电子束工艺不需要热压罐,因此只要电子加速器的屏蔽室允许,可以固化很大的复合材料构件。目前,最大的电子束固化设备是在法国航空领域的 Aerospatial 公司研制的,它可以制造 5m×10m 的复合材料构件。而要建立一个能固化如此大的复合材料构件的热压罐是非常困难的。

6) 工艺性好

常规的热固化树脂体系的室温储存期最多只有几个月,而电子束固化树脂体系材料在室温黑环境下,可以无限期储存。

7) 固化速度快

比热固化速度快 10～1000 倍,大大提高了生产效率。

8) 尺寸精度高

电子束固化不需要加热,这样可以避免由于模具受热变形产生制品的热应力,从而防止制品的翘曲,保证了构件的尺寸精度。

9) 孔隙率、收缩率和吸水率低

大多数电子束固化的环氧复合材料的孔隙率小于 1%,收缩率 2%～3.5%,水煮 48h 后吸水率小于 1%。

10) 低温和热循环性能好

低温和热循环性能不收影响,并有所改善。

11) 储存期长

环境温度下,在不受阳光和紫外线照射下储存期长。

12）模具成本低

比传统固化模具成本最多可以减少60%，模具制造既方便又便宜。

电子束固化有其不利的一面，如电子束及其产生的X射线需要防护设施加以隔离，以免对人造成伤害，固化过程中加压困难。

3. 电子束固化技术分类

目前开发的电子束固化树脂主要有两种：自由基固化和阳离子固化。

自由基固化树脂主要是指端部含有双键的化合物，如环氧丙烯酸和环氧丙烯酸酯。丙烯酸酯体系电子束固化时，体系中产生自由基，这样丙烯酸酯双键聚合，自由基间也发生交联，可以与丙烯酸基团反应。该树脂体系的缺点是玻璃化转变温度低、模量低、吸水率高、固化收缩率高（8%~25%）。

阳离子固化树脂体系即在环氧树脂体系中加入阳离子引发剂，如芳香锍鎓、碘鎓组成的有机盐。该树脂体系和传统热固化复合材料成型工艺（如手糊、树脂转移模塑、真空辅助树脂转移模塑、纤维缠绕等）相匹配，应用电子束固化后构件的孔隙率低（不大于1%）、吸水率低（不大于1%）、收缩率低（2.2%~3.4%），玻璃化转变温度高，与聚酰亚胺匹配，在高低温热循环时有较高的性能保持率。

固化树脂的电子束由加速器产生，按能量和功率可以把加速器分为三类：

（1）感应型低能（1~3MeV）、高功率（大于100kW）；

（2）直线型中能（4~5MeV）、高功率（50~150kW）；

（3）视频型（4~10MeV）、低功率（0.2~5kW）。

电子束固化与热固化环氧树脂的性能对照表见表10-1。

表10-1 电子束固化和热固化环氧树脂的主要性能对照

性能	电子束固化环氧树脂	热固化环氧树脂
力学性能	好	好
生产成本（总）	中等（比热固化降低25%~65%）	高
预浸料的储存和处理	20℃，储存周期长	0℃以下，储存周期短
环境和健康危害	低	中~高（固化剂）
固化过程中的材料收缩	2%~3%	4%~6%
挥发分释放	小于0.1%	小于0.1%
残余应力	很小	中~大（热不匹配）
水吸收	小于2%	小于6%
生产率	快	慢
最大构件厚度（一个固化循环）	50mm（电子束） 200mm（X射线） 1mm（紫外线）	20mm（由于放热方法反应，厚构件会被破坏）
模具材料	金属、木材、陶瓷、塑料、蜡、泡沫材料	金属、陶瓷、石墨
模具成本	低~中	中~高
固化时间（10mm厚的构件）	数秒~数分钟	数小时
能源要求	小~中	中~大

(续)

性能	电子束固化环氧树脂	热固化环氧树脂
设备成本	高	高~很高(压热)
适用的原材料	适用的树脂和引发剂	适用的树脂和固化剂
整个树脂体系的成本	4.4~11 美元/kg(工业品) 44.1 美元/kg(高性能)	64.4~168.8 美元/kg(工业品) 334~535 美元/kg(高性能)

10.2.2 光固化技术

近年来,复合材料基体的固化方式有了较快的发展,传统的热压罐法等加热固化方式,由于热源利用率低、加工周期长、环境污染大等受到了挑战。光固化、电子束固化等辐射固化方式由于温度低、固化速度快、热收缩内应力小、环境污染小等优点获得了快速发展。在辐射固化方式中,就光固化和电子束固化两种方式比较而言,电子束固化虽有能量利用率更高、穿透力更强、有时甚至不需要引发剂等优点,但是设备昂贵、投资大、运行成本过高,大大限制其应用,因此,光固化技术仍然占整个辐射固化市场95%左右的绝对份额。

目前,用于先进树脂基复合材料的基体树脂主要是环氧树脂、双马来酰亚胺和聚酰亚胺树脂,其固化方式采用辐射固化技术的不少。

光固化是指由液态的单体或预聚物受紫外线或可见光的照射经聚合反应转化为固化聚合物的过程。光聚合反应是指化合物吸收光而引起分子质量增加的化学过程。

光聚合反应除光缩合聚合(也称局部化学聚合)外,就其反应本质而言,多数是链反应机理,即是由活性种(自由基或粒子)引发的链增长聚合过程。这与人们熟知的化学引发自由基聚合和离子型聚合所不同的只是引发聚合的活性种的产生方式。光聚合引发的活性种是光化学反应产生的。因此,光聚合只有在链引发阶段需要吸收光能。

与化学引发的聚合相比,光聚合的特点是聚合反应所需的活性能低,因此它可以在很大的温度范围内发生,特别是易于进行低温聚合。尤其在实验室中,通过光聚合可以获得不含引发剂残基的纯的高分子,为各种进一步研究提供了十分便利的手段。另外,由于光聚合链反应是吸收一个光子导致大量单体分子聚合为大分子的过程,从这个意义上讲,光聚合是一种量子效率非常高的光反应,具有很大的使用价值。

光聚合反应的发生,首先要求聚合体系中的一个组分必须能吸收某一波长范围内的光能,其次要求吸收光能的分子能进一步分解或与其他分子相互作用而生成初级活性种,同时还要求在整个聚合反应过程中所产生的大分子的化学键应是能经受光辐射的。因此,选择适当能量的光辐射树脂使之产生引发聚合的活性种是十分重要的。

由于有机分子的直接离子化需要能量为7~12eV,在近紫外光到可见光范围内的光子能量不足以使单个分子离子化,所以长期以来人们一直认为光聚合只能通过自由基活性种引发。然而,芳香族鎓盐等阳离子引发剂的出现,以及由电荷转移相互作用的光化学反应而生成的离子活性种引发聚合研究的深入,促进了离子型光聚合研究的发展。如今,光聚合的研究领域已经远远超过了链反应的范围。由于大多数单体、低聚物和预聚物通常在光照射下不能产生量子效率的引发剂原核,所以,在使用时必须引入被称为光引发剂或光敏剂的低分子量有机分子,提高介质光吸收率,引发聚合反应进行。

随着研究和技术的发展,出现了许多新颖的可见光固化的预聚物、单体、活性稀释剂以及光引发剂、光敏剂品种,如膨胀性单体、元素有机类含硫、含硫的化合物、用于可见光波长范围的光引发剂/光敏剂、水性(两亲性)光引发剂/光敏剂等。表10-2列出了光(紫外线,可见至近红外线光,多色光和激光)固化技术的应用领域。

表10-2 光固化技术的应用领域

光固化应用领域	物体名称
涂料	纸张、木材、塑料、织物、皮革 电线、电缆、管道、光导纤维、乙烯基地秆涂料、保护膜、特种用途的胶片、防护棚、高级桥梁防腐漆、汽车修补漆、包装膜等
黏结剂	层叠黏结剂、压敏胶
图饰材料	烘干型油墨、印制板、装饰涂料
光刻胶	微电子行业:印制电路板或集成电路
直接激光成像技术	微电子行业:大规模、超大规模集成电路,激光制版系统、全息成像技术等

10.2.3 紫外线固化技术

紫外线固化只适用于透明增强材料与透明树脂的复合材料,如玻璃纤维复合材料。将紫外线固化与手糊、喷射、纤维缠绕、拉挤等玻璃纤维复合材料成型工艺相结合,既能提高构件的性能,又能有效地降低成本和保护环境(减少苯乙烯的挥发)。

目前美国的两个缠绕设备厂家Entec复合材料设备公司和McClean Anderson公司都在销售紫外线预固化工作站。1998年,Entec向许多公司销售了小气瓶固化工作站,当小气瓶缠绕好后进行固化时,为了使气瓶光滑好看并耐磨,用刷子刷上一层有颜色或无颜色的胶衣。胶衣涂好后送入紫外线固化工作站,气瓶在紫外线灯前绕轴转动,灯同时沿绕轴移动,这样气瓶整个表面都暴露在紫外线的照射范围内,通常表面胶衣在2min内能完全固化,而传统的热固化炉固化胶衣至少需要1~2h。由此可见,紫外线固化可以节省能量,减少成型时间。

作 业 习 题

1. 国内外复合材料低成本制造技术总体发展方向是什么?
2. 自动铺带技术工作原理与特点是什么?
3. 自动铺丝技术工作原理与特点是什么?
4. 简述电子束固化技术的分类及特点。
5. 简述光固化技术的概念及应用领域。

参 考 文 献

[1] 刘亚雄,谢怀勤. 复合材料工艺与设备. 武汉:武汉理工大学出版社,1994.
[2] 益小苏,杜善义,等. 中国材料工程大典 第10卷 复合材料工程.北京:化学工业出版社,2005.
[3] 王荣国,武卫莉,谷万里. 复合材料概论. 哈尔滨:哈尔滨工业大学出版社,2004.
[4] 黄发荣,周燕. 先进树脂基复合材料. 北京:化学工业出版社,2008.
[5] 赵奕斌. 玻璃钢制品手工成型工艺. 2版.北京:化学工业出版社.2007.
[6] 贾立军,朱虹. 复合材料加工工艺. 天津:2版.北京:天津大学出版社,2007.
[7] 倪礼忠,陈麒. 聚合物基复合材料. 上海:华东理工大学出版社,2007.
[8] 黄家康. 复合材料成型技术及应用. 北京:化学工业出版社,2011.
[9] 许家忠,乔明,尤波. 纤维缠绕复合材料成型原理及工艺. 北京:科学出版社,2013.
[10] 王汝敏,郑水蓉,郑亚萍. 聚合物基复合材料及工艺. 北京:科学出版社,2004.
[11] 倪礼忠主编. 复合材料科学与工程. 北京:科学出版社,2002.
[12] 胡保全,牛晋川. 先进复合材料.2版.北京:国防工业出版社,2013.
[13] 沃丁柱.复合材料大全.北京:化学工业出版社, 2000.
[14] 岳红军. 玻璃钢拉挤工艺与制品. 北京:科学出版社, 1995.
[15] 陈宇飞,郭艳宏. 聚合物基复合材料. 北京:化学工业出版社,2010.
[16] 郭金树. 复合材料可制造性技术. 北京:航空工业出版社 2009.
[17] 梁基照. 聚合物基复合材料设计与加工. 北京:机械工业出版社,2011.
[18] 克鲁肯巴赫,佩顿. 航空航天复合材料结构件树脂传递模塑成型技术. 北京:航空工业出版社,2009.
[19] 包建文,等. 高效及其低成本复合材料制造技术. 北京:国防工业出版社,2012.